西藏农牧学院 2022 本科教学质量工程教学团队项目(XJJXTD—12250)

植物组织培养技术
实验教程

主 编:尹 秀 韩兴昊 禄亚洲

副主编:陈 强 李 榕 刘 琼 田凤鸣

编 委:(按姓氏字母排序)

陈 强 韩兴昊 兰小中 禄亚洲 李 榕

刘 琼 田凤鸣 尹 秀 张芳源 张二豪

U0380140

东南大学出版社
SOUTHEAST UNIVERSITY PRESS
·南京·

图书在版编目(CIP)数据

植物组织培养技术实验教程 / 尹秀,韩兴昊,禄亚洲主编. -- 南京：东南大学出版社,2025.2.
ISBN 978-7-5766-1883-9

Ⅰ. Q943.1

中国国家版本馆 CIP 数据核字第 2025HF7228 号

责任编辑:胡中正　　　　责任校对:张万莹　　　　封面设计:毕真　　　　责任印制:周荣虎

植物组织培养技术实验教程
Zhiwu Zuzhi Peiyang Jishu Shiyan Jiaocheng

主　　编:尹　秀　韩兴昊　禄亚洲
出版发行:东南大学出版社
出 版 人:白云飞
社　　址:南京市四牌楼 2 号　邮编:210096　电话:025-83793330
网　　址:http://www.seupress.com
经　　销:全国各地新华书店
排　　版:南京布克文化发展有限公司
印　　刷:南京玉河印刷厂
开　　本:787 mm×1092 mm　1/16
印　　张:18.25
字　　数:422 千
版 印 次:2025 年 2 月第 1 版第 1 次印刷
书　　号:ISBN 978-7-5766-1883-9
定　　价:58.00 元

《植物组织培养技术实验教程》
编委会名单

主　编: 尹　秀　韩兴昊　禄亚洲

副主编: (按姓氏字母排序)

　　　　陈　强　李　榕　刘　琼　田凤鸣

编　委: 陈　强(陇南师范学院)

　　　　韩兴昊(西藏农牧学院)

　　　　兰小中(西藏农牧学院)

　　　　禄亚洲(西藏农牧学院)

　　　　李　榕(石河子大学)

　　　　刘　琼(陇南师范学院)

　　　　田凤鸣(陇南师范学院)

　　　　尹　秀(西藏农牧学院)

　　　　张芳源(西南大学)

　　　　张二豪(西藏农牧学院)

序

　　植物组织培养是当代生物技术领域中最具生命力的重要学科之一，已渗透到生物科学的各个领域，它既是植物生理、生态、遗传和有效成分生物合成等基础理论研究的必要工具，也是一种实用性极强的现代生物技术，已广泛应用于农业、林业、工业、医药业等多个行业，产生了巨大的经济效益和社会效益。"植物组织培养"是生物技术、生物工程、农学、园艺等专业本科生、专科生的重要课程。自20世纪80年代以来，国内外出版了不少有关植物组织培养方面的著作、教材，这些著作和教材无疑对推动植物组织培养的教学、科研和应用发挥了重要作用。但随着近十年来，植物组织培养技术的应用范围迅速扩大，研究成果也在不断充实，因此编写一本内容详实、难易适中的专用实验教材十分必要。本书作者在大量收集、整理当前该领域的最新研究成果的基础上，也融入了自身的科学研究成果，力求使读者尽可能全面地掌握植物组织培养的基本方法与技术，并应用到实际工作中。希望本书对相关专业本科生、专科生的学习有所帮助，为科研人员提供参考。

2024 年 4 月于林芝

前言

　　"植物组织培养技术"课程的开设顺应生命科学技术发展的趋势，同时也满足了学生掌握实用生物技术的需要。对该课程的学习和实践，可以使学生掌握植物组织培养技术的基本操作技能，为学生毕业后从事相关研究或工作打下坚实的理论与实践基础。

　　本教材在编写过程中考虑到各相关专业的教学需求及实际操作的可行性，参考了大量的相关书籍及文献资料，同时加入了编者最新研究经验及成果。实验内容主要包括基础实验和综合实验两大板块：基础实验以加强学生对基础操作技能的掌握为主要目的；综合实验部分具有连贯性，更能锻炼学生的综合运用能力及解决实际问题的能力。本教材内容共分为十一个部分，具体分工如下：第一部分植物组织培养实验室及仪器设备、第二部分基本操作和第三部分植物器官培养主要由西藏农牧学院尹秀老师编写；第四部分植物胚胎培养、第五部分植物花药和花粉培养及第九部分植物离体快速繁殖主要由石河子大学李榕老师编写；第六部分植物细胞培养、第七部分原生质体培养和第八部分脱毒苗的培养主要由陇南师范学院陈强老师编写；第十部分植物遗传转化和第十一部分植物组培快繁技术在农业生产中的应用主要由陇南师范学院田凤鸣老师编写。全书由西藏农牧学院韩兴昊老师策划、统稿并审阅。西南大学张芳源老师、西藏农牧学院禄亚洲老师和张二豪老师协助编写了部分内容，西藏农牧学院兰小中教授受邀为本书作序。本教材适用于高等院校生物技术专业、生物科学、园艺、农学及相近专业。本教材在编写中也得到相关学科专业教师及相关职能部门的支持与帮助，在此一并表示感谢！

　　由于编者水平有限，故书中遗漏和不妥之处在所难免，我们恳切地期望使用本教材的师生和读者不吝赐教，提出宝贵意见，以便及时改正！

编　者

2023 年 12 月

目录 CONTENTS

实验室要求与准则

（一）自觉遵守纪律和实验室各项规章制度，保持室内安静，严禁打闹、大声喧哗、抽烟、饮酒，不得带入任何食物和饮料，确保安全。

（二）使用仪器前必须先登记，操作时须在实验教师的指导下使用。仪器运行时，不得离开实验室，使用后保持仪器的整洁。

（三）实验物品不得随意摆放，严禁将实验物品携带出实验室。若需借用应办理借物手续。

（四）称取药品时，必须及时清洗或更换药匙和称量纸，以免药品被污染；配制药品后须标注药品名称、日期、配制人等信息。使用药品须登记。

（五）配制强酸、强碱溶液时，须佩戴耐酸碱手套，严格按照操作程序，以免造成损伤。

（六）进入实验室须穿实验服，佩戴鞋套和帽子后方可进入接种室进行无菌操作。

（七）接种后，必须用酒精棉球将超净工作台台面及接种器具清理干净，接种器具须放回原处，手术刀和剪刀应妥善保管。

（八）实验中产生的废液、废物应集中处理，不得任意排放；所用的培养物、被污染的玻璃器皿，都必须用消毒水泡过夜或高压蒸汽灭菌等方法处理后再清洗，以免污染植物组织培养实验室；严禁将培养物残渣倒入下水道。

（九）无菌操作室、缓冲室及培养室定期消毒，保持实验室内洁净；定期清理培养室内被污染的培养物，以免污染培养室。

（十）实验结束，由实验指导教师和管理人员检查清点仪器设备，学生做好清洁卫生工作，及时关好水电及门窗。

实验室安全知识

一、预防火灾

1) 提高防火意识

火灾是实验室最容易发生的事故。植物组织培养实验室常用乙醇消毒和点燃酒精灯,乙醇用量较大,应严格按照实验室要求妥善保管,如存放在阴凉、干燥处的药品柜中,严格登记使用量。操作人员在超净工作台中使用酒精灯时,应严格按照要求进行操作,以免酒精灯在超净工作台内着火。大功率仪器如高压蒸汽灭菌锅,应插在经过改装后的线路上。仪器运行期间,操作人员不得离开实验室,以免发生故障,引起火灾。定期检查线路,防止线路老化,提高防火意识,确保实验室安全。

2) 灭火器具的类型

万一不慎失火,切莫惊慌失措,应冷静并沉着处理。需要掌握必要的消防知识,熟悉各类灭火器具的类型和特点,这样才能迅速灭火,以防火势蔓延。

(1) 二氧化碳灭火器

二氧化碳灭火器是化学实验室最常使用、最安全的灭火器,其钢瓶内贮有 CO_2 气体。使用时,一手提灭火器,一手握住喷 CO_2 的喇叭筒的把手,打开开关,即有 CO_2 喷出。应注意,喇叭筒上的温度会随着喷出的 CO_2 气压的骤降而骤降,故手不能握在喇叭筒上,否则手会严重冻伤。CO_2 无毒害,使用后干净无污染。特别适用于油脂和电器起火,但不能用于扑灭金属着火。

(2) 沙箱

将干燥沙子贮于容器中备用,灭火时,将沙子撒在着火处。干沙对扑灭金属起火特别安全有效。平时经常保持沙箱干燥,切勿将火柴梗、玻璃管、纸屑等杂物随手丢入其中。

(3) 灭火毯

通常用大块石棉布作为灭火毯,灭火时包盖住火焰即可。近年来已确证石棉有致癌性,故应改用玻璃纤维布。沙子和灭火毯经常用来扑灭局部小火,必须妥善安放在固定位置,不得随意挪作他用,使用后必须归还原处。

(4) 泡沫灭火器

泡沫灭火器由 $NaHCO_3$ 与 $Al_2(SO_4)_3$ 溶液作用产生 $Al(OH)_3$ 和 CO_2 泡沫,灭火时泡沫把燃烧物质包住,与空气隔绝而灭火。因泡沫能导电,不能用于扑灭电器着火。且灭火后的污染严重,使火场清理工作麻烦,故一般非大火时不用它。

3)灭火方法

一旦实验室失火,首先应采取措施防止火势蔓延,立即熄灭附近所有火源,切断电源,移开易燃易爆物品,并视火势大小采取不同的扑灭方法。

(1)在超净工作台中因酒精灯打翻发生的局部着火,可用湿抹布或灭火毯盖灭。

(2)若因线路老化或仪器功率过大而致线路着火,可选用二氧化碳灭火器灭火。

(3)若衣服着火,切勿慌张奔跑,以免风助火势。化纤织物最好立即脱除。一般小火可用湿抹布、灭火毯等包裹使其熄灭。若火势较大,可就近用水龙头浇灭。必要时可就地卧倒打滚,一方面防止火焰烧向头部,另一方面在地上压住着火处,使其熄火。

二、预防中毒

化学药品的危险性除了易燃易爆外,还在于它们具有腐蚀性、刺激性以及对人体的毒性,使用不慎会造成中毒或化学灼伤事故。特别应该指出的是,实验室中常用的强酸、强碱和重金属等,其中绝大多数对人体都有不同程度的毒害。

1)化学中毒和化学灼伤事故引起的原因

(1)有毒药品通过皮肤吸收进入人体。

(2)吃进被有毒物质污染的食物或饮料,品尝或误食有毒药品。

(3)化学灼伤则是因为皮肤直接接触强腐蚀性物质、强氧化剂、强还原剂,如浓硫酸、浓盐酸、氢氧化钠、过氧化氢等引起的局部外伤。

2)预防措施

(1)禁止用手直接取用有毒化学药品。使用有毒药品时除用药匙、量器外,必须戴橡皮手套,实验后马上清洗仪器用具,立即用肥皂洗手。

(2)尽量避免吸入任何药品。处理具有刺激性、有挥发性的化学药品时,如浓硝酸、浓硫酸、浓盐酸等,必须在通风橱中进行。通风橱开启后,不要把头伸入橱内,并保持实验室通风良好。配制时须戴橡皮手套。

(3)禁止冒险品尝药品试剂,不得用鼻子直接嗅气体。

(4)不要用乙醇等有机溶剂擦洗溅在皮肤上的药品,否则会增加皮肤对药品的吸收速度。

(5)实验室里禁止吸烟进食,禁止赤膊穿拖鞋。

3)中毒和化学灼伤的急救

(1)眼睛灼伤或掉进异物

一旦眼内溅入任何化学药品,立即用大量水缓缓彻底冲洗。洗眼时要保持眼皮张开,可由他人帮助翻开眼睑,持续冲洗 15 min。忌用稀酸中和溅入眼内的碱性物质,反之亦然。对因溅入浓酸、浓碱或其他刺激性物质的眼睛灼伤者,急救后必须迅速送往医院检查治疗。

(2)皮肤灼伤

酸灼伤:先用大量水冲洗,以免深度受伤,再用稀 $NaHCO_3$ 溶液或稀氨水浸洗,最后用水洗。皮肤若被灼烧后,应先用大量水冲洗 20 min 以上,再用冰冷的饱和硫酸镁溶液或 70％酒精溶液浸洗 30 min 以上,或用大量水冲洗后,用肥皂水或 2％～5％ $NaHCO_3$ 溶液冲洗,用 5％ $NaHCO_3$ 溶液湿敷。碱灼伤:先用大量水冲洗,再用 1％硼酸或 2％ HAe 溶液浸洗,最后用水洗。灼伤后,若创面起水泡,均不宜将水泡挑破。

（3）中毒急救

实验中若感觉咽喉灼痛、嘴唇脱色或发绀,胃部痉挛或恶心呕吐、心悸头晕等症状时,则可能为中毒所致。视中毒原因施以下述急救后,立即送医院治疗,不得延误。

误食碱者,先饮大量水再喝些牛奶。误食酸者,先喝水,再服 $Mg(OH)_2$ 乳剂,最后饮些牛奶。不要用催吐药,也不要服用碳酸盐或碳酸氢盐。重金属盐中毒者,喝一杯含有几克 $MgSO_4$ 的水溶液,立即就医。不要服催吐药,以免引起危险或使病情复杂化。

（4）外伤急救

①割伤:先用水洗净伤口,消毒后,贴上"创口贴",可立即止血,且易愈合。严重时须及时就医。

②烫伤:一旦被火焰、蒸气或铁器等烫伤时,立即将伤处用大量水冲淋或浸泡,以迅速降温避免深度烧伤。若起水泡不宜挑破,用纱布包扎后送医院治疗。

三、安全用电

实验室配备的仪器较多,安全用电非常重要,用电过程中必须严格遵守以下的操作规程。

（1）不能用潮湿的手接触电器。

（2）所有电源的裸露部分都应有绝缘装置。

（3）已损坏的接头、插座、插头或绝缘不良的电线应及时更换。

（4）实验开始以前,应先由教师检查线路,经同意后,方可插上电源。实验结束时,必须先切断电源。

（5）如遇人触电,应切断电源后再行处理。

（6）若仪器有漏电现象,则可将仪器外壳接上地线,仪器即可安全使用。但应注意,若仪器内部和外壳形成短路而造成严重漏电者(可以用万用电表测量仪器外壳的对地电压),应立即检查修理。

第一部分

植物组织培养实验室及仪器设备

实验 1　植物组织培养实验室的设计

【实验目的】

(1) 了解植物组织培养实验室的设计要求。

(2) 掌握植物组织培养实验室的基本结构及功能分室。

(3) 掌握植物组织培养实验室的消毒方法。

(4) 掌握实验室中所需仪器设备的种类。

【实验原理】

植物组织培养是一项技术性较强的工作,对实验室无菌环境条件和无菌操作技术要求均非常严格。采用植物的外植体材料(植物器官、组织和细胞)通过严格的无菌操作环节后置于一定的环境条件下进行培养,该过程不仅需要专业人员,还要有专门的操作场所。植物组织培养实验室,简称组培室,是进行植物组织培养操作和材料培养的场所,主要用于培养基的配制、材料消毒、接种和材料培养。完整的植物组织培养室由一组执行不同功能的区间分室组成,并按照操作程序设置和排列,一般应由准备室、缓冲室、接种室(无菌操作室)、培养室及观察室等构成。

【参观场地】

植物组织培养实验室(图 1-1)。

准备室

缓冲室

无菌操作室

风淋

培养室

图 1-1　植物组织培养实验室

【仪器设备】

仪器设备包括超净工作台、高压蒸汽灭菌锅、冰箱、光照培养箱、摇床、蒸馏水发生器、微波炉、天平、磁力搅拌器、酸度计、空调、离心机、显微镜、烘箱、接种器械灭菌器等设备。

【实验方法】

1）植物组织培养实验室设计要求

植物组织培养实验室应建在安静、清洁、远离污染源的地方。具体设计植物组织培养实验室时,各分室的布局应符合植物组织培养的基本操作流程,即各分室的顺序根据每个环节的联系紧密度进行合理排列组合,以避免某些环节安排不当引起的混乱。实验室的面积大小取决于工作的目的和规模。一般研究型实验室的规模不宜太大,能满足实验需求即可。教学型实验室的规模可略大,需能够容纳每次教学的人数。以工厂化生产为目的的实验室一般规模较大,实验室设计应充分考虑预期的生产规模。工厂化植物组织培养实验室的选址应考虑交通是否方便,可设置在常年主风向的上风方向的城市近、中郊,避开各种污染源,以确保工作的顺利进行。

2)实验室各分区及功能

植物组织培养实验室必须满足以下基本要求,即需要具备实验准备(器皿洗涤、试剂和培养基配制、培养基和器皿的高压蒸汽灭菌、植物材料的预处理等)、无菌操作(植物材料的消毒和接种)、材料的培养及培养物的观察区域。此外,根据要求配备各种附加设施,使实验室设计更加完善。

(1)准备室

功能:主要用于玻璃器皿及器械的清洗及干燥、药品的配制、培养基的配制及灭菌、植物材料的预处理等。

准备室可设在通风、明亮处,一般面积为 $60\sim80$ m²,需安装洗水池,用于玻璃器皿和实验材料的清洗,下水道应通畅,以免妨碍工作。实验台应设置 $2\sim4$ 张,可用于仪器的摆放,实现多人操作。玻璃橱柜可放置 $2\sim3$ 个,主要用于清洗后或灭菌后玻璃器皿的摆放。在实验室条件允许的情况下,准备室内可单独设置一间面积约为 10 m² 的药品存放室,在干燥、通风和避光的环境条件下单独储存药品,放置药品架或玻璃储物柜,确保药品分类摆放。摆放有易燃、易爆及有毒药品等危险药品的药品柜必须上锁管理。药品存放室应安装排风扇或通风装置。药品出库及入库量应严格登记。

主要仪器:冰箱、蒸馏水发生器、微波炉、电子分析天平、磁力搅拌器、酸度计、烘箱、离心机、高压蒸汽灭菌锅等。高压蒸汽灭菌锅一般放置于安全的角落处,以免人为活动影响高压蒸汽灭菌锅的正常运转。若在实验室条件允许的情况下,可单独隔开一间高压灭菌室,单独摆放高压蒸汽灭菌锅,搁置玻璃橱柜,用于暂时摆放灭菌后的玻璃器皿或培养基。

其他物品包括:培养瓶、培养皿、三角瓶、量筒、烧杯、移液管、容量瓶、试剂瓶等。

(2)缓冲室

功能:避免操作人员走动时将杂菌带进无菌操作室,以及防止外界杂菌在空气对流的作用下直接进入无菌操作室,起到隔离、缓冲的作用。

缓冲室的面积一般较小,为 $3\sim5$ m²,室内应保持清洁、无菌。该分室应设在准备室与无菌操作室之间,安装玻璃推拉门,以减少关、开门时的空气流动。门与门之间应错开,不正对,防止内、外间空气对流。缓冲室与无菌操作室之间可设玻璃墙,便于观察无菌操作室内的情况。缓冲室应放置鞋架、衣帽挂钩,用于摆放拖鞋或鞋套、实验服、口罩和帽子等。墙顶安装 $1\sim2$ 盏紫外灯,用于缓冲室及衣物的定期杀菌消毒,或安装风淋。操作人员进入缓冲室时应更换拖鞋或戴鞋套,换上实验服,戴上帽子和口罩,再进入无菌操作室。

主要仪器：紫外灯或风淋。

其他物品包括：拖鞋或鞋套、实验服、口罩及帽子等。

（3）接种室（或无菌操作室）

功能：接种室是进行无菌操作的场所，用于培养基的分装、植物材料的消毒和接种、试管苗的继代、原生质体的制备和植物遗传转化等。

无菌操作室是植物组织培养研究或生产工作中最关键的部分，关系到培养物的污染率、接种工作效率等重要指标。无菌操作室是植物组织培养实验室的重要分室，面积一般为 $8\sim10$ m^2。该分室要求封闭性较好，一般设在内间，室内干爽、安静、清洁，能较长时间保持无菌，地面、天花板和墙壁尽可能密闭、光滑，便于清洁和消毒。最好采用水磨石地面或水磨石砌块地面，白瓷砖墙面或防菌漆天花板板面等结构。配置推拉门，应与培养室和缓冲室的推拉门错位，以减少空气流动，尽量减少尘埃和微生物的入侵。培养室、缓冲室和无菌操作室之间可设置玻璃墙或玻璃半高墙，以便观察培养室和无菌操作室内的情况。墙顶适当位置应安装紫外灯，定期杀菌消毒，使室内保持良好的无菌状态，以便安全操作，降低污染概率，提高工作效率。室内可摆放 $1\sim2$ 个搁架，用于摆放无菌操作的接种器具和灭菌后待接种的培养基。

主要仪器：超净工作台、灭菌器和组培小推车等。需要放置的其他物品包括：接种器具（枪型镊子、剪刀、手术刀、接种针、接种勺和搁置架等）、酒精灯、酒精溶液（75％和95％）、植物外植体表面消毒剂（次氯酸钠、饱和漂白粉溶液、84 消毒剂、过氧化氢、0.1％氯化汞等）。

（4）培养室

功能：对接种到培养基的植物离体材料进行控制条件下的培养。

培养室的面积一般为 $10\sim20$ m^2，培养室的大小可根据需要培养架的大小、数目及其他附属设备而定，其设计应以充分利用空间和节省能源为原则，临近无菌操作室。为满足外植体的正常生长和发育，培养室不仅要具备适宜的温度、湿度、光照和通风等条件，而且培养室应保持相对的无菌环境，因此，培养室应保持清洁和适度干燥。培养室的墙顶可安装 $2\sim3$ 盏紫外灯，以便定期进行紫外杀菌消毒，降低室内微生物的密度，保持无菌状态。培养室需定期清理污染物，地面的灰尘需用拖把清理，以免尘土飞扬。

根据培养材料所需环境条件的差异，可设定长日照、中日照和短日照培养室，也可根据温度设置成高温和低温培养室，每间培养室的空间不宜过大，便于对不同培养条件进行控制。

为了更好地控制培养室温度，培养室周围的墙壁要求绝热性较好。室内可不安装窗户，应当留有通气装置，如安装排风窗或换气扇等，以保持室内干燥。室内温度由空调控制，一般温度约为 25 ℃。为了节省能源和空间，应配备适应高度的培养架，每层安装日光灯照明，安装控制光周期装置，一般每日光照时间为 $10\sim16$ h。如需进行细胞培养和原生质体培养，可采用振荡培养箱、摇床或光照振荡培养箱。若实验条件有限，不足以建立培养室，可采用恒温光照培养箱或人工气候培养箱代替培养室。

主要仪器：培养架（控制光照）、摇床、振荡培养箱、自动控时器、紫外灯、光照培养箱或人工气候培养箱、温湿度计、空调等。

(5) 观察室

功能：主要进行组培材料的组织学、细胞学观察鉴定及照相等工作。

观察室可由制片室和显微室组成。制片是获取显微观察数据的基础，制片室配备有切片机、烤片机、切片染色、样品处理、温箱等设备。室内应有通风橱，可开窗，确保通风，尤其是在做植物石蜡切片时，另外可增设废液收集装置。分室内应安装适当大小的边台或实验台，边台下为存放物品的柜子。边台上可放置解剖镜、普通光学显微镜、电子显微镜等各种显微镜仪器。室内应保持干净、整洁及明亮，房顶应安装照明灯，便于观察培养材料。

若实验室条件有限，也可在准备室内设置观察检测区域。

主要仪器：解剖镜、体视显微镜、普通光学显微镜、倒置显微镜、倒置荧光显微镜、配套显微照相装置、切片机、烤片机、温箱及配套纸片和染色用品等。

根据实验室条件和生产规模，可设定移栽驯化室用于组培苗的炼苗。其环境条件的控制介于培养室和温室之间。驯化室需要配备的主要仪器包括加湿器或喷雾器、控光照装置及控温装置等。

3）参观实验室

根据班级人数，将班级学生分成若干小组。按照植物组织培养的生产流程，由指导老师带领学生参观植物组织培养实验室，指导老师介绍实验室各分室的布局，讲解各个分区的功能、实验室规则及有关注意事项，熟悉实验室的常用仪器设备及器皿。

分组参观驯化室和温室，学习组培苗的炼苗、移栽、移栽后的管理，观察组培苗的生长状况。

【作业】

(1) 说明植物组织培养实验室的设计要求。

(2) 请绘制一幅植物组织培养实验室的设计图，并写出各个分室的功能及仪器设备。

实验 2　常用仪器设备的使用

【实验目的】

(1) 熟悉植物组织培养实验室的仪器设备。

(2) 掌握植物组织培养实验室仪器设备的使用方法和注意事项。

【实验原理】

植物组织培养需要在严格的无菌条件下进行，即植物生长所需的培养基及实验操作过程中所用的实验用具均需达到无菌状态。因此，植物组织培养实验的顺利开展需要一定的仪器设备。熟练掌握实验室仪器设备的使用方法和注意事项是专业操作人员必备的基本技能,对于实验的顺利进行具有重要意义,以确保实验室的正常运转。

【参观场地】

植物组织培养实验室。

【仪器设备】

超净工作台、高压蒸汽灭菌锅、冰箱、光照培养箱、人工气候培养箱、摇床、纯水仪、电子分析天平、电磁炉、磁力搅拌器、酸度计、空调、离心机、冷冻离心机、各种显微镜、电热干燥箱、接种器械灭菌器等设备。

【实验方法】

(一) 指导老师讲解仪器的使用方法及注意事项

1. 无菌操作设备

无菌操作设备主要包括高压蒸汽灭菌锅、超净工作台、电热干燥箱、过滤灭菌器、接种器具灭菌器等。

1)高压蒸汽灭菌锅

(1)工作原理

由一个可以密封的桶体、压力表、排气阀、安全阀和电热丝等组成。在密闭的蒸锅内,其中的水蒸气不能外溢,压力不断上升,使水的沸点不断提高,锅内的温度也随之增加,在0.1 MPa的压力下,锅内的水蒸气温度达到121 ℃。在此温度下,可以很快杀死各种微生物,以使锅内的物品或培养基达到无菌的状态。

(2)使用方法

向锅内加入适量的蒸馏水,将装有物品的消毒框放入锅内,盖好锅盖。打开电源,将温度和时间分别设置为121 ℃、20 min,关闭安全阀,打开排气阀,点击"工作运行"。锅内开始加热产生蒸汽,锅内的冷空气通过排气阀排出,温度不断上升,待温度上升至90 ℃以上后压力开始上升。当压力表指针达到0.1 MPa时,温度达到121 ℃时,开始计时20 min。计时结束后,压力表指针下降,同时温度也下降;当指针下降至零时,方可打开高压蒸汽灭菌锅锅盖,取出物品即可。

高压蒸汽灭菌锅主要适用于玻璃器皿、耐高温塑料制品、培养基和接种金属器具等物品的灭菌。

(3)注意事项

高压灭菌前,应检查锅内是否需要加蒸馏水,以免因水不足影响高压蒸汽灭菌锅的正常运转。加水应加入蒸馏水或纯水,尽量不加自来水。

高压蒸汽灭菌锅降温降压时,一定要待压力降为零时,才可打开高压蒸汽灭菌锅的锅盖,不可强行打开,否则容易造成降压过快,使高压蒸汽灭菌锅内外压力差过大,液体外喷,导致培养基污染,甚至损坏高压蒸汽灭菌锅。

高压蒸汽灭菌锅在升温升压时须将锅内冷空气充分排除,否则锅内温度达不到设定温度,会影响灭菌效果。

对固体培养基进行高温高压灭菌时,容器中所装的固体培养基不宜过多,如不超过容器的 2/3 处,封口要紧,以免固体培养基在高温高压下喷出,流入锅内且堵住锅内排水管。

不耐高温的物品(不耐高温塑料制品)和试剂,如不耐高温的植物激素、抗生素和酶类等试剂,不可进行高温高压灭菌。

对培养基进行高温高压灭菌时,灭菌时间一般为 $15 \sim 20$ min,灭菌时间不宜过长,否则蔗糖等有机物质会在长时间高温下分解,使培养基成分发生改变甚至难以凝固;时间过短,易灭菌不彻底,使培养基出现污染现象。

高压蒸汽灭菌锅在运行期间,操作人员不得离开,以便及时排除高压蒸汽灭菌锅存在的安全隐患。

2)超净工作台

(1)工作原理

超净工作台是一种提供局部无尘、无菌工作环境的空气净化设备,主要由鼓风机、过滤器、操作台、紫外灯和照明灯等部分组成。通过内部小型电动机带动风扇,使空气先通过一个前置过滤器,滤掉大部分尘埃,再经过一个细致的高效过滤器,以将大于 $0.3\ \mu m$ 的颗粒滤掉,然后使过滤后的不带细菌、真菌的纯净空气以 $24 \sim 30$ m/min 的流速吹过工作台的操作面,此气流速度即能保证工作台面上的酒精灯正常使用,又能阻止工作台面以外的污浊空气流到台面,从而始终保证工作台面上是无菌的环境。根据气流流向的不同,超净工作台可分为垂直气流超净工作台和水平气流超净工作台;根据操作人数的不同,又可分为单人超净工作台和双人超净工作台。初次使用超净工作台时,开启 2 h 后再开始接种,以后每次开启 $20 \sim 30$ min 后即可开始操作。

(2)使用方法

整理超净工作台台面,清除杂物且擦净操作台台面。接上电源,打开开关,打开紫外灯且杀菌 $20 \sim 30$ min,关闭紫外灯后打开照明灯和风机。待超净工作台台面吹出的空气为稳定的无菌洁净空气后再开始接种工作。接种完毕后,关闭照明灯和风机,关闭电源。清理操作台台面,放下前置玻璃挡板。

超净工作台主要适用于培养基的分装、材料消毒与切割、材料接种、继代转接等无菌操作。

(3)注意事项

超净工作台应放置在空气洁净、地面无尘土的工作环境中,一般放置在无菌接种室内,并保持工作环境中空气的洁净度良好;否则,因灰尘过多会导致工作台的空气过滤装置堵塞,失去过滤作用,可能由此造成培养物的污染,须定期更换过滤装置。应定期检测超净工作台的无菌效果,方法如下:超净工作台处于工作状态时,在超净工作台台面的四角及中间位置各放一皿打开的营养琼脂培养基,2 h 后盖上盖子,封口后置于 37 ℃培养箱中培养 24 h。计算出菌落数,平均每皿培养基的菌落数应少于 0.5 个。

超净工作台的紫外灯不可长时间照射,以免影响紫外灯的寿命。在紫外灯照射期间,工作人员应远离超净工作台。工作人员在接种操作时应检查紫外灯是否已关闭,以免工作人员长时间暴露在紫外灯下,造成眼部、面部及手部损伤。

在超净工作台运行期间,应注意酒精灯的使用安全,以免因操作不当而发生火灾。

3)电热干燥箱

(1)工作原理

电热干燥箱又称烘箱,干燥箱中安装有电加热器,加热器通常采用电加热管,即加热丝位于加热管内部,可降低氧化速率从而延长使用寿命,同时热量传到钢管上增大了导热面积。干燥箱温控仪用来控制和显示温度,当箱内温度低于设定温度时,温控仪控制加热器连续发热或间隙发热,使箱内温度达到可控的目的。电热鼓风干燥箱中增加鼓风风机,鼓风风机不仅能够使箱内空气水平(台式电热鼓风干燥箱)或垂直(立式鼓风干燥箱)对流循环,温度更加均匀,而且能够使箱内外的空气不断交换,水分也被带出箱外,从而达到干燥的目的。

(2)使用方法

烘箱常用于洗净后玻璃器皿的干燥,也可用于耐高温的玻璃器皿的干热灭菌,但该方法不常用。将所需物品置于烘箱内,接通电源后设置温度,用于干燥需保持 80 ℃;干热灭菌时温度控制在 160~180 ℃保持 1~3 h,待温度冷却后方可打开烘箱箱门,取出物品。

(3)注意事项

取放物品时,请勿撞击伸入工作室内的传感器,以防损及传感器的测温探头导致控制失灵。

若观察箱内物品情况,可开启外门,或从玻璃门向内窥视,但以外门不常开为宜,以免热量外泄。当温度升到 300 ℃左右时,一定要待温度冷却后再开启箱门,否则可能会使玻璃急骤冷却而破裂。

烘箱内切勿烘烤易燃、易爆、易挥发性的物品或药品,以防爆炸。

物品放置于烘箱内,不宜过度拥挤,以便冷热空气对流,不受阻塞,以保持箱内温度均匀。

使用时,温度不要超过烘箱的最高使用温度。

4)过滤除菌器

(1)工作原理

过滤除菌器主要利用直径为 0.22~0.45 μm 孔径的微孔滤膜滤掉大于滤膜直径的细菌和真菌,从而达到除菌的目的。该方法主要适用于在高温条件下易被分解破坏、丧失活性的化学试剂的灭菌,如某些不耐高温的有机添加物、酶类、抗生素、维生素及植物生长调节物质 IAA、GA_3、ZT 等物质。

(2)使用方法

工厂化生产时,需要过滤除菌的液体量较大,可使用抽滤装置;液体量较小时,可用注射器代替,该方法主要适用于生产规模较小的研究实验中。先将带有微孔滤膜的滤头、注射器和容器进行高压蒸汽灭菌。再将上述灭菌后的物品和待除菌溶液转至已杀菌后的超净工作台中,打开超净工作台的风机和照明灯,用注射器吸取待除菌液体后将滤头安装在注射器的针管处,缓慢推压注射器活塞杆;将溶液压出滤膜,从另一侧针管压出的溶液便为无菌溶液,用灭菌后的容器储存除菌后的溶液,封口后标记溶液名称和浓度,可置于低温保存。

(3) 注意事项

溶液须完全溶解,避免未溶解的药品颗粒堵塞微孔滤膜;取滤头时,应避免被污染;盛装无菌溶液的容器需要封口,以免杂菌入侵。

5) 接种器械灭菌器

(1) 工作原理

在接种器械灭菌器通电后,利用300 ℃高温使微生物蛋白质凝固或变性,致菌体死亡,以达到灭菌效果。

(2) 使用方法

无菌操作时,将接种器械灭菌器置于超净工作台中。灭菌器接通电源后,可将温度设置为300 ℃,然后将接种器械(枪型镊子、剪刀、接种针、接种勺或手术刀)放入灭菌筒中。待接种器械被加热灭菌后取出并置于搁置架上,接种器械冷却后可使用。实验结束后关闭电源即可。主要用于无菌操作过程中接种器械的灭菌,可以代替酒精灯的火焰灼烧灭菌。

(3) 注意事项

在使用接种器械灭菌器时,因设置温度较高,应使其远离易燃、易爆物品,如乙醇;不建议长时间连续使用;操作人员使用时,应避免被烫伤。

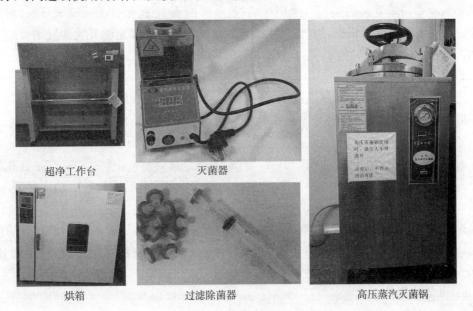

超净工作台　　　　　灭菌器　　　　　高压蒸汽灭菌锅

烘箱　　　　　过滤除菌器

图1-2　无菌操作设备

2. 培养设备(图1-3)

培养设备主要包括培养架、光照培养箱、人工气候培养箱、摇床、振荡培养箱、空调、自动控时器(或定时开关装置)和温湿度计等设备。

光照培养箱　　　　　　　　人工气候培养箱　　　　　　　　培养架

图1-3　培养设备

1) 培养架

固体培养时,为了充分利用空间,培养材料可放置于培养架上。培养架设置多层,一般为4~5层,每层高度约为40 cm,每层均有照明设备,可在培养架的顶部安装反光膜以增强光照。每层培养架的隔板可采用玻璃板、金属网或木板,架体采用金属材料,增强安全性。培养架的长度可根据日光灯长度而定。培养架上可安装定时开关装置来控制光照时间,一般光照时间为10~16 h。

2) 光照培养箱

光照培养箱可以自动控制温度和光照条件。光照培养箱可满足于其他的培养条件,如高低温、长短日照或黑暗培养等。

3) 人工气候培养箱

人工气候培养箱可以自动控制温度、湿度、光照强度、光周期等。人工气候培养箱不仅能满足于植物材料的各种培养条件,而且还能用于培养驯化后或移栽后的试管苗。

4) 摇床

摇床可用于液体培养或细胞悬浮培养,通过水平往复式振荡来改善培养材料的通气状况。植物组织培养实验常用的转速为1 r/min,在进行细胞悬浮培养时,可采用80~100 r/min的低转速。

5) 振荡培养箱

振荡培养箱可用于液体培养或细胞悬浮培养,通过振荡增加氧气或振荡分散培养物。培养时将容器固定在盘架上,进行往复式或旋转式振荡。振荡培养箱不仅可以控温,还可以设置光周期。

6) 空调

一般根据培养室的大小安装1~2台壁挂式空调用于控制培养室的温度,温度一般设为 25 ℃。

3. 药品配制设备及其他仪器(图 1-4)

药品贮存和配制设备应包括电子分析天平、冰箱、酸度计(pH 计)、纯水仪、电磁炉、磁力搅拌器等。

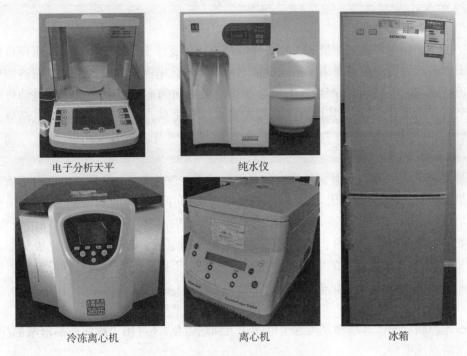

电子分析天平 纯水仪

冷冻离心机 离心机 冰箱

图 1-4 药品配制设备及其他仪器

1) 天平

(1) 使用方法

天平可用于称量各种化学药品,精确度为 0.001 g 的电子天平可用于称量大量元素、铁盐、糖类和琼脂等;精确度为 0.000 1 g 的电子分析天平可用于称量微量元素、维生素、植物生长调节物质等用量极少的化学药品。目前,一般组培室常配备精确度为 0.1 g、0.001 g 和 0.000 1 g 的天平。天平应放置在平稳、干燥、不受振动的固定操作台上,且应尽量避免移动。

(2) 注意事项

天平在使用过程中应避免接触腐蚀性药品。天平在使用后需清理干净残留的药品,保持清洁干燥。

2) 冰箱

实验室常用普通家用冰箱,上、下层温度分别为 4 ℃和－20 ℃。主要用于常温下易变性或失效的试剂(如培养基母液、酶类、抗生素及植物生长调节物质等)的保存、细胞组织和试验材料的低温保存,以及某些植物材料的低温处理等。

3) 纯水仪

纯水仪是采用预处理、反渗透技术、超纯化处理以及后级处理等方法,将水中的导电介质几乎完全去除,又将水中不离解的胶体物质、气体及有机物均去除至很低程度的水处理设备。配制试剂溶液、培养基母液及培养基时需要用到纯水,使水中不含或少含某些离子,以便完全人为控制培养基成分。在进行大规模工厂化生产组培苗时对水质要求不高,也可将自来水煮沸后晾凉代替,以降低生产成本。

4)酸度计

(1)工作原理

酸度计是用电势法来测量 pH 的一种广泛使用的化学分析仪器,其基本原理是将一个连有内参比电极的可逆氢离子指示电极和一个外参比电极同时浸入某一待测溶液中而形成原电池,在一定温度下产生一个内外参比电极之间的电池电动势。这个电动势与溶液中氢离子活度有关,而与其他离子的存在基本没有关系。仪器通过测量该电动势的大小,最后将其转化为待测液的 pH 而显示出来。

(2)使用方法

将复合电极加液口上所套的橡胶套和下端的橡皮套全取下,以保持电极内溶液的液压差恒定;将电极夹向上移出,用蒸馏水清洗电极头部并用干净的滤纸吸干;把电极插在待测溶液内,调节温度调节器,使所指示的温度与溶液的温度相同;摇动试杯使溶液均匀,待读数稳定后读出该溶液的 pH;测试完成后关闭仪器电源,用蒸馏水清洗电极头部并用滤纸吸干,之后浸泡在饱和的 KCl 溶液中保存。酸度计有笔式和台式两种类型。若实验室未配备酸度计,可用 pH 试纸代替。

5)电磁炉

加入琼脂后的固体培养基可置于电磁炉上加热熔化,还可用于难溶药品溶液的配制,代替水浴锅或电炉。

6)磁力搅拌器

用于加速溶解化学药品。

7)离心机

离心机是利用离心机转子高速旋转产生的强大离心力,加快液体中颗粒的沉降速度,把样品中不同沉降系数和浮力密度的物质分离开。植物组织培养实验室常用离心机收集悬浮细胞、花粉和花药、原生质体等,还用于植物遗传转化中菌种的收集和分子检测(如 DNA 提取和 PCR 扩增)。离心机使用时的注意事项:① 离心管必须对称放入套管中,若只有一支样品管,另外一支要用等质量的水代替,应避免离心机运转期间不对称、不平衡,防止机身剧烈振动;② 启动离心机时,应盖上离心机顶盖后,方可慢慢启动;③ 离心结束后,先关闭离心机,待离心机停止转动后方可打开离心机盖,取出样品,不可用外力强制其停止运动;④ 在离心过程中,操作人员不得离开离心机,一旦发生异常情况,如有噪声或机身剧烈振动时,操作人员不能立即关闭电源(POWER),要按 STOP 键停止运转,待仪器停止运转后再及时排除故障;⑤ 严禁机器超速运转,以免影响仪器的使用寿命。

8)冷冻离心机

冷冻离心机转速可达 10 000 r/min 以上,可冷冻离心,使样品的温度保持低温。冷冻离心机所用转头多采用钛合金或铝合金制成,离心管为带盖的聚乙烯硬塑料制品。使用前应提前预冷,待温度降下后再将离心管放入离心机。每次使用后,必须仔细检查转头,及时清洗、擦干。转头是离心机中须重点保护的部件,搬动时要小心,不能碰撞,避免造成伤痕。转头长时间不用时,要涂上一层上光蜡保护,严禁使用明显变形、损伤或老化的离心管。这类离心机多用于收集微生物、细胞碎片、细胞、大的细胞器或免疫沉淀物等。该机操作方便,制冷速度快,适合用于样品温度低的实验。

4. 观察分析仪器设备

植物组织培养实验室用于观察和鉴定培养物时需要各种类型的显微镜,主要包括解剖镜、倒置显微镜、普通光学显微镜、电子显微镜、荧光显微镜等。一般显微镜上能安装或带有照相装置,以便对所需材料进行拍摄记录。

1)解剖镜

解剖镜可用于解剖和观察植物器官、组织,也可从培养皿的外部观察细胞和组织的生长情况。解剖镜一般多用于茎尖分生组织、胚器官的分离和切取。

2)倒置显微镜

倒置显微镜物镜在镜台下面,可以从培养皿的底部观察培养物,可以观察、记录外植体及悬浮培养物的生长情况,拍照记录细胞分化生长的过程。

3)普通光学显微镜

普通光学显微镜主要用于植物组织切片的观察,进而了解植物材料的生长发育情况,如不定芽、不定根的分化过程及其他组织和器官的分化等。

4)荧光显微镜

荧光显微镜以紫外线为光源,用以照射被检物体,使之发出荧光,然后在显微镜下观察物体的形状及其所在位置。荧光显微镜用于研究细胞内物质的吸收、运输、分布及定位等。

5)电子显微镜

电子显微镜简称电镜,可利用电子束来展示材料内部或表面的显微镜,可用于观察细胞内部结构或病毒检测等。

(二)学生实践操作

安排学生分组进行仪器的实践操作,全程在指导老师的协助下完成。实践操作后,分组演示、讨论仪器的使用方法及注意事项。

【作业】

(1)简述植物组织培养实验室仪器设备的名称及用途。

(2)简述高压蒸汽灭菌锅的使用方法和注意事项。

(3)简述超净工作台的工作原理及使用方法。

实验3　实验器皿及器械的清洗、包扎及环境消毒

【实验目的】

(1) 熟悉实验室常用玻璃器皿的类型。

(2) 掌握玻璃器皿及用具的洗涤、烘干、包扎的方法。

(3) 了解实验室环境消毒的方法。

【实验原理】

植物离体细胞和组织的培养对任何玻璃器皿残留的有害物质均十分敏感,可能会影响植物细胞的生长和分化。培养过程中器皿的重复利用,特别是培养基中有机物质及培养组织分泌物的附着会影响再次培养,导致实验结果发生误差,甚至使培养组织受到毒害。被污染的玻璃器皿残留有大量微生物会再次大量繁殖导致实验失败。此外,一些新制玻璃器皿存在碱性游离物,也影响到实验结果的准确性。因此,新的或重新使用的器皿都必须认真清洗,使其达到不留任何残留物的要求,为实验的顺利开展提供保障。因不同培养器皿的材料、结构和使用方法不同,清洗的方法也有所区别。因此,在开展植物组织培养实验之前,需要掌握玻璃器皿的清洗和消毒的技能。

严格的消毒灭菌对植物组织和细胞培养的成功也起到至关重要的作用。植物组织培养中常采用物理灭菌法和化学消毒法两种方法。物理灭菌法的主要类型包括干热灭菌法、高温高压蒸汽灭菌法、过滤除菌法、火焰灼烧法和紫外杀菌法等,其中,高温高压蒸汽灭菌法通常适用于玻璃器皿、耐高温塑料制品及培养基的灭菌。化学消毒法主要采用化学试剂进行杀菌,如乙醇、次氯酸钠、次氯酸钙、过氧化氢、高锰酸钾、氯化汞、硝酸银、漂白粉等。实验室环境消毒不仅可采用物理紫外杀菌法,还可采用化学试剂高锰酸钾和甲醛熏蒸的消毒方法。

【实验室常用器皿和器械】

1) 常用器皿

(1) 溶解容器

烧杯:配制药品和培养基时,用于溶解化学药品。实验室需配备规格为 50 mL、100 mL、250 mL、500 mL、1 000 mL、2 000 mL 等,可配备塑料烧杯代替。

玻璃棒:用于搅拌加速溶解。

(2) 度量容器

量筒:不仅能用于量取母液或溶液等用量较多的液体,还可用于定容溶液。常用规格有 5 mL、10 mL、50 mL、100 mL、250 mL、500 mL 和 1 000 mL 等,可配备塑料量筒代替。

容量瓶:配制药品时,用于定容溶液或培养基。常用规格包括 10 mL、25 mL、50 mL、100 mL、250 mL、500 mL 和 1 000 mL 等,颜色包括无色透明和棕色避光两种,棕色容量瓶用于见光易分解试剂的定容。

移液管:用于精确量取少量液体,清洁干燥后备用。常用规格有 0.1 mL、0.25 mL、0.5 mL、1 mL、2 mL、5 mL 和 10 mL 等,使用时需配合洗耳球使用,移取溶液时须正确操作。用于精确量取的带刻度的玻璃移液管不能用以高温高压蒸汽灭菌,以防变形失去精确性。如果需要量取少量的无菌液体,可用移液枪和无菌的枪头代替,移液枪上安装灭菌后的枪头后再吸取无菌溶液(注:不得将移液枪高温高压蒸汽灭菌,以免移液枪被损坏,可置于超净工作台中紫外杀菌)。实验室配备移液枪的规格为 0.5～10 μL、2～20 μL、10～100 μL、20～200 μL、100～1 000 μL、1 000～5 000 μL 和 2～10 mL 等,同时配备不同规格的枪头及枪头盒。移液枪使用注意事项:使用后应调回最大量程,以免移液枪内弹簧被长期压缩后量取不精准;量取溶液时,应平移移液枪,不得倒拿,以免枪头中的溶液倒流至枪内;移液枪若不精准,应调试并校准。

(3)储备容器

试剂瓶:用于储存各种母液溶液,常用规格有 50 mL、100 mL、250 mL、500 mL 和 1 000 mL 等,颜色有无色透明和棕色两种,棕色用于存放见光易分解的溶液,如铁盐母液。可配备带有胶头滴管的试剂瓶,用于保存盐酸或氢氧化钠溶液。

纯水桶:用于储存纯水或超纯水,上有硅胶密封盖,底部安装有水龙头装置。常用规格有 1 L、5 L、10 L、20 L 等。

(4)载玻片和盖玻片:用于显微制片,观察培养物的生长情况。

(5)其他物品

①胶头滴管:常用于滴加少量盐酸、氢氧化钠溶液,调节培养基溶液的 pH。

②漏斗:用于分装培养基。

③药匙和称量盒:用于称量药品。称量药品时需要及时更换药匙,以免药品之间被污染。称量盒可代替称量纸,所称量的药品过多时不易洒出。称量盒为塑料制品,可清洗晾干后重复使用。市场上销售的称量盒有不同规格和形状。

④pH 试纸:用于检测培养基的 pH,配备 5.4～7.0 范围的 pH 试纸,也可用酸度计(pH 计)代替。

⑤滤纸或吸水纸:将滤纸或吸水纸装入培养皿中,包扎后高温高压蒸汽灭菌,不仅可用于吸取植物材料上多余的水分以利于材料的生长,还能用保持湿润的滤纸或吸水纸避免植物材料过度失水。

⑥小型手持喷雾器:用于 75% 乙醇溶液喷雾。

⑦封口膜:用于培养皿和三角瓶器皿的包扎封口,包括培养皿封口膜和三角瓶封口膜。培养皿封口膜为无菌专用封口膜。三角瓶封口膜中间带有通气良好的过滤膜,可高温高压蒸汽灭菌,且能重复使用。三角瓶封口膜的常用规格为 14 cm×14 cm、16 cm×16 cm。

⑧塑料手提篮:用于盛放培养基、培养瓶、培养皿或三角瓶等物品,可用超市手提购物筐代替。

⑨细菌滤头和针头过滤器:均可高温高压蒸汽灭菌,细菌滤头不可重复利用。细菌滤

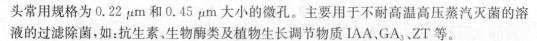

头常用规格为 0.22 μm 和 0.45 μm 大小的微孔。主要用于不耐高温高压蒸汽灭菌的溶液的过滤除菌,如:抗生素、生物酶类及植物生长调节物质 IAA、GA$_3$、ZT 等。

⑩试管架:用于放置试管。

⑪脱脂棉:主要用于制备 75% 酒精棉球,用于无菌操作时手部的消毒。

⑫酒精棉球缸:主要用于盛放 75% 酒精棉球,常用规格有 8 cm、9 cm、10 cm 和 12 cm 等。

⑬离心管:一般为耐高温塑料制品,呈管状容器,用于待分离样品的离心,和离心机的型号配套使用。可带密封盖或压盖,防止液体漏出或离心时被甩出。常用规格为 1.5 mL、2 mL、10 mL、50 mL 和 250 mL 等。

2)培养器皿

配制培养基和进行培养均需要大量的器皿,器皿按材料可分为玻璃器皿和塑料器皿两种。玻璃器皿需用碱性溶解度小的优质玻璃制成,以保证长期储藏药品与培养的效果。玻璃培养器皿的优点主要是透光度好、容易清洗,缺点是容易破碎;塑料制品采用耐高温高压的材料制成,可进行高温高压蒸汽灭菌,且对培养物无害,其优点为不容易破碎、成本较低,缺点是透光度较玻璃培养器皿差,遇火焰易熔化。实验生产时,可采用出厂时无菌的塑料器皿进行培养试管苗,再输送给种植户。

培养器皿按其形状可分为培养皿、培养瓶、试管及三角瓶等,也有进行转动培养并使液体流动时用的 L 形管和 T 形管,还有在瓶外用显微镜观察细胞的分裂和生长情况,并便于摄影记录的长方形扁瓶、圆形扁瓶、平型有角试管和无角试管等。这些不同类型的培养器皿均可用来培养植物材料,但具体采用哪一种,有时取决于实验性质,有时取决于器皿使用是否方便,或者取决于操作人员的个人爱好等。一般在植物组织培养过程中,玻璃培养皿、培养瓶及三角瓶是广泛运用的器皿。若实验条件有限,生产中也可采用广口玻璃瓶,甚至牛奶瓶、罐头瓶和果酱瓶等代替。不过在选择玻璃器皿时应选择硼硅酸盐玻璃器皿,钠玻璃对某些组织可能是有毒的,重复使用时毒害会比较明显。

(1)培养皿:使用比较广泛,主要用于愈伤组织培养、细胞培养、原生质体培养,既可用于固体培养,也可用于浅层液体培养或固体-液体培养。接种后需要采用培养皿封口膜封口。一般采用规格为直径 60 mm、90 mm 和 120 mm,其中直径 90 mm 规格的培养皿被广泛使用;接种时 120 mm 培养皿也可用来放置待切割或分离的无菌植物材料。培养皿使用时需挑选上盖和底部密切吻合,以免封口不严而引起污染。

(2)培养瓶:广泛用于无菌苗的培养、茎尖培养、芽苗增殖的培养和生根培养等。目前,市场销售的培养瓶有各种形状,主要规格包括 240 mL、270 mL、350 mL、480 mL、500 mL、650 mL 和 1 000 mL 等。培养瓶由玻璃瓶体和带有通气装置的塑料瓶盖组成,塑料瓶盖可高温高压蒸汽灭菌,能重复使用,但一旦发现透气滤膜出现破损,需及时更换瓶盖。实际操作时,可根据试管苗的大小选择培养瓶的规格。培养瓶的主要特点:因带有配套的可随手拧紧且达到密封的瓶盖,操作十分方便;瓶口较大,接种时比较好操作,不易损伤试管苗,如用接种工具将试管苗取出再转接或移栽时,易取出幼苗且能降低幼苗的损伤。培养瓶缺点:有些形状的瓶口较大,容易出现污染;瓶盖的透气性不是很好,瓶内壁容易出现水滴,瓶内湿度较大,易增加幼苗玻璃化频率;瓶内外气体交换速度较慢,易使乙烯在瓶内聚集,可能会影响到试管苗的生长。

（3）三角瓶：适用于各种材料的固体培养或液体培养，如无菌苗的培养、愈伤组织的继代扩增培养、茎尖培养、丛生芽的生长和增殖培养、胚胎的培养及芽苗生根培养等。三角瓶的规格有 50 mL、100 mL、150 mL、250 mL、500 mL 和 1 000 mL 等，培养时可根据培养物的大小选择不同规格的三角瓶，常用规格为 150 mL 和 250 mL；配制培养基时，常用 500 mL 和 1 000 mL 三角瓶盛装。三角瓶封口时可用棉线绳和专用三角瓶封口膜，封口膜的透气性较好，可降低三角瓶瓶内的湿度，减少幼苗玻璃化现象。三角瓶的采光较好，瓶口较小不易失水和污染；但如试管苗过大，不易取出试管苗且容易损伤试管苗。

（4）试管：是植物组织培养中较常用的一种培养器皿，适宜制备少量培养基或试验各种不同培养基配方时使用；更适用于体积不大的培养物的培养，例如茎尖的培养、花药的培养、胚培养等，在茎尖培养时有利于向上生长。试管有圆底和平底两种，一般以 2 cm×15 cm 或 2.5 cm×15 cm 为宜，不过器官培养和从培养组织产生茎、叶及花芽形成时，往往需要口径更长的试管。优点：占位少，培养基用量少，无菌操作时不易污染，一般常用脱脂棉和纱布做成试管塞封口。

（5）L 形管和 T 形管：L 形管和 T 形管多为液体使用，有利于液体流动。由于在转动时可使管内培养的材料轮流交替地在培养液和空气之中，保持通气良好，有利于植物材料的生长。

（6）长方形扁瓶和圆形扁瓶：前者可用于离心，其所需材料沉积于尖形底部。后者一般用于植物细胞培养及生长点培养，可在瓶外直接用显微镜观察细胞的分裂及生长情况，便于拍摄。

（7）角形培养瓶和圆形培养瓶：角形培养瓶用于静置培养，圆形培养瓶常用于植物胚的培养。

3）接种器械

（1）镊子：组培接种时常用枪型镊子，为不锈钢材料，规格包括 14 cm、20 cm、23 cm、26 cm 和 30 cm 等长度，常用长度为 23 cm 和 26 cm。解剖时用于固定植物材料，接种时夹取外植体且接种于相应的培养基上。

（2）剪刀：用于植物材料的分段切割或剪取。常用剪刀包括解剖剪和弯头剪，弯头剪适用于叶片材料的剪取。常用规格长度包括 14 cm、16 cm、18 cm。

（3）解剖刀：用于切割植物材料，例如茎尖、茎段、下胚轴、块根、叶片、子叶等外植体的分离及截取。常用规格为 4 号刀柄和 21、22、23、24 号刀片。

（4）解剖针：用于植物材料的解剖，例如茎尖剥取、胚的剥取、微小种子的去壳等。

（5）接种铲：可用于接种花药、愈伤组织、较小种子或极小的植物材料。

（6）其他物品：将酒精灯置于超净工作台中，接种操作时需要点燃酒精灯，加热温度可达 300～400 ℃，在酒精灯附近进行无菌操作，接种器械可在酒精灯上火焰灼烧灭菌。酒精灯的火焰可分为三层，即焰心、内焰（还原焰）、外焰（氧化焰），只有外焰燃烧最完全、温度最高，将接种器械置于酒精灯的内焰和外焰之间的位置上，加热灭菌的效果最好。点燃酒精灯需要用打火机，切勿用另一点燃的酒精灯直接去点燃，以免灯内酒精外洒，引起火灼或烧伤。熄灭酒精灯时，盖上盖子即可，切勿用嘴去吹，以免灯内酒精燃烧。酒精灯不用时，必须将盖子盖好，以免酒精挥发。当灯中酒精较少时，如需要添加酒精，添加时应先把火焰熄灭,然后利用漏斗将酒精加入灯内,但应注意灯内酒精不要装得太满,一般不超过其容量的 2/3,使用时需注意安全。将搁置架置于酒精灯旁边,无菌操作时灼烧后的接种器械可置于搁置架上冷却备用,以保持无菌状态。

【仪器、用具及试剂】

(1) 仪器:高压蒸汽灭菌锅、恒温干燥箱、紫外灯等。

(2) 用具:培养瓶、培养皿、三角瓶、烧杯、试管、试剂瓶、量筒、容量瓶、移液管、移液枪、胶头滴管、漏斗、载玻片和盖玻片等玻璃器皿;枪型镊子、剪刀、手术刀、接种勺和接种针等接种器械;报纸、棉线、封口膜、脱脂棉、酒精棉球缸、离心管、枪头、枪头盒、药勺、称量纸或称量盒、滤纸、塑料手提篮、细菌滤头、针头过滤器、试管架等其他物品。

(3) 试剂:洗衣粉、洗洁精、肥皂、1%盐酸、酒精、重铬酸钾、高锰酸钾、蒸馏水、浓硫酸、氢氧化钠、新洁尔灭等。

【实验方法】

1) 洗涤液的种类及配制

(1) 4%铬酸洗液

称取 25 g 重铬酸钾,加水 500 mL,加温溶解,冷却,再将 90 mL 浓硫酸缓缓加入上述重铬酸钾饱和水溶液中(边加边搅拌)。该洗液对玻璃器皿无腐蚀作用,去污十分有效,能洗去绝大多数污物,浸泡时器皿需灌满洗液。注:该洗液具有强氧化性,配制、盛装洗涤液的容器应防酸、耐热、有较大的开口。使用时应小心操作,必须戴厚皮手套,防止伤及皮肤、眼睛或衣服;因洗涤液有较强的腐蚀性和毒性,铬离子会造成环境污染,应谨慎使用。新配制的洗涤液呈棕红色,可重复利用,直至溶液为绿色或墨绿色,表明洗液已失效,不可再继续使用。

(2) 碱性高锰酸钾洗液

取 4 g 高锰酸钾溶于少量水中,加入 100 mL 10%氢氧化钠溶液,混匀后装瓶备用,洗液呈紫红色。碱性高锰酸钾洗液有强碱性和氧化性,能洗去各种油污。洗后若器皿壁上残留有褐色二氧化锰,可用盐酸或稀硫酸溶液洗去,碱性高锰酸钾洗液可重复使用,直至碱性紫色消失为止。

除此之外,常用的洗涤液还有 70%酒精、1%盐酸、10%~20%洗衣粉溶液、洗洁精及肥皂溶液等。

2) 器皿的洗涤

(1) 玻璃器皿的洗涤

①新购置的玻璃器皿:新购置的玻璃器皿或多或少均含有游离碱物质,应先用自来水简单冲洗,再用 1% HCl 浸泡过夜(12~24 h),将浸泡后的玻璃器皿放入加有洗衣粉的洗涤液中,用毛刷反复刷洗(需戴耐酸手套),用自来水冲洗干净,蒸馏水冲洗 1 次,晾干备用。

②用过的玻璃器皿:先将器皿中的残渣除去,用清水洗净,再用肥皂水或 10%~20%洗衣粉(或用洗涤剂)溶液浸泡,洗衣粉和洗涤剂加热后去污能力更强,先刷洗干净,再用

自来水冲洗干净,最后用蒸馏水冲洗 1 次,沥干或烘干,备用。

③被污染的玻璃器皿:带菌的培养皿清除培养物后将下底和上盖分开放入高压蒸汽灭菌锅;带菌培养瓶、试管、三角瓶直接放入高压蒸汽灭菌锅内,经 0.1 MPa 高温高压蒸汽灭菌 20~30 min 后,倒掉残渣(注:不可直接倒入下水道),再浸入洗衣粉溶液或洗涤剂中,用毛刷刷去瓶壁上的培养基和病斑。再用清水清洗干净,清水冲洗后再用蒸馏水冲洗 1 次,晾干。注:被污染器皿不可在实验室未经高温高压蒸汽灭菌直接打开瓶盖冲洗,以免污染实验室。

④吸管、滴管的洗涤:可先放入铬酸洗液中浸泡数小时,用夹子取出后用自来水冲洗 30 min,再用蒸馏水冲洗,稍沥水后置于干燥箱内烘干备用。吸管、滴管等首次使用前也必须用洗涤液泡洗,清洗干净后沥干。

在大规模的植物组织培养工厂中,对于数量大的培养皿、三角瓶、培养瓶等,只要未被污染,可以使用清水冲洗干净即可。应避免由于冲洗玻璃器皿数量较大、冲洗不干净而残留洗涤液,影响植物材料的生长。该方法适用于继代培养更换下来且未被污染的培养瓶或培养皿,需要及时倒掉残留的培养基,用清水彻底刷洗干净,再用少量纯净水冲洗 1 遍,晾干备用即可。

注:清洗后的玻璃器皿,瓶壁应透明发亮,内、外壁水膜均一,不挂水珠,没有残留物和任何标记。

(2) 金属器具

一般不宜用各种洗涤液清洗,需要清洗时,采用清水或酒精擦洗干净,并保持干燥即可。新购置的金属器械若表面有润滑油或防锈油,可用棉球蘸取四氯化碳擦去油脂,再用湿布擦干净,干燥备用。金属器具主要包括解剖刀、镊子、剪刀、接种勺、接种针等接种器械。

(3) 塑料制品

塑料制品耐腐蚀能力较强,但质地较软,且不耐热,因此,其洗涤方法有别于玻璃器皿。方法 a:一般采用洗涤液洗涤,因其吸附力较强,须反复冲洗,再用蒸馏水冲洗,晾干备用。方法 b:浸于自来水中过夜后冲洗,用 2% 氢氧化钠浸泡过夜,自来水冲洗后用 1% 盐酸浸泡 30 min,自来水冲洗,蒸馏水浸洗 3 次,晾干备用。

3) 玻璃器材的晾干或烘干

不着急使用的玻璃器皿可放于实验室中自然晾干;若着急使用的玻璃器皿,可置于托盘中,放入烘箱,80 ℃ 烘干,当温度降至 50 ℃ 以下再打开取出。

4) 器皿的包扎

(1) 培养皿:烘干后的培养皿每 10 套叠在一起,用报纸卷成一筒,包扎好备用。也可将培养皿放入不锈钢消毒筒中,盖上盖子。

(2) 吸管:在吸管的一头塞入少许适量的脱脂棉,以防在使用时造成污染。每支吸管用一条 4~5 cm 纸条,以 30°~50°角度螺旋形卷起来,吸管的尖端在头部,另一端用剩余的纸条打成一结,以防止散开,标上容量,将若干支吸管包扎成一束进行高温高压蒸汽灭菌。

(3) 培养瓶:将培养瓶和配套瓶盖螺旋拧上即可。

(4) 试管:用适宜大小的棉塞塞上试管口,棉塞能起到过滤作用以防止空气中的微生物进入试管,将若干试管用报纸或牛皮纸包裹,用绳子扎紧后备用。制作棉塞时,要求棉花紧贴试管壁,没有缝隙,松紧适宜,过紧易挤破试管口或不易塞入,过松易掉落或污染。棉塞长度应不小于管口直径的2倍,约2/3塞进试管口。

(5)三角瓶:采用三角瓶封口膜及棉线进行包扎,或者做成适宜大小的棉塞塞上,再用报纸或牛皮纸包扎。

(6)耐高温塑料制品:可装入耐高温高压玻璃器皿或金属容器中,封口后备用;或采用报纸进行包扎。

(7)金属器具:可用报纸进行包扎;或装入不锈钢消毒筒中,盖上盖子。注:接种器械可以不用包扎及高温高压蒸汽灭菌,使用前直接采用火焰灼烧灭菌或用灭菌器高温灭菌即可。

5)器皿用具的灭菌及实验室环境的消毒

(1)器皿用具的灭菌

①干热灭菌:将包扎好的玻璃器皿(培养皿、三角瓶和培养瓶等)和接种器械(手术刀、镊子、剪刀、解剖针等)放入恒温干燥箱中。打开电源,设置温度为150 ℃,当温度升至100 ℃时,启动箱内的鼓风机,使电热箱内的温度受热均匀。温度达到160~180 ℃保持1~3 h达到灭菌效果,待温度降至50 ℃以下方可取出物品。注:干热灭菌时,不能用报纸包扎玻璃器皿和金属器械,以免在电热箱内燃烧,应采用锡箔纸或不锈钢消毒筒。

使用范围:培养皿、三角瓶、培养瓶、吸管和试管等玻璃器皿,解剖刀、镊子、解剖针、剪刀等金属器械。

②高温高压蒸汽灭菌:将准备好的物品放入高压蒸汽灭菌锅中,在0.1 MPa压力下和121 ℃保持20~30 min,待压力降为0时取出物品。

使用范围:培养皿、三角瓶、培养瓶、吸管和试管等玻璃器皿;解剖刀、镊子、解剖针、接种勺、剪刀等金属接种器械;细菌滤头、针头注射器、移液枪的枪头和枪头盒、各种规格塑料离心管等耐高温高压的塑料制品;固体和液体耐高温的培养基。

③火焰灼烧灭菌:无菌操作的接种器械(如镊子、手术刀、剪刀、接种勺和解剖针等)不仅能采用高温高压蒸汽灭菌,而且也常用于酒精灯的火焰灼烧。接种过程中,将浸入95%乙醇溶液的接种工具取出如镊子、剪刀、解剖刀或接种针等置于酒精灯上火焰灼烧,借助酒精瞬间燃烧产生的高热来达到杀菌目的。在操作过程中,接种器械要反复浸泡、灼烧及放凉后再使用。接种器具也可用灭菌器高温杀菌来代替火焰灼烧,但接种器具不得浸入95%乙醇溶液中。

④过滤除菌:该方法主要适用于某些不耐高温的有机添加物、酶类、抗生素、维生素及植物生长调节物质IAA、GA_3、ZT等。具体操作见第一部分实验2。

(2)实验室的消毒

植物组织培养实验室必须随时保持整洁、干净、无菌。不仅需要每次实验后认真打扫实验室,如用拖把擦拭地面,而且需要定期消毒杀菌,以降低实验室的微生物密度。

①紫外线杀菌:进入实验室后,可先用75%酒精喷雾,使尘埃沉降。打开紫外灯照射,培养室的紫外灯应距离地面2.5 m,使每平方厘米有0.06 mW的能量照射才能发生有效的消毒作用。消毒时物品应相互分开,避免遮挡紫外线的照射。紫外线杀菌一般照射30 min即可达到消毒效果。适用范围:缓冲间、接种室、培养室等。

②熏蒸消毒:当植物组织培养过程中出现多次污染,或实验室如接种室和培养室两个

月一次的常规消毒,均可采用甲醛和高锰酸钾熏蒸消毒。熏蒸前首先将房间密封,若培养室内有培养物,则需转移出去,将接种室物品暂时放置于柜橱中,切断分室电源。每立方空间用5～8 mL甲醛、5 g高锰酸钾。先将称量好的高锰酸钾倒入一个较大的容器(玻璃罐头或陶瓷罐)内,放入培养室或接种室的中间地面上,再将量取的40%甲醛溶液缓缓地倒入,操作时需要戴上口罩和橡胶手套。当烟雾产生后,操作人员应迅速离开并紧闭门窗。2～3 d后再开启门窗,排出甲醛废气,操作人员戴上口罩、手套进入房间后喷洒氨水。待中和完空气中的甲醛后,操作人员方可入内打扫地面和台面。此外,也可选用冰醋酸加热熏蒸消毒。适用范围:接种室和培养室。

③喷雾消毒:经常可用0.25%新洁尔灭溶液(取5%新洁尔灭原液50 mL,加水950 mL配成)、漂白粉液(称取10 g漂白粉,加140 mL水,配制后静置1～2 h,取上清液)或75%酒精喷雾,对接种室、培养室墙壁、实验室地面、工作台台面进行喷雾消毒。喷雾要均匀,不留死角,注意安全,应避免药物落入眼睛。

④擦拭消毒:可用纱布或棉布蘸取75%酒精或0.1%高锰酸钾溶液擦拭培养架、地面或台面进行消毒。

6) 实验实施

实验前,指导老师和实验员做实验准备。指导老师讲解、演示。学生分组、轮流完成实验室器皿的洗涤、烘干、包扎和灭菌。学生在指导老师的协助下完成实验室打扫和消毒工作。

【注意事项】

(1) 玻璃器皿在清洗和使用前要仔细检查是否有破损,培养瓶瓶口是否有裂口,以免划破手。

(2) 配制强酸、强碱、腐蚀性较强的洗液时,应注意个人防护,要戴耐酸碱手套和围裙、口罩,防止损坏皮肤和衣服。配制过程中加入浓硫酸时将产生大量热量,因此,加入时需要缓缓加入,边搅拌边加入,以免热量产生过多发生危险。

(3) 实验室紫外灯杀菌时,因紫外线照射时会产生臭氧,且紫外线对人体有一定的损伤作用,操作人员不可待在室内,以免受伤害。

(4) 实验室采用甲醛熏蒸时,注意个人防护;熏蒸期间保持密闭,确保消毒效果。

【作业】

(1) 植物组织培养实验室所需的培养器皿有哪些?

(2) 植物组织培养实验室接种器具有哪些?

(3) 简述被污染的玻璃器皿的洗涤方法。

(4) 高压蒸汽灭菌法适用于哪些器具的灭菌?

(5) 简述玻璃器皿及器具的灭菌方法。

(6) 试论述植物组织培养实验室的具体消毒方法及过程。

第二部分

基本操作

实验 1　MS 培养基母液的配制及保存

【实验目的】

(1) 学习根据母液配方计算各种药品的用量。

(2) 掌握培养基母液的配制流程及注意事项。

【实验原理】

　　选用合适的培养基是植物组织培养取得成功的关键技术。培养基成分制约着离体培养植物材料的生长和形态发生。在离体培养的条件下，不同的植物种类对营养有不同的要求，甚至同一种植物不同部位的组织对营养的要求也不相同，只有满足了各自的特殊要求，离体材料才能更好地生长。因此，植物材料离体培养能否成功，选择并制备出适宜的培养基对材料的生长和增殖尤为重要。培养基是植物离体培养组织或细胞赖以生存的营养基质，是为离体培养材料提供近似活体生存的营养环境，包括水、无机化合物（大量成分、微量成分）、有机成分（维生素、氨基酸、碳源）、凝固剂和植物生长调节物质等多种成分，有时还会添加一些复杂成分，如水解酪蛋白、水解乳蛋白及天然提取物（酵母提取物、番茄汁、麦芽汁和马铃薯汁等）。每种成分用量差别较大，有些成分如微量成分用量极少，若每次配制培养基时都即时称量，不仅费时费工，而且称量不准确易出现误差，影响试验的重复性和结果。为了提高配制培养基的效率，操作人员常常将培养基成分首先配制成比实际培养基浓度大若干倍的母液，再配制培养基时，根据所需浓度按比例稀释即可，这种浓缩液就被称为培养基母液或培养基贮备液。本实验中采用 MS 培养基配方，将 MS 培养基成分划分为四液式母液，可分为：大量元素母液、微量元素母液、铁盐母液和有机化合物等。

【仪器、用具及试剂】

(1) 仪器：电子天平、冰箱、纯水仪、磁力搅拌器和电磁炉等。

(2) 用具：药匙、玻璃棒、称量纸或称量盒、胶头滴管、洗瓶、标签纸、烧杯(100 mL、250 mL、500 mL、1 000 mL)、容量瓶(100 mL、250 mL、500 mL、1 000 mL)、试剂瓶(100 mL、250 mL、500 mL、1 000 mL)、量筒(10 mL、50 mL、100 mL、250 mL、500 mL、1 000 mL)等。

(3) 试剂：KNO_3、NH_4NO_3、$MgSO_4 \cdot 7H_2O$、KH_2PO_4、$CaCl_2 \cdot 2H_2O$、$MnSO_4 \cdot 4H_2O$、$ZnSO_4 \cdot 7H_2O$、H_3BO_3、KI、$Na_2MoO_4 \cdot 2H_2O$、$CuSO_4 \cdot 5H_2O$、$CoCl_2 \cdot 6H_2O$、$FeSO_4 \cdot 7H_2O$、$EDTA-Na_2$、甘氨酸、盐酸硫胺素(维生素 B_1)、盐酸吡哆醇(维生素 B_6)、烟酸、肌醇等。

【实验方法】

1) 准备工作

(1) 配制培养基母液前，洗净并备齐所有用具，所有用具均用纯水或蒸馏水润洗 1 次。配制培养基母液时一般需要纯水或蒸馏水。需要准备以上所有化学药品，应采用等级较高的分析纯，以免杂质对培养物造成不利影响。准备不同规格的药匙和称量盒，以免药品之间的交叉污染。

(2) 配制母液前，计算出配制量及每种药品的使用量。

2) MS 培养基母液的配制

(1) 配制大量元素母液(10 倍)

MS 培养基配方中大量元素共有 5 种成分(表 2-1)，按照培养基配方的用量，各种化合物成分用量扩大 10 倍。用电子分析天平分别称量，依次分别称取 19 g KNO_3、16.5 g NH_4NO_3、3.7 g $MgSO_4 \cdot 7H_2O$、1.7 g KH_2PO_4、4.4 g $CaCl_2 \cdot 2H_2O$。称量后分别倒入 50 mL 烧杯，加入少量的蒸馏水或纯水搅拌完全溶液。按顺序依次倒入加有少量蒸馏水的 1 000 mL 烧杯中(注：待第一种药品溶液完全溶解后再加入第二种药品溶液)。用玻璃棒搅拌均匀后，将溶液倒入 1 000 mL 容量瓶，用蒸馏水或纯水定容，摇匀后倒入 1 000 mL 试剂瓶中，贴上标签，注明试剂名称、扩大倍数、配制日期、配制人姓名等，置于 4 ℃保存，备用。

注意：5 种化学成分混合时，一定要最后加入 $CaCl_2 \cdot 2H_2O$，因为 $CaCl_2 \cdot 2H_2O$ 会和 KH_2PO_4 形成磷酸三钙、磷酸钙等沉淀(也可将钙盐单独配成母液存放)。若配制后出现浑浊或沉淀，需要重新配制。

表 2-1　MS 培养基大量元素母液(10 倍)的配制剂量

母液	化合物名称	培养基用量/(mg/L)	扩大倍数	称取量/mg	母液体积/mL	1 L 培养基吸取母液量/mL
大量元素	KNO₃	1 900	10	19 000	1 000	100
	NH₄NO₃	1 650		16 500		
	MgSO₄·7H₂O	370		3 700		
	KH₂PO₄	170		1 700		
	CaCl₂·2H₂O	440		4 400		

（2）配制微量元素母液（100 倍）

方法（一）：配制时先加入少量蒸馏水于 1 000 mL 烧杯中，依次分别称取 $MnSO_4 \cdot 4H_2O$、$ZnSO_4 \cdot 7H_2O$、H_3BO_3、KI、$Na_2MoO_4 \cdot 2H_2O$、$CuSO_4 \cdot 5H_2O$、$CoCl_2 \cdot 6H_2O$（见表 2-2）。按顺序倒入烧杯中（注：待第一种药品完全溶解后再加入第二种药品），用玻璃棒搅拌溶解，最后一种药品完全溶解后将溶液倒入 500 mL 容量瓶，定容后倒入试剂瓶中。贴上标签，注明试剂名称、扩大倍数、配制日期、配制人姓名等，置于 4 ℃冰箱保存，备用。

方法（二）：配制时先加入少量蒸馏水于 1 000 mL 烧杯中，依次分别称取 $MnSO_4 \cdot 4H_2O$、$ZnSO_4 \cdot 7H_2O$、H_3BO_3、KI、$Na_2MoO_4 \cdot 2H_2O$，按顺序依次溶解后倒入烧杯中，用玻璃棒搅拌至完全溶解，即为微量 I。称取 25 mg $CuSO_4 \cdot 5H_2O$ 和 25 mg $CoCl_2 \cdot 6H_2O$ 依次溶解于蒸馏水中，定容于 100 mL 容量瓶中，倒入试剂瓶内（即配成再扩大 100 倍溶液），即为微量 II。取 5 mL 上述 $CuSO_4 \cdot 5H_2O$ 与 $CoCl_2 \cdot 6H_2O$ 混合溶液即微量 II 加入上述溶液微量 I 中，定容至 500 mL，倒入试剂瓶中。贴上标签，注明试剂名称、扩大倍数、配制日期、配制人姓名等，置于 4 ℃冰箱保存，备用。

表 2-2　MS 培养基微量元素母液(100 倍)的配制剂量

母液	化合物名称	培养基用量/(mg/L)	扩大倍数	称取量/mg	母液体积/mL	1 L 培养基吸取母液量/mL
微量元素	MnSO₄·4H₂O	22.3	100	1 115	500	10
	ZnSO₄·7H₂O	8.6		430		
	H₃BO₃	6.2		310		
	KI	0.83		41.5		
	Na₂MoO₄·2H₂O	0.25		12.5		
	CuSO₄·5H₂O	0.025		1.25		
	CoCl₂·6H₂O	0.025		1.25		

（3）铁盐母液（100 倍）的配制

目前常用的铁盐是硫酸亚铁和乙二胺四乙酸二钠的螯合物，必须单独配制成母液，即铁盐母液。这种螯合物使用方便，比较稳定，又不易产生沉淀。其配制方法：称量 $FeSO_4 \cdot 7H_2O$ 和 EDTA－Na_2 药品（见表 2-3），分别倒入盛有蒸馏水的 250 mL 烧杯中，搅拌使之全部溶解。将两种溶液均倒入 500 mL 烧杯中，用 500 mL 容量瓶加水定容，混合均匀后倒入棕色试剂瓶中。贴上标签，注明试剂名称、扩大倍数、配制日期、配制人姓名等。室温避光放置过夜,观察是否出现沉淀,若无沉淀,则置于 4 ℃的环境中保存,备用。

注:配制铁盐母液时,硫酸亚铁和乙二胺四乙酸二钠要用两个烧杯分开溶解后再混合。铁盐溶液需要用棕色试剂瓶避光保存,保存期间一旦发现沉淀需要重新配制。

表 2-3　MS 培养基铁盐母液(100 倍)的配制剂量

母液	化合物名称	培养基用量/ (mg/L)	扩大倍数	称取量/mg	母液体积/ mL	1 L 培养基吸取 母液量/mL
铁盐	EDTA - Na$_2$	37.3	100	1 865	500	10
	FeSO$_4$ · 7H$_2$O	27.8		1 390		

(4) 有机物母液(100 倍)的配制

准备 500 mL 烧杯,加入少量蒸馏水或纯水。分别称取甘氨酸、盐酸硫胺素(维生素 B$_1$)、盐酸吡哆醇(维生素 B$_6$)、烟酸、肌醇的用量(见表 2-4)。依次溶解上述成分,完全混匀后用蒸馏水或纯水定容至 500 mL,装入试剂瓶中。贴上标签,注明试剂名称、扩大倍数、配制日期、配制人姓名等。置于 4 ℃,低温保存,备用。

表 2-4　MS 培养基有机物母液(100 倍)的配制剂量

母液	有机物名称	培养基用量/ mg/L	扩大倍数	称取量/mg	母液体积/ mL	1 L 培养基吸取 母液量/mL
有机物	甘氨酸	2.0	100	100	500	10
	盐酸硫胺素(维生素 B$_1$)	0.1		5		
	盐酸吡哆醇(维生素 B$_6$)	0.5		25		
	烟酸	0.5		25		
	肌醇	100		5 000		

【注意事项】

(1) 配制 MS 培养基大量元素母液时,先用少量蒸馏水使各类化学药品充分溶解,再依次加入混匀,混合时应严格按照顺序加入,边搅拌边混合,避免产生化学反应形成沉淀,如氯化钙与磷酸二氢钾。

(2) 配制铁盐母液时,如果搅拌时间过短,溶解程度不够,则会造成硫酸亚铁和乙二胺四乙酸二钠螯合不彻底,此时若将母液冷藏,易出现结晶析出。为避免该现象发生,配制时可将硫酸亚铁和乙二胺四乙酸二钠分别加热溶解后再混合,并置于加热搅拌器上不断搅拌至溶液呈金黄色,室温放置过夜后再低温冷藏。铁盐母液应保存在棕色试剂瓶中。

(3) 因有机物母液中维生素营养丰富,贮藏时极易染菌,导致母液的有效浓度降低,并在微生物的作用下易给后期培养造成影响,不易继续使用。为避免该现象发生,配制母液时可用无菌的蒸馏水或纯水溶解有机物,贮存在灭菌的试剂瓶中。

(4) MS 培养基母液保存期间,一旦发现溶液出现沉淀或杂菌污染的现象就需要重新配制。

(5) 称量时,使用电子分析天平应注意不要将药品撒在称量盘上。称量结束后,用洗耳球将天平内的脏物清理干净,保持天平干净、整洁。

(6) 称量药品时,必须及时更换药匙、称量盒或称量纸。严禁使用残留有药品的药匙、称量盒或称量纸再次称量其他药品,以免药品间交叉污染。称量盒和药匙使用后应清洗干净、摆放整齐。

(7) 配制好的母液要正确标记溶液名称、浓度、配制日期等信息。

【结果与分析】

(1) MS 培养基母液在配制时是否出现沉淀? 若出现沉淀,请分析原因。

(2) 浅谈一下本次实验感想。

【作业】

(1) 配制培养基母液的目的是什么?

(2) 培养基母液的配制和保存需要注意哪些方面?

(3) 配制培养基母液时,为什么药品需要依次加入溶解?

(4) 配制培养基 MS + 1 mg/L KT + 0.2 mg/L NAA + 3‰ 蔗糖 + 0.7‰ 琼脂粉,pH 5.8。计算各种母液吸取量,完成下表。

表 2-5　MS 培养基的称取量

药品名称	浓度	配制 1 L 培养基母液吸取量	配制 500 mL 培养基母液吸取量
大量元素	10 倍		
微量元素	100 倍		
铁盐	100 倍		
有机物	100 倍		
KT	1 mg/mL		
NAA	1 mg/mL		
蔗糖			
琼脂粉			
pH			

实验 2　植物生长调节物质的配制及保存

【实验目的】

(1) 熟悉植物生长调节物质的作用。

(2) 掌握每种植物生长调节物质的配制方法。

【实验原理】

在培养基的各种成分中,植物生长调节物质为关键物质,对植物材料的生长发育起到决定性作用。然而,不同种类及浓度的植物生长调节物质对植物材料的生长发育起到不同的作用。生长素类主要用于诱导愈伤组织的形成、诱导根的分化和促进细胞分裂、伸长生长等。在促进生长方面,根对生长素最敏感,在极低浓度下便可促进生长,其次是茎和芽。天然的生长素热稳定性较差,高温高压或见光易被破坏,在植物体内也易受到体内酶的分解。因此,植物组织培养中常用人工合成的生长素类物质,如 α-萘乙酸(NAA)、吲哚乙酸(IAA)、2,4-D、吲哚丁酸(IBA)等。IAA 是生长素中活力最弱的,对器官形成的副作用较小,见光易分解,高温高压下也易被破坏,需要过滤除菌。NAA 的启动能力比 IAA 高出 3~4 倍,耐高温高压,不易被分解,运用较为广泛。IBA 促进发根能力较强,主要用于芽苗生根。2,4-D 的启动能力比 IAA 高 10 倍,在促进愈伤组织的形成上活力最高,但它会抑制芽的形成,影响器官发育。培养基中添加细胞分裂素的主要作用为诱导不定芽的分化、茎和苗的增殖、促进细胞分裂、抑制根的分化等。细胞分裂素主要包括激动素(KT)、6-苄氨基腺嘌呤(6-BA)和玉米素(ZT)等,其中 ZT 活性最强,价格昂贵,不耐高温高压,常用的为 6-BA。

为了配制培养基的操作方便,节约时间,可将植物生长调节物质单独配制成母液,如配制成 0.1 mg/mL、0.5 mg/mL 或 1 mg/mL 浓度。植物生长调节物质的母液浓度可根据培养添加的浓度水平不同而定。配制培养基时,只要根据公式 $C_{母液浓度} V_{母液体积} = C_{终浓度} V_{终体积}$,稍加计算便可得知植物生长调节物质的母液吸取量,按照吸取量加入培养基即可。

通常植物生长调节物质不溶于水,可先用少量不同溶剂来溶解(见表 2-6),例如:α-萘乙酸(NAA)、吲哚乙酸(IAA)、2,4-D、吲哚丁酸(IBA)等生长素可先用 95%酒精溶液或 1 mol/L 氢氧化钠助溶,然后再加水定容。激动素(KT)和 6-苄氨基腺嘌呤(6-BA)可先溶于少量 1 mol/L 盐酸或 95%酒精溶液中。玉米素(ZT)和赤霉素(GA₃)可溶于 95%酒精溶液中,然后再加水定容。

表 2-6 常用植物生长调节物质种类及其助溶剂

中文名	缩写	溶剂
2,4-二氯苯氧乙酸	2,4-D	95%乙醇或 NaOH
吲哚乙酸(不耐高温)	IAA	95%乙醇或 NaOH
吲哚丁酸	IBA	95%乙醇或 NaOH
α-萘乙酸	NAA	95%乙醇或 NaOH
6-苄氨基腺嘌呤	6-BA	HCl 或 95%乙醇
激动素	KT	HCl 或 95%乙醇
玉米素(不耐高温)	ZT	95%乙醇
赤霉素(不耐高温)	GA₃	95%乙醇

【仪器、用具及试剂】

（1）仪器：电子分析天平、冰箱、纯水仪、电磁炉等。

（2）用具：药匙、玻璃棒、称量纸或称量盒、胶头滴管、洗瓶、标签纸、滤头、注射器、烧杯（50 mL、100 mL）、容量瓶（50 mL、100 mL）、试剂瓶（50 mL、100 mL、250 mL）、量筒（10 mL、50 mL、100 mL、150 mL）等。

（3）试剂：盐酸、氢氧化钠、α-萘乙酸（NAA）、吲哚乙酸（IAA）、2,4-D、吲哚丁酸（IBA）、激动素（KT）和6-苄氨基腺嘌呤（6-BA）、玉米素（ZT）和赤霉素（GA_3）、95%酒精溶液等。

【实验方法】

（一）盐酸和氢氧化钠的配制

1）1 mol/L NaOH 的配制

取 100 mL 洁净烧杯，称量 4 g NaOH，加入烧杯，缓缓加入少量蒸馏水，边加蒸馏水边搅拌，倒入 100 mL 容量瓶中定容。倒入带有胶头滴管的试剂瓶中保存。标记名称、浓度、配制人、配制时间等信息。注：配制时佩戴耐腐蚀性的橡胶手套，避免药品洒落到实验台和天平称量盘。

2）1 mol/L HCl 的配制

取 100 mL 洁净烧杯，量取 8.33 mL 浓盐酸（密度为 1.19 g/cm^3），倒入烧杯，再缓慢加入少量蒸馏水，边加水边搅拌，混匀后倒入 100 mL 容量瓶中定容。倒入带有胶头滴管的试剂瓶中。贴上标签，注：配制时须佩戴上橡胶手套和口罩，应避免吸入过多的挥发性气体。

（二）植物生长调节物质的配制

1）生长素的配制方法

（1）0.1 mg/mL α-萘乙酸（NAA）

用电子分析天平称取 0.01 g α-萘乙酸，倒入 100 mL 洁净、干燥烧杯中，加入少量95%乙醇助溶，待完全溶解后，再加入加热的蒸馏水，用 100 mL 容量瓶定容，倒入试剂瓶中。贴上标签，注明试剂名称、浓度、配制日期、配制人姓名等信息。置于 4 ℃低温保存，备用。

（2）0.1 mg/mL 吲哚乙酸（IAA）

称取 0.01 g 吲哚乙酸，倒入 100 mL 洁净、干燥烧杯中。加入少量 95%乙醇助溶，待完全溶解后，再用蒸馏水定容至 100 mL，倒入棕色试剂瓶中。贴上标签，注明试剂名称、浓度、配制日期、配制人姓名等信息。过滤除菌后置于 4 ℃低温保存，备用。使用时将其转移至超净工作台中，用无菌枪头加入已灭菌冷却至 50~60 ℃的培养基中。

（3）0.1 mg/mL 吲哚丁酸（IBA）

称取 0.01 g 吲哚丁酸，溶于少量 95%乙醇中，用加热的蒸馏水溶解，定容至 100 mL，倒入试剂瓶中。贴上标签,注明试剂名称、浓度、配制日期、配制人等信息。置于 4 ℃低温保存,备用。

(4) 0.1 mg/mL 2,4 - D

称取 0.01 g 2,4 - D,溶于少量 95％酒精溶液或 1 mol/L NaOH 溶液中,加入蒸馏水定容至 100 mL,倒入棕色试剂瓶中。贴上标签,置于 4 ℃冰箱保存,备用。

2) 细胞分裂素的配制方法

(1) 0.1 mg/mL 激动素(KT)

称取 0.01 g 激动素,倒入洁净、干燥的烧杯中,加入少量 1 mol/L 盐酸溶液助溶,再加入加热的蒸馏水定容至 100 mL,倒入试剂瓶中。贴上标签,置于 4 ℃冰箱保存,备用。

(2) 0.1 mg/mL 6-苄氨基腺嘌呤(6 - BA)

称取 0.01 g 6-苄氨基腺嘌呤(6 - BA),倒入烧杯中,加入少量 1 mol/L 盐酸溶液溶解,再用加热蒸馏水溶解,定容至 100 mL,倒入试剂瓶中。贴上标签,置于 4 ℃冰箱保存,备用。

(3) 0.1 mg/mL 玉米素(ZT)

称取 0.01 g 玉米素,倒入 100 mL 烧杯中,加入少量 95％酒精溶液助溶,低温定容至 100 mL,倒入棕色试剂瓶中(不稳定,高温易分解,须过滤除菌后低温保存)。贴上标签,过滤除菌后置于 4 ℃低温保存,备用。

3) 1 mg/mL 赤霉素的配制方法

称取 0.1 g 赤霉素,倒入 100 mL 烧杯中,加入少量 95％乙醇助溶,再定容至 100 mL,倒入棕色试剂瓶中(不稳定,高温易分解,须过滤除菌后低温保存)。贴上标签,过滤除菌后置于 4 ℃低温保存,备用。

(三) 植物生长调节物质的过滤除菌

某些植物生长调节物质不稳定,不耐高温高压,例如吲哚乙酸、玉米素、赤霉素等,需要过滤除菌。一般科研或教学实验,用量较少时可配制后用针头注射器过滤除菌,保存于无菌的小管或 2 mL、5 mL 规格离心管中,封口后于 4 ℃低温保存。使用时,置于超净工作台中,用移液枪和无菌枪头吸取一定量后加入冷却至 50～60 ℃的培养基中。

【注意事项】

(1) 植物生长调节物质一般不溶于水,不可直接用蒸馏水溶解。

(2) 配制时,选用洁净、干燥的烧杯。若烧杯中残留水分过多,则容易影响植物生长调节物质的溶解性。

(3) 配制植物生长调节物质,母液浓度范围一般为 0.1～1.0 mg/mL,所配制母液浓度的大小可根据吸取量的多少而定。若高压蒸汽灭菌前加入植物生长调节物质,则可选择配制低浓度母液;若需要高压蒸汽灭菌后加入植物生长调节物质,则建议配制 1 mg/mL 高浓度母液,便于添加且减少污染的概率。

(4) 购买的植物生长调节物质药品,保存条件须按说明书要求进行保存;母液一般需要 4 ℃低温保存。

（5）使用植物生长调节物质母液前，先轻轻摇动试剂瓶，如果发现沉淀悬浮物或微生物污染，则必须立即倒掉且重新配制。

【作业】

（1）植物生长调节物质可用哪些溶液助溶？

（2）配制植物生长调节物质母液时有哪些注意事项？

（3）如何保存植物生长调节物质母液？

（4）培养基 MS ＋ 1 mg/L KT ＋ 0.5 mg/L NAA ＋ 3% 蔗糖 ＋ 0.7% 琼脂粉，pH 5.8，KT 和 NAA 的母液浓度均为 0.1 mg/mL，配制 1 L 培养基时，需要加入母液 KT 和 NAA 的量分别为多少？

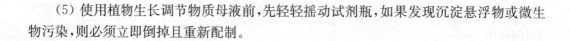

实验 3　MS 培养基的配制与分装

【实验目的】

（1）掌握培养基的配制方法，并熟练完成培养基的配制及分装。

（2）熟知培养基配制时需要注意的事项。

（3）熟悉培养基的保存方式。

【实验原理】

培养基是植物离体培养组织或细胞赖以生存的营养基质，是为离体培养材料提供近似活体生存的营养环境，主要包括水、大量元素、微量元素、铁盐、有机复合物、糖类、凝固剂和植物生长调节物质等。根据培养基的营养水平可分为基础培养基和完全培养基。基础培养基一般只含有大量元素、微量元素、铁盐溶液及有机营养物等成分，基本培养基的配方种类较多，主要包括高盐成分培养基（MS、LS、BL、BM、ER 培养基）、硝酸盐含量较高的培养基（B_5、N_6、LH、GS 培养基）、中等无机盐含量培养基（H、Nitsch、Miller 培养基）、低无机盐培养基（White、WS、1/4MS 培养基）。一般 MS 基本培养基使用更加广泛。完全培养基是在基础培养基的基础上，根据实验材料及实验目的的不同，需要添加一些其他物质，如糖类、凝固剂、植物生长调节物质或其他有机提取物质等。

配制培养基时，可采用已配制的基础培养基母液，按比例稀释后再加入糖类、凝固剂、植物生长调节物质或其他有机成分即可，这种方式不仅方便，而且精确度较高。另一种方式采用市场销售的基础培养基粉末（此类培养基粉末按照标准培养基配方配制而成），将培养基粉末溶于水后再添加糖类、凝固剂和植物生长调节物质，但也有些培养基粉末产品中已添加蔗糖和琼脂粉，该方法操作更加简单方便，可适用于植物大量离体快繁。培养基的配制方法可根据培养基配方、使用器皿或操作人员的习惯不同而不同。配制后可先高压蒸汽灭菌再分装或先分装后高压蒸汽灭菌。

【仪器、用具及试剂】

（1）仪器：电子天平、酸度计（或 pH 试纸）、纯水仪、电磁炉等。

（2）用具：烧杯（100 mL、250 mL、500 mL、1 000mL）、量筒（10 mL、100 mL、250 mL、500 mL、1 000mL）、移液管（0.1 mL、0.25 mL、0.5 mL、1 mL、2 mL、5 mL 和 10 mL）、移液枪（0.5～10 μL、2～20 μL、10～100 μL、20～200 μL、100～1 000 μL、1 000～5 000 μL 和 2～10 mL）、胶头滴管、玻璃棒、9 cm 培养皿、洗耳球、三角瓶封口膜、培养皿封口膜、三角瓶、棉线、药匙、称量盒（或称量纸）、试管等。

（3）试剂：MS 培养基母液（或 MS 粉）、0.1 mg/mL NAA、0.1 mg/mL 6-BA、蔗糖、琼脂粉、1 mol/L 盐酸、1 mol/L 氢氧化钠等。

【实验方法】

1）前期准备工作

（1）清洗所需玻璃器皿，如：烧杯、玻璃棒、量筒、移液管、胶头滴管、培养皿、培养瓶、三角瓶、试管等玻璃器皿。清洗后烘干或晾干，备用。

（2）将已配制好的 MS 基本培养基母液和植物生长调节物质的母液溶液取出，按顺序依次摆放在实验台上，晃动试剂瓶以便检查母液是否出现沉淀或污染现象。

（3）取出蔗糖、琼脂粉等药品，制备好蒸馏水或纯水。

（4）准备其他物品，如：三角瓶封口膜、培养皿封口膜、pH 试纸、棉线绳、标签纸、药匙、称量盒、报纸或牛皮纸等物品。

2）配制 1 L MS 固体培养基（先分装后高压蒸汽灭菌的方式）

例如：培养基配方 MS＋0.5 mg/L NAA＋1 mg/L 6-BA＋3％蔗糖＋0.7％琼脂粉，pH 5.8。

（1）计算使用量

母液计算量：根据培养基的体积和母液浓度计算出所需要吸取各种母液的量，计算公式如下：

母液吸取量（mL）＝培养基配方浓度（mg/L）×培养基配制体积量（L）/培养基母液浓度（mg/L），注：如配制 1 L 培养基所需大量元素母液（扩大 10 倍）100 mL、微量元素母液（扩大 100 倍）10 mL、铁盐母液（扩大 100 倍）10 mL、有机物母液（扩大 100 倍）10 mL。

蔗糖用量：培养基中蔗糖浓度×培养基体积，即 3％×1 000 mL＝30 g。

琼脂粉用量：培养基中琼脂粉浓度×培养基体积，即 0.7％×1 000 mL＝7 g。

植物生长调节物质用量：根据培养基的体积、培养基中植物生长调节物质的终浓度及其母液浓度计算出所需要吸取植物生长调节物质母液的量，计算公式如下：

植物生长调节物质母液体积（mL）＝培养基体积（L）×培养基中植物生长调节物质终

浓度(mg/L)/植物生长调节物质母液浓度(mg/mL)

例如:配制1 L固体培养基(MS+0.5 mg/L NAA+1 mg/L 6-BA+3%蔗糖+0.7%琼脂粉 pH 5.8),NAA和6-BA的母液浓度均为0.1 mg/mL,NAA和6-BA母液的吸取量分别为多少毫升?

NAA母液体积(mL)=1 L×0.5 mg/L/0.1 mg/mL=5 mL

6-BA母液体积(mL)=1 L×1 mg/L/0.1 mg/mL=10 mL

(2)吸取母液:取1 L烧杯,加入少量蒸馏水,用量筒、移液管或移液枪吸取MS基本培养基母液(注:各母液所用的移液管不能混用,须按顺序加入),吸取量分别为100 mL大量元素母液(10倍)、10 mL微量元素母液(100倍)、10 mL铁盐母液(100倍)、10 mL有机物母液(100倍)或称量一定的MS培养基粉末代替MS培养基母液。再加入植物生长调节物质5 mL NAA和10 mL 6-BA。

(3)加入蔗糖:称取30 g蔗糖,加入后搅拌至完全溶解。

(4)定容:用量筒或容量瓶定容至1 L,均匀后倒入烧杯中。

(5)调节pH:因加入一定量的NAA和6-BA,若6-BA和NAA母液用HCl或NaOH助溶,相当于培养基溶液中也加入一定量的HCl或NaOH,可能会导致培养基的pH发生变化。在不确定pH的情况下,先用pH试纸或酸度计检测培养基溶液的pH。再选择滴加1 mol/L HCl或1 mol/L NaOH溶液,搅拌均匀后,用pH试纸或酸度计将pH调节至5.8。注:因培养基在高温高压蒸汽灭菌后,pH会下降0.1~0.2个单位,调节pH可比目标值高出0.1~0.2个单位。

(6)加琼脂粉和分装:将上述培养基溶液分装至三角瓶规格为150 mL或250 mL或培养瓶规格为250 mL或300 mL中,每瓶加入量为30~60 mL。再将称量后的琼脂粉分别加入每瓶容器中。分装时,应避免培养基溶液沾在瓶口处,以免污染。

(7)封口:三角瓶封口用棉线及封口膜包扎封口;培养瓶封口可将培养瓶瓶盖拧紧即可。

(8)标记:在瓶体上标明培养基名称、配制时间及配制者姓名等信息。

(9)高压蒸汽灭菌:把准备好的培养基及其他需要灭菌的各种器具放入高压蒸汽灭菌锅的消毒框中,然后将其放入锅中,121 ℃、20 min,高温高压蒸汽灭菌,待压力降为0时便可打开锅盖取出物品及培养基。

先分装后高压蒸汽灭菌的培养基配制采用另一种方式:先吸取MS培养基各种母液并将其加入烧杯中,再加入一定量的植物生长调节物质。将称量好的琼脂粉倒入电磁锅中,加500 mL蒸馏水,电磁炉加热使琼脂粉完全溶解,边搅拌边加热,以免煳锅。先称取蔗糖倒入电磁锅中溶解。再将上述各种母液溶液倒入电磁锅中,搅拌均匀后呈半透明状,加蒸馏水定容。调整pH后分装,溶化后的培养基可分装于三角瓶、培养瓶及试管中。标记后进行高压蒸汽灭菌。

以上方法适用于培养瓶、三角瓶及试管,且培养基的所有成分都耐高温高压的培养基配制方式。优点:配制好的培养基直接通过高温高压蒸汽灭菌,灭菌后取出摆放在台面上冷却即可,无需转至超净工作台中再分装,节约时间,能够降低培养基污染的概率。

3）配制 1 L 的 MS 固体培养基（采用先高压蒸汽灭菌后再分装的方式）

例如：培养基配方 MS＋0.1 mg/L IAA＋1.2 mg/L 6 - BA＋3％蔗糖＋0.7％琼脂粉，pH 5.8。

（1）计算使用量：将所需的培养基各种母液按顺序放好，将洁净的各种玻璃器皿（如 1 L 烧杯、量筒、移液管、玻璃棒、1 L 三角瓶等）放在相应的位置。然后，根据所配制的培养基用量，分别计算各母液的吸取量（mL）。

（2）吸取母液：取 1 L 烧杯，加入少量蒸馏水，用量筒、移液管或移液枪分别吸取各母液（注：吸取各母液的移液管不能混用，须按顺序加入），或称量 MS 培养基粉代替。加入一定量的植物生长调节物质 6 - BA（6 - BA 耐高温高压，可在高压蒸汽灭菌前加入；而 IAA 只能在高压蒸汽灭菌后加入）。

（3）加蔗糖：称取 30 g 蔗糖，搅拌溶解后定容至 1 L。

（4）调节 pH：用 1 mol/L HCl 或 1 mol/L NaOH 溶液将 pH 调节至 5.8。

（5）加琼脂粉及封口：将上述培养基溶液倒入 1 L 三角瓶中，再加入相应的琼脂粉（如：配制 1 L 培养基可分装于两个 1 L 三角瓶中，每瓶分装 500 mL 培养基溶液，每瓶加入 3.5 g 琼脂粉）。用棉线及三角瓶封口膜包扎封口，标记。注：每瓶培养基的量不超过盛装容器三角瓶的 2/3 处，避免高压蒸汽灭菌时培养基过多喷出或高压蒸汽灭菌不彻底。

（6）高压蒸汽灭菌：把准备好的培养基放入高压蒸汽灭菌锅的消毒桶中，然后将其放入锅中，121 ℃、20 min 高压蒸汽灭菌，待锅内压力降为 0 时取出物品及培养基。

（7）分装：将培养基转至超净工作台中（注：超净工作台需要提前紫外杀菌 30 min 后打开风机和照明灯）。待培养基温度冷却至 50～60 ℃时，打开三角瓶封口膜，用移液枪（可置于超净工作台中紫外杀菌，不可高压蒸汽灭菌，以免损坏移液枪）和高压蒸汽灭菌的枪头吸取已过滤除菌的 IAA，加入培养基中。将培养基充分摇匀后倒入培养器皿中，如培养皿、三角瓶或培养瓶等。待培养基完全凝固后再封口，每皿做好标记。注：添加 IAA 时把握好培养基温度，温度过高会影响 IAA，温度过低则培养基易凝固，影响培养基中 IAA 均匀度。琼脂粉凝固温度约为 40 ℃。

该方法适用于培养基中需要添加不耐高温高压的化学物质。培养瓶及三角瓶为培养容器时，均可采用该方法，而培养皿只能适用于此方法。

4）培养基的保存及检验菌斑

将冷却凝固后且已封口的培养基平放于实验台或储物架上即可。常温下放置 3～5 d，或置于培养室内预存放 3 d，若没有出现菌斑，即为无菌，便可使用。配制好的培养基放置时间不宜过长，一般不超过两周时间，以免培养基干燥、变质。短时间可存放于室温条件下，如需保存较长时间，可置于 4 ℃低温条件下存放。

【注意事项】

（1）配制培养基时，所用的玻璃器皿一定要提前清洗干净，保持洁净、干燥，以免影响培养基的成分。

（2）用移液管或量筒量取培养基母液前，必须用蒸馏水润洗 1～2 次，量取各种母液的移液管要单独使用，不能混用。

（3）若培养基母液出现沉淀、悬浮物或被污染，应立即停止使用，重新配制母液；若购买的 MS 培养基粉末出现结块或潮湿等，不可再用，一般在保质期内使用。

（4）固体培养基分装时，把握好分装量，分装太多培养基易导致浪费，且缩小了培养材料的生长空间；太少培养基则会导致营养不足从而影响培养材料的生长。一般以占培养容器的 1/5 到 1/4 为宜。培养基分装时，需要注意不要把培养基沾在瓶口或培养皿壁口，即不可沾在容器口上，以免导致杂菌污染。

（5）配制不同种类的培养基时，为了避免混淆，一定要及时做好标记且标记清楚培养基配方。

（6）配制培养基时，一定要用 pH 试纸或酸度计测试培养基，再用盐酸或氢氧化钠调整 pH。培养基中 pH 会影响离子的吸收，培养基过酸或过碱均对植物细胞、组织的生长起抑制作用。pH 过高或过低也会影响到琼脂的凝固性，如：pH 过低，培养基不凝固。培养基经高压蒸汽灭菌后 pH 会下降 0.1～0.2 个单位，在调整 pH 时可上调 0.1～0.2 个单位。若用 pH 试纸调整 pH 时，则 pH 试纸应存放在干燥处，以免受潮而影响读数的准确性。

（7）植物生长调节物质的用量一定要更加准确，尤其是针对多种不同浓度梯度的培养基配方，否则影响植物材料的生长及实验的重复性。培养基中需要添加不耐高温高压的物质时，一定要待培养基高温高压蒸汽灭菌后且冷却至一定温度时再添加，不可直接进行高温高压蒸汽灭菌，否则会影响到物质活性或部分物质被降解，例如 IAA、GA_3、ZT、维生素 C、抗生素、酶类等。

（8）若固体培养基冷却后，凝固性不是很好或培养基湿度过大时，可适当增加琼脂粉的用量，比如 0.75%～0.80% 的用量。

（9）若需要煮沸琼脂时，应避免沸腾的琼脂外溢。若用大烧杯加热时，大烧杯底部不可沾水，否则加热时烧杯容易炸裂，造成烫伤。

（10）配制后的培养基必须当天进行高温高压蒸汽灭菌，不可隔天或放置时间过长再进行高温高压蒸汽灭菌，以免杂菌大量滋生，使培养基失去效用。

（11）配制的培养基如果出现污染，不可使用，需要重新配制。

【作业】

（1）简述 MS 固体培养基的配制过程。

（2）配制培养基时，需要注意哪些方面？

（3）培养基经高温高压蒸汽灭菌后，如未能凝固，请分析原因。

（4）为什么要将配制好的培养基立即进行高温高压蒸汽灭菌？

（5）如何检查高温高压蒸汽灭菌后的培养基是否为无菌状态？

实验 4　MS 培养基的灭菌

【实验目的】

(1) 掌握高压蒸汽灭菌和过滤除菌的原理。
(2) 熟练掌握高压蒸汽灭菌及过滤除菌的操作过程。
(3) 掌握高压蒸汽灭菌锅的注意事项。

【实验原理】

培养基中含有大量的有机物质,含糖量较高,为各种微生物滋生、繁殖提供良好的条件。而接种植物材料需要在无菌条件下培养较长时间,如果培养基不经过灭菌而被污染,将严重影响到植物材料的正常生长和发育,甚至导致死亡。因此,培养基的灭菌是植物组织培养过程中的重要环节。常采用的灭菌方法有高压蒸汽灭菌及过滤除菌。

高压蒸汽灭菌的原理:在密闭的高压蒸汽灭菌锅内,锅内蒸汽不断外溢,压力不断上升,水的沸点不断提高,使锅内温度也随之增加。在 0.1 MPa 的压力下,锅内温度达到 121 ℃,在此蒸汽温度下可以很快地使微生物蛋白质凝固变性,从而杀死微生物,达到灭菌的目的。培养基中某些成分遇热不稳定,在高温高压蒸汽灭菌中可能会降解或失去活性,这类物质通常采用过滤的方法除去微生物,如:IAA、ZT、GA$_3$、ABA、酶、抗生素及某些维生素等。

过滤除菌的原理:利用一定孔径的微孔薄膜来阻挡大于孔径的细菌、芽孢等微生物颗粒,允许液体通过滤膜,从而达到除菌目的。过滤除菌使用的滤膜孔径通常为 0.22 μm 和 0.45 μm。如果过滤液量较大,则常使用抽滤装置;若过滤液量小时,则可用注射器代替。

【仪器、用具及试剂】

高压蒸汽灭菌锅、超净工作台、无菌滤头、无菌瓶或无菌管、注射器等。

【实验方法】

1) 高压蒸汽灭菌

(1) 加水:向高压蒸汽灭菌锅内注入一定量的蒸馏水,将需要灭菌的培养基装入消毒框中(注:装有培养基的容器需要立着放,不可倾斜,以免培养基流出),放入高压蒸汽灭菌锅内,盖好锅盖。

(2) 选择灭菌程序:接通电源,打开开关,设置灭菌时间和温度,温度为 121 ℃,时间设为 20 min。点击运行。注:培养基灭菌时间不宜过长,以免影响培养基成分。

（3）升温升压：打开锅盖上的排气阀，锅内开始升温，水沸腾排出锅内冷空气。待温度上升至 93 ℃左右（注：温度很难再继续上升），关闭上述排气阀，压力及温度继续上升。

（4）计时：待压力达到 108 kPa，锅内的温度为 121 ℃时，自动计时 20 min。

（5）取出物品：计时结束后，自动降温降压，待压力降为 0 时，打开锅盖，戴上隔热手套，取出培养基。

（6）关闭电源：运行结束后切断电源，放出高压蒸汽灭菌锅内的水和排出集气瓶中的水并擦干腔体。使用完毕后，填写使用记录。

若使用高压蒸汽灭菌锅为全自动灭菌锅，则只需要设定好灭菌程序及点击运行即可，高压蒸汽灭菌锅将自动按设定程序进行灭菌。运行结束后开启高压蒸汽灭菌锅锅盖，取出物品即可。

2）过滤除菌

（1）准备工作：将注射器用锡箔纸或牛皮纸包扎，滤头和无菌管（可用 2 mL 或 5 mL 离心管代替）可放入有螺旋盖子的玻璃罐中，包扎后进行高温高压蒸汽灭菌。将超净工作台电源打开，紫外线照射 20～30 min 后关闭紫外灯，打开风机及照明灯。

（2）过滤除菌：将配制好的溶液转至超净工作台，用酒精棉球消毒双手，用注射器吸入一定量的溶液，取出滤头，且插入注射器的针头接口处，推压注射器活塞杆，将溶液压过滤膜，将从另一端针管处滴出的无菌溶液收集到无菌瓶或无菌管中。

（3）封口：盖上无菌瓶或无菌管盖子，封口，标记，放置 4 ℃低温保存。

（4）关闭仪器电源，清理台面，清洗物品。

【注意事项】

（1）培养基不可反复经过高温高压蒸汽灭菌，且高温高压蒸汽灭菌时间不宜过长，一般 15～20 min，否则会破坏培养基中的营养成分。

（2）高压蒸汽灭菌锅使用前，必须检查锅内是否有足量的水。严禁无水加热，水不足时应及时加水，否则仪器将终止运行。锅内加水应加蒸馏水，避免使用自来水。

（3）升压前必须排尽锅内冷空气，确保锅内升温均匀，压力和温度能达到设定条件，否则影响灭菌效果。

（4）对培养基进行高压蒸汽灭菌时，待压力降为 0 时，排尽锅内蒸汽后才可打开锅盖，避免压力急剧下降，超过了温度下降的速率，导致培养基液体激烈减压滚沸而从容器瓶口中溢出，引起污染，致使培养基减少。

（5）高压蒸汽灭菌锅运行时，必须有人看守，如果发生异常情况，应采取应急措施，避免发生安全事故。

（6）高压蒸汽灭菌锅应定期检查，排查锅内管道是否堵塞，排查锅盖橡胶圈的密封性，排查安全阀、放气阀、压力表是否完好，以保证安全使用。

（7）高压蒸汽灭菌锅使用后，应及时排放锅内的水，保持设备清洁、干燥，以防止锅体生锈，从而延长使用年限。

【作业】

（1）植物组织培养中哪些试剂需要过滤除菌？
（2）阐述过滤除菌的原理及操作过程。
（3）阐述高压蒸汽灭菌的工作原理。
（4）培养基在高压蒸汽灭菌时应注意哪些事项？
（5）简述高压蒸汽灭菌锅的操作过程。

实验 5　无菌操作技术

【实验目的】

（1）掌握超净工作台的使用方法。
（2）初步掌握无菌操作技术，建立无菌意识。

【实验原理】

　　植物组织培养要求严格的无菌条件和无菌操作技术。无菌操作是植物组织培养的关键技术，因为培养基中含有丰富的营养物质，不仅适于培养材料的生长发育，更适合微生物的繁殖。一旦微生物接触到培养基，就会迅速生长和繁殖，不仅会大量消耗营养物质，其繁殖过程中还会形成有害物质且直接危害植物组织，甚至直接利用和消耗植物材料，导致植物组织坏死而失去培养价值。

　　所使用的培养基、玻璃器皿经过灭菌及植物材料经消毒后，大多数细菌和真菌等微生物被杀死。操作人员双手经过严格消毒后在无菌的操作空间（接种室和超净工作台等）使用无菌的器皿和植物材料进行操作的过程即为无菌操作。操作人员掌握好无菌操作技术是成功建立起植物组织培养体系的关键。

【仪器、用具及试剂】

　　（1）仪器：超净工作台。
　　（2）器具：酒精灯、无菌瓶、75％酒精棉球、搁置架、无菌滤纸包、废液缸、计时器、记号笔等。
　　（3）试剂：0.1％氯化汞（或 2％次氯酸钠）、75％酒精溶液、无菌水、培养基等。

【实验方法】

1）操作人员的清洁工作

操作人员应做好剪指甲、洗手等清洁工作，保持好个人卫生。去除戒指或手镯等首饰，用肥皂洗干净双手，并用75%酒精棉球消毒双手。进入缓冲间后更换工作服，戴上帽子和口罩（头发不外露，配戴手套，口罩罩住鼻子和嘴巴），更换拖鞋或戴上鞋套等。

2）接种环境的消毒工作

（1）超净工作台台面的整理

开启超净工作台的玻璃挡板，将不需要的其他物品全部移出。用75%酒精棉球擦拭超净工作台的台面，清除台面上的灰尘与杂物。将酒精灯摆放在台面的中间位置，放置接种工具及搁置架，将打火机、酒精棉球消毒缸、记号笔置于台面左（或右）下角处。

（2）超净工作台的紫外线杀菌

超净工作台使用前登记。打开超净工作台电源开关，打开紫外灯，照射 20～30 min（紫外灯照射期间，操作人员不得在接种室逗留）；然后关闭紫外灯，打开超净工作台的风机及照明灯，并微启超净工作台的玻璃挡板，通风 3～5 min 后才可进入室内，以免室内高浓度的臭氧会对人体呼吸系统造成伤害。紫外线杀菌时，超净工作台中不可放置过多物品，以免影响杀菌效果。

3）无菌操作工作

（1）接种工具的灭菌及物品摆放

操作人员进入接种间，将所需物品放入超净工作台台面的两边（物品放入超净工作台前可用75%酒精棉球擦拭玻璃器皿外壁）。双手放入超净工作台后，用75%酒精棉球消毒（手指间及手指甲要消毒干净），先用75%酒精棉球擦拭超净工作台台面。点燃酒精灯，分别将接种工具如手术刀、镊子及剪刀在酒精灯火焰上灼烧灭菌，依次灭菌后置于搁置架上冷却备用，以免接种工具温度过高，烫伤植物材料。接种工具也可经高压蒸汽灭菌，不仅可缩短火焰灼烧的时间，而且能达到无菌的状态。

注：接种工具在切割材料或接种时需要重新灼烧灭菌，避免因沾有植物材料或触碰其他物品等引起交叉污染。一般通常在无菌操作时使用两套接种工具，使用一套时，另一套灼烧后冷却，提高工作效率。接种器械灼烧时要远离装乙醇的容器，更不能将刚灼烧后的接种工具直接插入装有乙醇的容器中，避免不小心将乙醇容器或酒精灯碰倒而引起失火。酒精灯点燃后不宜用乙醇溶液喷洒超净工作台台面。

（2）植物材料的消毒工作

取出预处理后的植物材料放入无菌瓶（经高压蒸汽灭菌后的玻璃容器）中，用不同种类及浓度的消毒剂对植物材料进行消毒处理，再采用无菌水冲洗（注：具体操作见第二部分实验6），消毒剂浓度及消毒时间根据植物材料的种类而定，一般两种消毒剂配合使用。

（3）材料切割及接种

打开无菌滤纸包，用镊子取出无菌滤纸置于接种盘（可用高压蒸汽灭菌后的 12 cm 或 15 cm 培养皿代替）中。右手持镊子，左手拿无菌瓶，瓶口略向下倾斜且和台面约成45°夹角,将消毒后的植物材料取出并放在无菌滤纸上(滤纸可吸收植物材料上多余的水分;若植物材料过于幼嫩,为防止过度脱水干燥,可加入少量无菌水保持滤纸湿润)。取出植物材料时,植物材料和镊子不得碰触到瓶口,材料应避免接触接种盘边缘。左手持镊子、右手拿剪刀或手术刀将植物材料切割成适宜大小。手拿接种工具时,手不得置于接种盘的正上方,以免手上的微生物掉落在植物材料上引起污染,一般将接种工具倾斜成 45°左右夹角进行操作。整个过程中,在酒精灯附近进行操作。

打开培养基,若培养基容器为培养皿时,则在酒精灯附近左手拿培养皿,且使上盖和底部呈 45°夹角。右手拿镊子夹取已切割的外植体材料,将其置于培养基表面(外植体摆放均匀且整齐,便于日后观察和记录)。接种后培养皿上盖与底部缝隙处在火焰上旋转烧一圈,用封口膜封口,标记。

若培养基容器为三角瓶或培养瓶时,左手拿瓶子,右手取下封口膜或瓶盖,封口膜和瓶盖的内部朝上放置于台面。将瓶口略向下倾斜靠近酒精灯火焰附近,右手用镊子夹取外植体并接种于培养基表面(摆放均匀),应避免材料和镊子与瓶口接触。接种后,瓶口外部、瓶盖或三角瓶封口膜应在火焰上旋转烧几秒钟,以免污染。封口,标记,注明培养物名称、接种日期、接种人等信息。接种时,若材料掉落在台面上应舍弃。

注:接种时,将茎尖、带芽茎段或芽苗插入培养基;叶片通常叶背面接触培养基,幼嫩茎段直接平放于培养基。在植物材料切割和接种的过程中,使用过后的接种器具可插入盛有 95%酒精溶液的瓶中,取出后再置于火焰上灼烧灭菌,一般接种工具需要多次反复灼烧灭菌,以防止交叉污染。

4)清理工作

实验结束后,熄灭酒精灯。关闭超净工作台的风机、照明设备,关闭电源。将超净工作台的台面清理干净,用 75%酒精棉球将台面及接种器械擦拭干净。将物品清洗干净且放回原处。地面上的垃圾清理后,用拖把将地面打扫干净。将接种后的植物材料移入培养室或培养箱中进行培养。

【注意事项】

(1)接种时,酒精灯如需添加酒精,应先把酒精灯熄灭后取出,用漏斗辅助添加酒精,避免酒精灯外壁残留大量酒精。不可直接在超净工作台中直接添加酒精,以免发生火灾。

(2)无菌操作过程中,操作人员严禁不必要的谈话和咳嗽,头部不得伸入超净工作台内,同时还要尽量减少其他人员在接种室随意走动。

(3)接种时,操作人员双手不能随便离开超净工作台,双手一旦离开,再放入超净工作台内要立即用 75%酒精棉球消毒。

(4)打开培养瓶、三角瓶和培养皿时,瓶盖、瓶塞及培养皿上盖应朝上放置于台面,同时应注意不要污染瓶口。

(5)接种工具置于火焰上灼烧后,冷却后方可使用,否则易烫伤植物材料。冷却时可置于搁置架上,不得直接放在台面上,以防止被污染。接种工具若不小心碰触到瓶口、瓶外壁、台面等可能存在微生物的部位时,须重新灼烧灭菌,防止交叉污染。

（6）使用无菌物品前,需要检查下是否存在包扎破损。无菌物品只能在超净工作台运行时打开,不可直接暴露在室内。凡已取出的无菌物品虽未使用也不可再放回无菌容器中。

（7）接种前时,操作人员应仔细检查培养基是否出现污染,一旦发现污染应立即淘汰,不可再使用。

（8）操作人员在近酒精灯火焰处操作,如:打开瓶口、材料消毒、切割材料、接种等无菌操作均需要在酒精灯火焰处操作。瓶口在拔塞后和盖前需要火焰灼烧几秒钟灭菌。接种或取材时,培养瓶、试管、三角瓶应倾斜一定角度,以免直立放置时微生物落入瓶内。

（9）无菌操作时,手里的物品、手臂及手应避免停留在培养基、培养材料、接种盘、接种器械的正上方,以免落下微生物,引起污染。

（10）已消毒材料或无菌的植物材料,再取出或接种时,不慎掉在超净工作台台面时,不宜再用。

（11）接种期间如遇到停电时,超净工作台停止运转,重新启动时应对超净工作台台面、接种器械、暴露的其他物品重新消毒或灭菌。

【结果与分析】

（1）以植物叶片或茎段为实验材料,接种一周后观察污染情况,并分析污染原因。

（2）请描述实验结果。

【作业】

（1）简述无菌操作的注意事项。

（2）简述无菌操作的流程。

（3）无菌操作时,应如何避免污染?

（4）在开始无菌操作前,需要做哪些准备工作? 应如何清理超净工作台台面?

实验6 植物材料的预处理、消毒及接种

【实验目的】

（1）掌握植物材料的选择方法。

（2）熟练掌握植物材料的预处理过程。

（3）熟悉常用消毒剂的消毒原理、消毒剂的浓度及消毒时间范围。

（4）学习常用化学消毒剂的配制方法及植物材料的消毒过程。

【实验原理】

植物组织培养的主要过程都在无菌条件下进行,这就意味着在培养的过程中必须防止和消除细菌、真菌及其他微生物的感染。所有培养基、培养容器、器械和植物材料均需要经过严格的消毒灭菌。植物材料大部分取自田间或温室,有的是地上部分,而有的是地下部分,材料表面均附有大量的微生物,这些微生物一旦进入培养基后就会迅速繁殖,导致材料无法正常生长发育,无法建立起初代培养体系,使实验前功尽弃。因此,通过消毒剂杀死植物材料上的各种杂菌是植物组织培养的一个关键环节。

对实验材料进行消毒时,应根据材料的带菌情况、材料大小、幼嫩程度、质地等选择适宜的消毒剂种类、浓度和消毒时间。通常在正式实验之前需要做摸索试验,找出既可以最大限度杀死材料表面的微生物,又对植物材料损伤最小的消毒方法。该消毒剂最好易被无菌水冲洗干净或能自行分解,不会遗留在植物材料上而影响其生长发育。消毒剂的种类很多,消毒灭菌效果也不同。经常使用的消毒剂主要包括酒精、次氯酸钠、过氧化氢、漂白粉、氯化汞等(如表 2-7)。

①酒精:最常用的表面消毒剂,70%～75%酒精杀菌能力、穿透力最强,能够穿过微生物细胞膜,渗入细菌体内,使组成细菌的蛋白质凝固变性,从而起到杀菌的作用。70%～75%酒精的消毒时间一般为 30～60 s,与其他消毒剂配合使用效果更佳,且挥发性较好,不易残留在植物材料上。使用酒精消毒时应把握好消毒时间,否则酒精的穿透力会危及植物材料的组织细胞。酒精对人体无害,亦可作为接种者的皮肤消毒剂。

②次氯酸钠:利用有效氯离子来杀死微生物,是一种较好的表面灭菌剂。常用浓度含有效氯离子为 2%,一般消毒时间较长。次氯酸钠分解后产生的氯气对人体无害,消毒后易去除,不易残留在植物材料上,安全性较高,使用范围较广泛。

③漂白粉:是一种常用的低毒高效的消毒剂,也是一种强氧化剂,其有效成分为 $Ca(ClO)_2$,能分解产生杀菌的氯气并挥发掉,灭菌后很容易去除,对植物材料无毒害作用。一般将植物材料浸泡到 5%～10%或其饱和溶液中 20～30 min 即可达到消毒目的。漂白粉应密封储存,遇水或潮湿空气会不稳定,吸湿性较强,应严防吸湿失效,现配现用为宜。

④过氧化氢:又称为双氧水,主要利用其强氧化性破坏菌体的蛋白质从而达到灭菌效果。杀死细菌后剩余的物质是无任何毒害、无任何刺激作用的水。消毒时不易残留在植物材料表面,易除去,为常用的植物材料消毒剂。但双氧水会影响人体的呼吸道系统,使用时应注意防护。

⑤氯化汞:又称为升汞,是剧毒的重金属杀菌剂,汞离子与带负电荷的蛋白质结合,使菌体蛋白质变性、酶失活而达到消毒效果。氯化汞的使用浓度一般为 0.1%,消毒效果最好,但易附着在植物材料上,不易清除。由于氯化汞对人畜具有强烈的毒性,处理不当会对环境造成污染,故不优先选择其作为杀菌剂。

表 2-7　消毒剂的种类

名称	浓度/%	消毒时间/min	消毒效果	去除难易程度
酒精	70~75	0.1~3	好	易
氯化汞	0.1~1	2~10	最好	较难
次氯酸钠	2(活性氧)	5~30	很好	较易
次氯酸钙	9~10	5~30	很好	易
过氧化氢	10~12	5~15	好	最易
漂白粉	饱和溶液	5~30	很好	易
抗生素	4~50 mg/L	30~60	较好	中

不同种类的植物及同一种植物不同类型组织的带菌程度不同,且对不同种类、不同浓度的消毒剂的敏感度也存在差异。因此,在选择植物材料时,应尽量选择带杂菌少、易消毒的植物器官或组织,降低实验过程中被污染的概率。外植体大小须适宜,材料过大,消毒往往不彻底、易污染;若材料过小,则离体培养难以成活。

不同种类的植物及同一种植物的不同器官对诱导条件反应不一致,有的部位诱导率较高,但有的很难分化。取材时尽量选择容易诱导成功且容易消毒的部位,一般常用的外植体种类包括:茎尖、茎段、茎节间、种子、胚、根、块根、块茎、鳞茎、种子、花器官等植物材料。

【仪器、用具及试剂】

(1) 仪器:电子天平、超净工作台。

(2) 用具:无菌消毒瓶、枪状镊子、手术刀、无菌接种盘、无菌滤纸、无菌培养皿等需要提前高温高压蒸汽灭菌的物品;酒精灯、废液缸、75%酒精棉球、记号笔、打火机等。

(3) 试剂:70%~75%酒精溶液、0.1%氯化汞溶液、2%次氯酸钠溶液、饱和的漂白粉溶液、无菌水、10%过氧化氢溶液、洗衣粉或洗洁精等。

【实验方法】

1) 化学消毒剂的配制

(1) 70%酒精溶液:量取 700 mL 无水酒精,加蒸馏水定容至 1 000 mL;或取 700 mL 95%酒精溶液,加蒸馏水定容至 950 mL,混匀后倒入试剂瓶中。根据公式:原酒精体积分数×取用体积=稀释后体积分数×稀释后的体积。

(2) 0.1%氯化汞溶液:称量 1 g 氯化汞,倒入烧杯中,加蒸馏水定容至 1 000 mL,摇匀后倒入试剂瓶中,标记。注:配制的氯化汞溶液一定要妥善保管,不得随意摆放在实验台上,氯化汞药品也需要严格保管。使用量要登记详细,使用后的废液要单独回收,不得随意倒入下水池。

(3) 10%过氧化氢溶液:量取 33.34 mL 30%市售双氧水,加蒸馏水定容至 100 mL,混匀后倒入试剂瓶中。

2）外植体的采集

选择幼嫩、健壮、无病虫害症状的植物材料。取材部位最好为幼龄植株的幼嫩部位。外植体类型主要包括：茎尖、茎段、茎节间、叶片、根、块根、块茎、鳞茎、果实、种子、胚胎及花器官等。

3）预处理

去除植物材料的多余部位，如：刺、卷须、叶片或腋芽等。将所需要的部位材料剪成适宜大小，枝条剪成带 2～3 个茎节的茎段，长度为 4～5 cm；较大的叶片剪成带叶脉的叶块，大小以能放入灭菌容器为宜；种子去除坚硬的果皮或种皮，块根、块茎、鳞茎或果实可切取成块状，大小根据灭菌容器而定。

表面光滑的材料可用洗衣粉或洗洁精溶液清洗干净后，用自来水冲洗；若表面不光滑带有毛状或刺状物的茎、叶片或果实等，尤其是地下贮藏器官，如根、块根、块茎、鳞茎等，可用蘸取洗衣粉或洗洁精溶液的软毛刷刷洗干净，置于流水下冲洗几分钟至几小时，冲洗时间主要视植物材料的清洁度而定。冲洗干净后晾干或用吸水纸吸干表面多余的水分，备用。若不能及时消毒、接种，可暂时置于 4 ℃冰箱保存，但不能长时间放置。

4）外植体消毒

（1）接种前准备

接种前，用水和肥皂洗净双手，穿上消毒的实验服、拖鞋或鞋套，戴帽子，进入接种室。用 75％酒精棉球擦拭超净工作台台面，将所需物品放入超净工作台。打开超净工作台紫外灯，照射 20～30 min；关闭紫外灯，打开风机及照明设备。微启超净工作台的玻璃挡板，通风 3～5 min 后进入接种室。

（2）接种工具消毒

双手置于超净工作台后，用 75％酒精棉球消毒，待手上酒精挥发后点燃酒精灯。将浸泡于 95％酒精中的接种器具分别置于火焰上反复灼烧，放于搁置架上，冷却备用。

（3）植物材料消毒

①茎段、茎尖、叶柄及叶片的消毒方法：消毒时间应根据材料的幼嫩程度而定。将预处理后的植物材料放入无菌消毒瓶中，用 70％酒精溶液浸泡 10～30 s，用无菌水冲洗 3 次。根据不同材料，可采用 2％次氯酸钠溶液浸泡 10～15 min；或用 0.1％氯化汞浸泡 5～10 min，再用无菌水冲洗 3～5 次。于火焰处旋转瓶口及瓶盖，迅速盖上瓶盖，备用。若植物材料表面有茸毛或凹凸不平，最好在消毒液中加入几滴吐温，作用是使消毒剂更易于展开，更容易浸润到灭菌材料的表面，增强消毒效果。

②种子：将种子倒入无菌消毒瓶中，用 70％酒精溶液浸泡 20～60 s，用无菌水冲洗 3 次。用 2％次氯酸钠浸泡 20～30 min，难以灭菌的种子可用 0.1％氯化汞浸泡 5～10 min，再用无菌水冲洗 3～5 次。于火焰处旋转瓶口及瓶盖，迅速盖上瓶盖。用于进行胚、胚乳或胚珠培养的种子，若种皮太硬难以操作时，则可在消毒前去掉种皮（硬壳大多为外种皮）后，再用次氯酸钠溶液消毒及用无菌水冲洗后即可解剖出胚、胚乳或胚珠，再进行接种。

③花药：用于培养的花药，根据小孢子发育时期选择适宜的花蕾，实际上大多小孢子未发育成熟。由于花药的外面有花萼、花瓣或颖片包裹着，通常处于无菌状态，所以一般只对整个花蕾或幼穗进行消毒即可。清洗时先去除花蕾外层的萼片，将预处理后的花蕾

放入无菌消毒瓶中,70%酒精溶液浸泡数秒,用无菌水冲洗 2～3 次;再将花蕾浸泡在饱和漂白粉上清液中浸泡 10 min,或用 0.1%氯化汞浸泡 5～10 min(也可用 2%次氯酸钠溶液消毒 10 min),用无菌水冲洗 3～5 次,于火焰处旋转瓶口及瓶盖,迅速盖上瓶盖。

④根及地下器官:因这类材料多埋于土壤中,取出后常有损伤并带有泥土,微生物较多,消毒较为困难。消毒前,用自来水冲洗后,用毛刷或毛笔将表面凹凸不平处及芽鳞或苞片处刷洗干净,再用刀切去损伤或难以清洗干净的部位。用滤纸吸干后,先用 70%酒精溶液漂洗一下,再用 2%～8%次氯酸钠浸泡 10～15 min,或用 0.1%氯化汞浸泡 5～10 min,用无菌水冲洗 3～5 次。于火焰处旋转瓶口及瓶盖,迅速盖上瓶盖。若采用以上方法仍不能完全排除杂菌污染时,也可将材料浸入消毒液中进行抽气减压,帮助消毒液渗入以彻底消毒。

⑤果实:果实的消毒方法应根据软硬程度和果皮的干净程度而异。将擦干或晾干的果实放入无菌消毒瓶中,用 70%酒精溶液迅速漂洗 1 次,用无菌水冲洗 1 次;再用 2%次氯酸钠溶液浸泡 10 min,用无菌水冲洗 2～3 次。于火焰处旋转瓶口及瓶盖,迅速盖上瓶盖,之后便可剖开果实,取出里面的组织进行培养即可。

(4) 材料切割及接种

用灭菌的镊子将已消毒的植物材料取出,置于无菌滤纸上,吸去多余水分,用无菌的手术刀(或剪刀)和镊子切去与消毒剂接触的损伤部位。将植物材料切取成一定大小,如茎段为 1 cm 长度,带芽茎段的长度应稍长且中间留有 1 个芽;叶片切成 0.5 cm×0.5 cm 小块;胚、胚乳或胚珠需要剖开果实或种子后接种;块根、块茎、鳞茎切成适宜大小即可,种子可直接接种。切割后的外植体需要保持大小一致,便于后期观察其生长状况。接种盘中的滤纸如有破损或被污染后可及时更换,甚至可更换接种盘后再铺干净的无菌滤纸,以防止污染。

材料切割后,在酒精灯火焰附近,左手拿培养基,右手用镊子夹取植物材料且接种于培养基上。不带芽茎段、叶片、胚、胚珠、胚乳、种子或块根、块茎等可直接放于培养基表面;茎尖及带芽茎段等需要按极性方向竖直插入培养基中。接种后将瓶口、瓶盖在火焰处旋转灼烧数秒,封口,标记。切割材料和接种时需要反复将浸泡在 95%酒精溶液中的镊子、手术刀或剪刀在火焰上灼烧后,置于搁置架上冷却。

(5) 清理工作

接种结束后,关闭超净工作台电源。清理超净工作台台面及接种室地面。

(6) 培养

将接种后的培养物转至培养室或培养箱中进行培养,一周后观察培养情况。

【注意事项】

(1) 植物材料采集后,应立即带回实验室,清洗处理,不宜放置过久,以免植物材料过度失水萎蔫。

(2) 根据外植体的取材部位和幼嫩程度来确定消毒剂种类、浓度和消毒时间。

(3) 消毒剂需要现配现用,配制消毒剂时,应选择用蒸馏水。

（4）用于植物材料消毒的玻璃容器即消毒瓶，消毒瓶经过高温高压蒸汽灭菌后转移至超净工作台中方可打开瓶盖或瓶塞，消毒瓶可用三角瓶、耐高温的蓝盖瓶或瓶口较小的培养瓶等代替。

（5）将预处理后的植物材料放入无菌消毒瓶时，植物材料应避免触碰到瓶口。消毒后，取出材料时也应不接触瓶口。

（6）植物材料消毒时，植物材料应完全浸泡在消毒剂溶液中，并不断轻轻摇晃无菌消毒瓶，使植物材料与消毒剂溶液充分接触。

（7）消毒剂氯化汞为剧毒药品，称量时需要戴口罩和橡胶手套。配制后清理干净台面上的残留药品。使用量需要登记，药品放回剧毒柜中且上锁保管。配制的溶液使用后不得随意摆放在实验室，必须放在专柜中上锁保存。药品或溶液均不得带出实验室。使用时不要弄到皮肤上，消毒实验结束后应立即洗手。消毒后的废液不得直接倒入下水池，必须单独回收，进行统一处理。

（8）消毒时间的计时应从消毒剂开始倒入容器至消毒剂倒出容器为止。对于幼嫩的材料，应严格把控消毒时间，以免损伤材料。

（9）植物材料消毒过程中，操作人员向无菌消毒瓶中加入消毒剂或无菌水时，应从瓶口正上方悬空加入，避免瓶口之间的接触。无菌消毒瓶倒出废液时，也应从正上方悬空倒出，应避免废液溅到瓶口。倒出废液后，应立即将无菌消毒瓶的瓶口置于火焰处灼烧数秒，以免污染。

（10）材料消毒时，从无菌消毒瓶中随废液倒出的植物材料应淘汰，不得再放回无菌消毒瓶中，以免影响消毒效果。

（11）植物材料消毒后，应置于无菌滤纸上吸去多余水分，以免材料上水分过多，影响其生长发育。若植物材料过于幼嫩，应置于湿润的无菌滤纸上切割材料且保持湿润，以免过度失水。

（12）材料培养一周后，若植物材料上出现杂菌污染，则可能是因外植体材料消毒不彻底引起的。若植物材料出现发黑、发黄或发褐等生长不好的现象，则可能是消毒时间过长或消毒剂浓度过大导致的，均需要调整消毒方法。

【结果与分析】

（1）植物材料培养1周后，观察材料的污染情况、生长情况，进行数据统计并分析污染原因。

接种日期	接种数	污染数	污染率	成活率	主要污染菌菌种

（2）描述外植体的生长状况。

【作业】

（1）如何对植物材料进行预处理？为什么要进行预处理？

（2）消毒剂的种类有哪些？其消毒原理分别是什么？

（3）阐述各种消毒剂的使用浓度范围及消毒时间范围。

（4）如何对植物材料进行消毒处理？

（5）对植物材料消毒处理时，需要注意哪些问题？

（6）如何判断某种植物材料的消毒方法是否为最佳方法？

实验7　愈伤组织的诱导

【实验目的】

（1）掌握愈伤组织诱导的方法。

（2）观察愈伤组织诱导的过程。

【实验原理】

在一定条件下已有特定结构与功能的组织被诱导改变原来的发育途径，逐步逆转其原有的分化状态，转变分生状态的过程为脱分化。来自植物各种器官的外植体在离体培养的条件下，细胞经过脱分化等一系列过程，改变了原有的特性而转变形成一种能迅速增殖的无特定结构和功能的薄壁细胞团，即愈伤组织。外植体脱分化形成愈伤组织一般可分为三个时期，即诱导期、分裂期和分化期。

植物生长调节物质的种类和浓度是诱导愈伤组织形成的重要因素之一。对有些植物材料而言，生长素和细胞分裂素对保持愈伤组织的快速生长是必要的，特别是生长素和细胞分裂素配合使用时能更有效地促进愈伤组织的形成和增殖。最常用的生长素 IAA、NAA 和 2,4-D，所需浓度依生长素类型和愈伤组织的来源不同而有所不同，其使用浓度范围一般为 0.01～10 mg/L。在大多情况下，只用 2,4-D 就可以诱导出愈伤组织。若浓度过低，则愈伤组织生长缓慢；若浓度过高，则生长也会受到抑制。常用的细胞分裂素为 KT 和 6-BA，使用浓度范围为 0.1～10 mg/L。各种植物器官或组织经消毒和切割后，在适合的培养环境中均可诱导产生愈伤组织。愈伤组织可用于筛选突变体、遗传变种、遗传转化及次生代谢产物的生产等。此外，愈伤组织还是细胞悬浮培养和原生质体培养的重要来源。

【仪器、用具及试剂】

（1）仪器：电子天平、高压蒸汽灭菌锅、超净工作台。

（2）用具：无菌消毒瓶、枪型镊子、手术刀或剪刀、无菌接种盘和滤纸、无菌培养皿、废液缸、培养皿封口膜、移液管或移液枪、酒精棉球、酒精灯、烧杯、记号笔等。

（3）试剂：70%酒精溶液、0.1%氯化汞溶液、2%次氯酸钠溶液、无菌水等。

（4）培养基：MS＋0.08 mg/L NAA＋3 mg/L 6‐BA＋3％蔗糖＋0.7％琼脂粉，pH 5.8 或 MS＋0.2 mg/L 2,4‐D＋1 mg/L 6‐BA＋3％蔗糖＋0.7％琼脂粉，pH 5.8。

【实验材料】

幼嫩的三叶草叶片。

【实验方法】

1）配制培养基

按培养基配方提前配制好固体培养基，经高压蒸汽灭菌后分装于培养皿中，凝固后封口，备用。

2）材料采样和预处理

（1）采样：于晴天选择生长健壮、无病虫害的三叶草植株，取完整的幼嫩叶片，置于无菌的采样袋中，立即带回实验室。

（2）预处理：用剪刀将叶片从茎部分离下来，置于 1 L 干净烧杯中，瓶口套上一层纱布，用自来水冲洗 30 min，冲洗时要晃动烧杯；若叶片上灰尘较多时，则可用洗洁精溶液洗涤后冲洗干净。清洗后置于滤纸上吸干多余的水分，以免稀释消毒剂浓度。

3）材料消毒

（1）准备工作：接种前，用 75％酒精棉球擦拭超净工作台台面，将接种用具及酒精灯放入超净工作台。打开紫外灯，照射 20～30 min；关闭紫外灯，打开风机及照明设备。3～5 min 后进入接种室。

（2）接种工具的灭菌：洗手后擦干，将材料转至超净工作台，用 75％酒精棉球仔细擦拭双手至手腕部位。点燃酒精灯，将 95％酒精中浸泡的接种工具如镊子、手术刀或剪刀依次取出后置于酒精灯火焰处灼烧灭菌，灼烧后放置于搁置架上，待冷却后备用。

（3）叶片消毒处理：将叶片转移至无菌消毒瓶中（叶片不得接触到瓶口）。加 75％酒精溶液浸泡 10 s（加入 75％酒精的量以浸没植物材料为准），用无菌水冲洗 2～3 次；再用 0.1％氯化汞溶液浸泡 3～5 min（或用 20％次氯酸钠溶液浸泡 10～15 min），用无菌水冲洗 3～5 次。倒出废液时，为防止叶片随废液流出，可用灭菌后的镊子在消毒瓶瓶口挡下（使用后的镊子应立即灼烧灭菌，防止镊子被污染）。消毒后将瓶口和瓶盖在火焰上旋转灼烧数秒，盖上瓶盖，备用。

4）接种

（1）剪取材料：取出接种盘，用镊子将无菌滤纸置于接种盘上。用镊子夹取少量叶片至无菌滤纸上。用灼烧、冷却后的镊子及手术刀或剪刀先将叶片边缘切去，避开主叶脉将叶片切割成 0.5 cm² 小块。

（2）接种：用镊子将已切割的外植体接种于培养基上（叶背面紧贴培养基表面），接种后封口，标记（标明培养物名称、培养基类型、培养日期及接种人）。

（3）清理台面：接种后关闭超净工作台的照明设备及风机，关闭电源后拔去插头，清理超净工作台台面和接种室地面。

5) 培养与观察

将培养物转至培养箱中,光照强度为 2 000～3 000 lx,温度为 25 ℃,16 h 光照/8 h 黑暗。每隔一定时间,观察外植体伤口的变化和愈伤组织的诱导情况。

【注意事项】

(1) 材料消毒及接种时,应严格按照无菌操作要求进行。

(2) 操作人员切割和接种植物材料时,应用灭菌冷却后的接种工具,以免烫伤植物材料,影响愈伤组织的诱导。

(3) 叶片切割时,注意叶片切割的部位,一般要求去除叶片边缘部分,切割成一定大小。材料过大过多易消耗培养基,材料过小不易存活。接种时须注意叶片背面紧贴培养基,以便背部气孔可吸收培养基。接种的叶片要均匀摆放,每皿外植体数量适宜。

(4) 叶片用 75% 酒精消毒时,一定要控制好时间,不宜过长,否则对叶片会有损伤。

(5) 植物生长调节物质是诱导愈伤组织形成的关键因素,可设置一定的浓度梯度,以寻找最佳诱导浓度,探索最佳培养基配方。

【作业】

(1) 设计单因素试验、双因素试验或正交试验,研究 NAA、6 - BA 和 2,4 - D 浓度及外植体类型对愈伤组织诱导率和愈伤组织形态特征的影响。

(2) 试分析影响愈伤组织诱导的因素有哪些方面。

实验 8　愈伤组织形态特征的观察

【实验目的】

(1) 学会观察愈伤组织的形态特征。

(2) 学会统计愈伤组织的诱导率。

【实验原理】

根据愈伤组织的性质和特点,可将愈伤组织的结构分为致密型和松脆型两种类型,其质地不同主要是由内部结构上的差异引起的。坚实紧密型的愈伤组织内无大的细胞间隙,而由管状细胞组成维管组织,细胞间被果胶质紧密结合,不易形成良好的悬浮系统。松脆型的愈伤组织内有大量的细胞间隙,细胞排列无次序,容易分散成单细胞或少数几个细胞组成的小细胞团,是进行悬浮培养的最合适的材料。两类愈伤组织可通过添加植物生长调节物质互相转变,如:加入高浓度的生长物质,可使坚实的愈伤组织变为松脆型;反之,减低或除去生长物质,则松脆的愈伤组织可转变为坚实致密型。

愈伤组织的颜色不一致,即使从同一种类植物的组织或器官中诱导的愈伤组织,颜色也可能不一样,主要有淡绿色、绿色、黄色、淡黄色、乳白色、无色透明、黄褐色甚至褐色等。生长旺盛的愈伤组织一般呈淡黄色,有光泽,也有淡绿色或绿色的。老化的愈伤组织多转变为黄褐色或褐色。愈伤组织形态多样,与外植体类型、培养时间的长短、培养基中所含成分及培养环境等因素有关。

【实验材料】

已培养的愈伤组织材料。

【结果与分析】

(1) 培养 3 d、5 d、10 d、20 d、30 d 后,观察叶片愈伤组织的形态特征。

(2) 统计叶片愈伤组织的诱导率,计算公式如下:

诱导率=(产生愈伤组织的外植体块数/总外植体块数)×100%

(3) 若愈伤组织生长状况不好,请分析其可能的原因。

【作业】

(1) 请分析影响愈伤组织形态特征的主要因素。

(2) 优良愈伤组织的形态特征有哪些特点?

实验 9　愈伤组织的生长测定

【实验目的】

(1) 学会测定愈伤组织的鲜重和干重。

(2) 学会计算愈伤组织的增殖率。

(3) 学会绘制愈伤组织的生长曲线图。

【实验原理】

愈伤组织的生长情况通常受到多种因素的影响,例如:植物材料的类型、基本培养基成分、植物生长调节物质的种类及浓度、培养方式和培养条件等方面。愈伤组织培养过程中可采用鲜重、干重及增殖率等数值衡量植物细胞的生长及增殖情况,作为愈伤组织生长

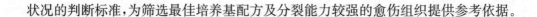

状况的判断标准,为筛选最佳培养基配方及分裂能力较强的愈伤组织提供参考依据。

【仪器、用具及试剂】

（1）仪器：电子分析天平、超净工作台、烘箱等。
（2）用具：铝箔称量皿、培养皿、滤纸、镊子、干燥器等。

【实验材料】

已培养的愈伤组织材料。

【实验方法】

1）愈伤组织鲜重的测定

（1）计算愈伤组织数量。实验中需要培养 7 d、14 d、21 d、28 d、35 d 等 5 个时间段的愈伤组织,每个时间段各取样 9 块愈伤组织,共需要 45 块愈伤组织,应确保所需的愈伤组织数量。

（2）在离体培养之前或之后,额外制备至少 9 个外植体材料,且与进行培养的外植体一模一样。此部分材料不需要培养,在蒸馏水中漂洗后,将其置于培养皿中的双层滤纸上,盖上培养皿上盖,以防止外植体材料过度失水。待材料表面的水分被吸干后,将其置于铝箔称量皿中,用电子分析天平称量。

（3）制备愈伤组织。将接种后的植物材料分别培养一定时间（如 7 d、14 d、21 d、28 d、35 d 等）。将培养 7 d、14 d、21 d、28 d、35 d 等 5 个时间段的培养物转至超净工作台中,用镊子分别从每个培养时间段中随机取出 9 块愈伤组织。愈伤组织取出后置于铺有滤纸的培养皿中,去掉可能黏在愈伤组织底部的少量琼脂培养基。用镊子夹取愈伤组织后转至无菌铝箔称量皿中称量,每次称量后要仔细擦净铝箔称量皿的表面以去掉残留的水分。

（4）计算。称量每个培养阶段的愈伤组织鲜重后取平均值,再减去未经培养的外植体鲜重的平均值,即为经过一定时间培养后鲜重的增加值。公式如下：
愈伤组织鲜重增长量(g)＝愈伤组织的鲜重(g)－未培养外植体鲜重(g)

（5）绘制愈伤组织生长曲线图。比较愈伤组织每个培养阶段的鲜重增加值,绘制一张愈伤组织鲜重增长量和时间的生长曲线图。

2）愈伤组织干重的测定

（1）取材。测定干重的材料可与测定鲜重的材料为同一批材料,干重与鲜重可同时测定。

（2）干燥及称量。分别将培养 7 d、14 d、21 d、28 d、35 d 的愈伤组织转至超净工作台中,用镊子随机夹取每个时间段的 9 块愈伤组织后转至无菌的铝箔称量皿中,再将称量皿和愈伤组织材料一起置于一个培养皿中,50～60 ℃下烘干 12 h。然后放于装有干燥剂的干燥器中将样品冷却至室温。取出培养皿,将铝箔称量皿和愈伤组织一起称量。再将样本放回烘箱中再次烘干 4 h,并重复上述操作。待样品烘干至恒重时,即前后两次称量结果一致,再减去称量皿的重量,得到愈伤组织的干重,算出平均干重。

（3）将已制备的未经培养的 9 个外植体材料转至培养皿中,放入烘箱中,采用上述同样的方法反复烘干和称重,直至得到恒重,算出平均干重。

（4）计算。每个培养阶段的愈伤组织平均干重减去未经培养的外植体的平均干重,即为经过一定时间培养后愈伤组织干重的增加值。公式如下:

愈伤组织干重增长量(g)＝愈伤组织的干重(g)－未培养外植体干重(g)

（5）绘制愈伤组织生长曲线图。在上述愈伤组织生长曲线图中绘出愈伤组织干重增长量与生长时间的曲线,注意在每个培养时间阶段鲜重增长曲线和干重增长曲线是否平行。

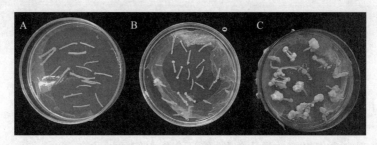

注:A. 愈伤组织生长 3 d;B. 愈伤组织生长 7 d;C. 愈伤组织生长 21 d。

图 2-1　愈伤组织的生长情况

【注意事项】

（1）测定愈伤组织鲜重和干重时,若愈伤组织材料不足时,也可采用同种愈伤组织材料,即测定了每块愈伤组织的鲜重后,再将其置于烘箱中烘干,称量干重。

（2）接种材料时,应选择生长状况一致的植物材料,接种时应保持外植体材料大小一致。未经培养的材料也应与接种材料保持大小一致。

（3）称量时,应随机选择愈伤组织,且保持一定的称量数量,避免称量数量过小引起误差。

（4）称量时,应采用镊子夹取材料,不要直接用手取放材料,尤其是愈伤组织,以免手上汗液引起材料重量的改变。

【结果与分析】

（1）培养 7 d、14 d、21 d、28 d、35 d 后,分别测定愈伤组织的平均鲜重、平均干重及未经培养材料的平均鲜重和平均干重。

（2）分别计算培养 7 d、14 d、21 d、28 d、35 d 后愈伤组织的鲜重增长量和干重增长量。

（3）绘制一张愈伤组织生长曲线图(包括愈伤组织干重和鲜重的增长曲线)。

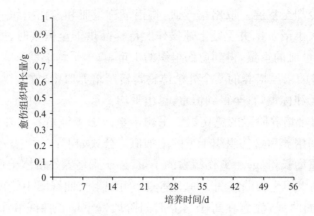

图 2-2 愈伤组织的生长曲线

实验 10 愈伤组织褐化和污染的观察

【实验目的】

（1）学会观察愈伤组织的褐化现象，统计愈伤组织的褐化率。
（2）掌握抑制愈伤组织褐化的方法。
（3）学会观察愈伤组织的污染现象，统计愈伤组织的污染率。
（4）学会分析愈伤组织污染的原因，掌握污染后的补救措施。

【实验原理】

愈伤组织是植物组织中常见的培养形态和再生植株的重要阶段，同时也是研究植物生长发育及分化机制的良好材料。在培养过程中，愈伤组织常常出现褐化现象。褐化是指在外植体诱导初分化或再分化过程中，细胞中的酚类物质被氧化成棕褐色的醌类物质，从而抑制细胞内其他酶的活性，使细胞内的代谢发生改变，抑制细胞的生长与分化，严重时甚至导致植物材料死亡。研究发现多酚氧化酶（PPO）、过氧化物酶（POD）都参与褐化物质的合成，其中 PPO 能催化游离酚酸的羟基化反应以及羟基酚到醌的脱氢反应。醌在植物体内自身缩合或与细胞内的蛋白质反应，产生褐色色素或黑色素，这两种酶在植物愈伤组织的褐化过程中起重要作用。因此，检测 POD 和 PPO 活性指标可判断其褐化程度。在组织培养过程中，影响外植体褐化的因素主要分为两个方面：①外植体自身的原因，包括外植体的基因型、生理状态、遗传特性等；②外植体所处的环境，包括材料的消毒及预处理、培养基的种类和硬度、培养方式、培养条件（如培养温度、光照条件）、继代次数等。

缓解及防止愈伤组织的褐化是植物组织培养中急需解决的重要问题。目前，研究发现对外植体材料进行预处理、及时更换新鲜培养基、培养基中添加抗褐化剂或吸附防褐化剂等方式可以有效地防止或缓解愈伤组织的褐化程度。防褐化剂一般可分为抗氧化剂和吸收剂两大类。聚乙烯吡咯烷酮(PVP)和活性炭(AC)作为吸附防褐化剂,其作用机制是吸附剂通过降低培养基中的总酚含量,降低细胞中总酚含量,从而阻止酚类物质被氧化为醌类物质,来达到防褐化效果,但对 PPO 和 POD 酶活抑制效果一般。抗坏血酸(V_C)、柠檬酸(CA)作为抗氧化剂,能明显抑制 PPO 和 POD 酶活性,这是因为抗氧化剂能与酶发生竞争性结合,从而降低酶活性,降低酶促褐化,减少有害物质对细胞的毒害。培养基中加入抗氧化剂控制酚类物质的氧化是目前防止愈伤组织褐变的主要措施。此外,有研究发现低温培养、添加适宜浓度硝酸银、去除培养基中 Cu^{2+}、更换新鲜培养基、添加不同糖源或不同质量浓度蔗糖的培养基进行培养也可有效降低愈伤组织的褐化程度。

污染是指在植物组织培养过程中微生物进入培养体系即外植体、外植体周围的培养基或培养微生物大量滋生的现象。植物组织培养过程中培养温度、湿度、培养基营养、pH 等均适宜微生物的生长,因此一旦微生物(如细菌和真菌)进入培养容器中就将快速繁殖,通过营养竞争、侵蚀植物材料、分泌有毒代谢产物等途径使植物材料发生病害或死亡,造成组织培养的失败。

污染分为内因污染和外因污染。外因污染主要是由环境污染和操作不当引起,是指在接种或培养过程中病菌入侵而造成的污染,如培养基、接种工具和接种室消毒不严格以及操作不规范等原因引起,此种类型的污染通常在 2～3 d 内即能在外植体周围或培养基表面形成明显的菌落。若在外植体接种后 2～3 周发现植物材料上出现污染,则这可能是由内源微生物即内生菌引起的污染。

植物组织培养过程中是否出现污染,可通过观察培养基和植物材料表面是否出现菌落来判断,如:根据同批培养材料的菌落位置、菌落数、菌落出现时间等即可初步判断出污染的原因,然后采取相应的防控措施。

【仪器、用具及试剂】

(1) 仪器:电子分析天平、超净工作台、高压蒸汽灭菌锅等。

(2) 用具:培养皿、滤纸、镊子、手术刀、接种盘等。

(3) 试剂:聚乙烯吡咯烷酮、抗坏血酸、硝酸银、柠檬酸、活性炭、琼脂粉、蔗糖、MS 培养基等。

【实验材料】

已培养的愈伤组织材料。

【实验方法】

(一) 愈伤组织褐化现象的观察及抑制

1) 观察愈伤组织的褐化现象

将已培养的愈伤组织置于实验台面上,观察和记录愈伤组织的褐化情况及生长情况。

2）抗褐化剂对愈伤组织的抑制

（1）植物材料的准备

选择易褐化的植物材料作为外植体，在无菌条件下，将外植体消毒处理后切取成大小一致的小段或小片，备用。

（2）不同种类的抗褐化剂对愈伤组织褐化的抑制

①抗坏血酸（Vc）

诱导愈伤组织培养基中分别添加 100 mg/L、200 mg/L、300 mg/L 和 500 mg/L 不同浓度的抗坏血酸（高压蒸汽灭菌后添加）。将已制备的外植体接种至上述含有抗坏血酸的培养基上，每个浓度梯度接种 20 个材料，每个处理设置 3 个重复。

②柠檬酸（CA）

诱导愈伤组织培养基中分别添加 50 mg/L、100 mg/L 和 200 mg/L 不同浓度的柠檬酸（高压蒸汽灭菌后添加）。将植物材料接种于上述培养基上，接种量同上。

③硝酸银

诱导愈伤组织培养基中分别添加 2 mg/L、6 mg/L 和 10 mg/L 不同浓度的硝酸银。将植物材料接种于上述培养基上。

④聚乙烯吡咯烷酮（PVP）

诱导愈伤组织培养基中分别添加 0.2 g/L、0.5 g/L、1 g/L 和 1.5 g/L 浓度的 PVP。将植物材料接种于上述培养基上。

⑤活性炭

诱导愈伤组织培养基中分别添加 0.2 g/L、0.5 g/L 和 1 g/L 浓度的活性炭，培养基凝固后，将植物材料分别接种于上述培养基上。

以不添加抗褐化剂的诱导愈伤组织培养基为对照，设置 3 个重复。将接种后的材料置于培养室中光照培养。

（3）观察愈伤组织的褐化情况

将生长 1 个月后的培养物取出观察，观察愈伤组织的颜色，将愈伤组织的褐化程度分成 4 个等级：Ⅰ级，表示没有褐化，代表符号为（－）；Ⅱ级，表示轻微褐化，代表符号为（＋）；Ⅲ级，表示褐化严重，代表符号为（＋＋）；Ⅳ级，表示褐化非常严重，代表符号为（＋＋＋）。对比不同浓度、不同类型的抗褐化剂对愈伤组织褐化程度的影响（图 2-3）。

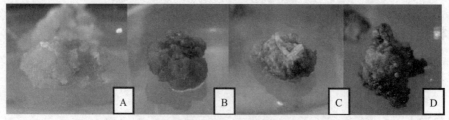

注：A. 0 级褐化度；B. Ⅰ级褐化度；C. Ⅱ级褐化度；D. Ⅲ级褐化度。

图 2-3　愈伤组织的褐化程度

（引自程雨飞等，2019）

（4）统计愈伤组织的褐化率

观察并记录愈伤组织的褐化率。褐化率（％）＝ 褐化的愈伤组织数量/接种愈伤组织总数量×100％。

(5) 生理检测

数据统计后,检测愈伤组织细胞中多酚氧化酶(PPO)和过氧化物酶(POD)的活性物质,重复 3 次。对比对照组和不同浓度、不同类型的抗褐化剂对愈伤组织中多酚氧化酶和过氧化物酶生理指标的影响。

(二) 愈伤组织的污染情况

1) 观察愈伤组织的污染现象(图 2-4)

对已污染的培养物进行观察,分析引起污染的微生物类型及污染原因。

2) 统计污染率

污染率＝(被污染的愈伤组织数量/接种愈伤组织总数量)×100％。

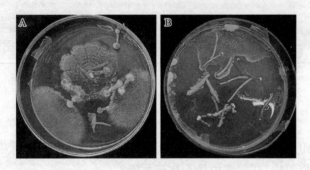

注:A. 霉菌污染;B. 细菌污染。

图 2-4　愈伤组织的污染

【注意事项】

(1) 向培养基中添加不耐高温的抗坏血酸或柠檬酸时,需要过滤除菌后再加入灭菌后的培养基中。

(2) 被污染的培养物观察后,应采取合适的方法进行清洗处理,即对感染杂菌的培养物连同培养器皿(培养基、组织培养苗或外植体、培养瓶或培养皿)先进行高压蒸汽灭菌,然后再进行清洗处理。未经高压蒸汽灭菌处理前,不能将培养器皿打开,不能随意弃置,以防扩大污染或在周围环境中传播。

【结果与分析】

(1) 观察愈伤组织的褐化现象,并认真记录和填写下表。

材料名称:　　　　　接种日期:　　　　　观察日期:

编号	降低褐化的措施	褐化率	褐化等级	是否抑制褐化	生长情况	抗褐化原因
1	对照组					
2	抗坏血酸					

续表

编号	降低褐化的措施	褐化率	褐化等级	是否抑制褐化	生长情况	抗褐化原因
3	柠檬酸					
4	硝酸银					
5	聚乙烯吡咯烷酮					
6	活性炭					

（2）观察培养物的污染现象，并完成下表。

材料名称：　　　　　　　　接种日期：　　　　　　观察日期：

培养基编号	污染的类型	污染率	分析污染原因	补救措施	材料生长情况
1					
2					
3					

【作业】

（1）分析植物组织培养过程中培养物被污染的主要原因。

（2）植物组织培养中，如何避免培养物被污染？

（3）什么是褐化现象？

（4）请阐述愈伤组织褐化的机理。

（5）愈伤组织的褐化现象与哪些主要因素有关？

实验 11　愈伤组织的继代培养

【实验目的】

掌握愈伤组织的继代培养的方法。

【实验原理】

继代培养的目的是使培养物增殖，扩大培养物群体。外植体的细胞经过培养形成了无序结构的愈伤组织后，若在原培养基上继续培养，由于培养基中营养物质枯竭，水分散失，或有毒代谢产物的积累会导致愈伤组织停止生长，甚至老化变黑死亡。如果要让愈伤组织继续生长增殖，必须定期地（3～4 周）将它们分成小块接种到新鲜的培养基（培养基成分与原培养基相同）上，这样愈伤组织就可以保持旺盛生长，这个过程为继代培养。转接后，在切口处又可产生黄色、乳黄色或绿色等愈伤组织，其表面呈颗粒状突起，随着培养时间的延续，颗粒状突起甚至出现大量胚性愈伤组织细胞团。

愈伤组织的继代次数对器官分化影响很大，愈伤组织在培养初期具有胚胎、器官发生潜力，往往会在长期继代培养后有所下降，甚至完全丧失，即小苗的分化频率随着愈伤组织的继代次数而逐渐下降。长期继代培养还容易引起细胞的遗传变异，随着继代培养次数和时间的增加，愈伤组织的变异频率也随之增加，不利于保持供体植物的遗传性。继代增殖的次数视不同种类的植物而有所区别，一般能达到继代增殖的 2～10 倍，即可用于大量增殖，但不可盲目追求过高的增殖倍数。

【仪器、用具及试剂】

（1）仪器：电子分析天平、高压蒸汽灭菌锅、超净工作台、灭菌器等。

（2）用具：枪型镊子、手术刀、酒精灯、75％酒精棉球、培养皿或培养瓶、烧杯、量筒、脱脂棉、移液管、接种盘、滤纸、记号笔等。

（3）试剂：MS 培养基母液或 MS 培养基粉、蔗糖、琼脂粉、植物生长调节物质 NAA、6 - BA、2，4 - D 等。

【实验材料】

已培养的愈伤组织。

【实验方法】

1. 配制培养基

按原来愈伤组织诱导培养基配方提前配制好培养基，经高压蒸汽灭菌后分装至培养皿中，备用。

2. 转接及培养

（1）接种前准备工作：用 75％酒精棉球擦拭超净工作台台面，将接种用具、搁置架、酒精灯及 75％酒精棉球缸等放入超净工作台。打开紫外灯，照射 20～30 min；关闭紫外灯，打开风机及照明设备。用 75％酒精棉球将培养基与培养物瓶体外壁擦拭后放入超净工作台，一次不可在超净工作台中堆放物品过多，可分批次摆放。

（2）接种工具灭菌：用 75％酒精棉球消毒双手，点燃酒精灯。将镊子、手术刀等接种工具依次置于酒精灯火焰上灼烧灭菌，灼烧后放至搁置架上，冷却备用。

（3）转接：将装有培养物的培养皿上盖打开，用镊子将愈伤组织取出后，放至铺有无菌湿润滤纸的接种盘中。用镊子和手术刀切去多余部位，小心将诱导形成的愈伤组织从外植体上分离下来，再将愈伤组织切成 0.3～0.5 cm 的小块，均匀摆放到新鲜培养基上。接种后培养皿上下盖的缝隙处在火焰上旋转灼烧后，用培养皿封口膜封口。标明培养物名称、培养基类型、培养日期及接种人等信息。

（4）台面清理工作：接种完毕后，关闭超净工作台，清理超净工作台台面。

（5）培养：将培养物转至培养箱或培养室中进行培养，光照强度为 2 000～3 000 lx，

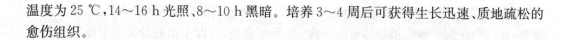

温度为 25 ℃,14~16 h 光照、8~10 h 黑暗。培养 3~4 周后可获得生长迅速、质地疏松的愈伤组织。

【注意事项】

(1) 继代培养时,转接前,一定要仔细检查愈伤组织培养物是否存在污染,如果发现污染,应立即淘汰掉,不宜再转接,以免出现交叉污染现象。

(2) 每皿培养基中不宜接种过多的愈伤组织,以免出现营养竞争。

(3) 继代培养时,若发现愈伤组织增殖率降低或衰退,则应重新诱导愈伤组织。

(4) 愈伤组织继代培养天数一般为 28 d,若愈伤组织褐化较严重,可缩短继代培养天数,即培养 15~20 d 后更换新鲜培养基。

【结果与分析】

(1) 观察愈伤组织的增殖情况,培养 1 个月后统计愈伤组织的增殖率。

接种日期	接种数	增殖率	增重/g	生长速度	愈伤组织形态特征

(2) 若愈伤组织继代增殖率较低,请分析其原因。

【作业】

(1) 请分析影响愈伤组织诱导的主要因素有哪些方面。

(2) 什么是继代培养? 继代培养的主要意义是什么?

(3) 培养物培养多长时间后需要更换新的培养基?

实验 12　愈伤组织的分化培养

【实验目的】

(1) 掌握愈伤组织分化培养的方法。

(2) 学会辨别有分化潜力的愈伤组织的形态特征。

【实验原理】

愈伤组织在离体培养时,组织和细胞的潜在发育能力可以在某种程度上得到表达,伴随着反复的细胞分裂,又开始新的分化。将脱分化的细胞团或组织重新分化而产生出新的具有特定结构和功能的组织或器官的一种现象,称为再分化。通常植物组织培养过程中,转移已形成较幼嫩的生长旺盛的愈伤组织至分化培养基上,以提高其分化频率。愈伤组织形态发生途径主要有器官发生途径和胚状体发生途径,即愈伤组织通过再分化可以形成不定芽、不定根甚至胚状体,继而发育成完整的植株。

影响愈伤组织再分化成苗的因素有很多,其中,植物生长调节物质的种类和浓度的影响较大。据报道,主要受培养基中细胞分裂素和生长素相对浓度的调控,细胞分裂素和生长素的浓度比例高时,有利于促进不定芽的形成;反之,有利于促进根的形成而抑制芽的形成。通常采用 6 - BA 或 KT 配合使用生长素 IAA 或 NAA 来诱导芽的发生,采用 IBA 诱导根。诱导愈伤组织形成的生长素种类往往对愈伤组织的器官发生也有影响,如高浓度 2,4 - D 诱导的愈伤组织,通常结构疏松,器官发生能力较差,不易诱导出芽;如果在诱导愈伤组织形成时加入适量的细胞分裂素,则对其器官发生的状况会有所改善。

【仪器、用具及试剂】

(1) 仪器:电子分析天平、高压蒸汽灭菌锅、超净工作台等。

(2) 用具:枪型镊子、手术刀、酒精灯、75%酒精棉球、培养瓶、烧杯、量筒、脱脂棉、移液管或移液枪、接种盘、滤纸、记号笔等。

(3) 试剂:MS 培养基母液或 MS 培养基粉、蔗糖、琼脂粉、植物生长调节物质 NAA、6 - BA 等。

【实验材料】

已培养的愈伤组织。

【实验方法】

1) 配制培养基

配制固体芽分化培养基 MS+0.1~1 mg/L NAA+1~3 mg/L 6 - BA+3%蔗糖+0.7%~0.8%琼脂粉,pH 5.8~6.0,高压蒸汽灭菌后分装于培养瓶或三角瓶中,备用。

2) 转接及培养

(1) 接种前准备:用 75%酒精棉球擦拭超净工作台台面,将所需物品放入超净工作台。打开紫外灯,照射 20~30 min;关闭紫外灯,打开风机及照明设备。将培养物、培养瓶或三角瓶放入超净工作台。

(2) 接种工具灭菌:用 75%酒精棉球消毒双手,点燃酒精灯。将镊子、手术刀于酒精灯火焰上灼烧,灼烧后放至搁置架上,冷却备用。

(3) 转接:将装有培养物的上盖打开,观察愈伤组织的形态特征(结构致密、质地坚硬、色泽鲜亮、生长较慢的愈伤组织往往通过器官发生型途径再生出不定芽;结构松脆、质地致密、颗粒状、生长较快的愈伤组织易通过体细胞胚胎发生型途径再生出完整的植株)。

用镊子挑选出所需状态的愈伤组织,将愈伤组织取出后放入铺有滤纸的接种盘中。在无菌条件下用手术刀切取边长为 0.5 cm 的小块,转接至配制好的芽分化培养基上。瓶口、瓶盖或三角瓶封口膜在火焰上旋转灼烧数秒后,封口,标记。

(4)培养:将培养物转至培养室中培养,光照强度为 2 000～3 000 lx,温度为 25 ℃,14～16 h 光照、8～10 h 黑暗。培养 3～4 周后观察愈伤组织的芽分化情况,并做好实验记录。

【注意事项】

(1)愈伤组织再分化培养时,培养基的成分较重要,需要添加适宜浓度的细胞分裂素和生长素。

(2)转接前,一定要仔细筛选有再分化潜力的愈伤组织,应淘汰生长不良的愈伤组织,以便减少接种的工作量。

(3)接种时,检查愈伤组织培养物是否存在污染,如果发现污染,应立即淘汰掉。

【结果与分析】

(1)观察愈伤组织的形态特征,统计愈伤组织的芽分化率,填写下表。

不定芽的分化率=(产生不定芽的愈伤组织块数/接种愈伤组织的总块数)×100%

接种日期	愈伤组织总数	芽的分化率	不定芽的平均数量	芽的平均长度

(2)若愈伤组织产生出胚状体,请观察和描述胚状体的发育过程及其形态特征,统计胚状体的诱导率。

胚状体诱导率=(产生胚状体的愈伤组织块数/接种愈伤组织的总块数)×100%

接种日期	愈伤组织总数	胚状体数量	胚状体分化率	幼苗平均长度

【作业】

(1)什么是愈伤组织的再分化?
(2)请分析影响愈伤组织再分化的主要因素有哪些?
(3)请简述愈伤组织再分化形成完整植株的两种主要途径。

实验 13 芽苗诱导生根

【实验目的】

(1) 掌握芽苗生根所需培养基的选择与要求。

(2) 掌握植物芽苗生根培养的基本操作技术。

(3) 了解芽苗生根的主要影响因素。

【实验原理】

植物组织培养过程中,继代增殖培养可获得大量的无根芽苗,再通过生根培养获得不定根,形成完整的植株。生根培养形成的根一般为不定根,其形成一般可分为两个阶段:即根原基形成和根器官的形成。能否成功诱导出不定根与培养基的成分有一定的关系,降低无机盐离子浓度有利于芽苗的生根,比如:常用 1/2 MS、1/3 MS 或 1/4 MS 培养基;微量元素中 B、Fe 也对生根有利。糖的浓度可适当降低,一般范围为 $1\%\sim3\%$,若使用高浓度的蔗糖会造成光合机制的反馈抑制,芽苗在后期的炼苗阶段难以适应异养条件。生根培养需要生长素发挥作用,例如 IBA、IAA 或 NAA 等,使用浓度范围一般为 $0.1\sim3$ mg/L;使用 NAA 时浓度不宜过高,否则会导致其表根的形成,不能与植物维管束相连,影响其移栽成活率;IAA 诱导效果较弱,一般 IBA 生根效果较好,且使用广泛。

促进试管苗生根的方法有多种:①可将芽苗接种到添加一定浓度生长素的培养基中,但该方法对幼根的生长有一定的抑制作用。因为根原基形成后,较高浓度生长素的继续存在则不利于幼根的生长发育;②将芽苗的茎基部浸入生长素溶液中,处理一段时间后,再接种到固体培养基中;③还可采用试管苗外生根,即采用不加蔗糖的 1/2 MS 培养基和生长素(如 $1.0\sim5.0$ mg/L IBA),浇淋于蛭石、珍珠岩或河沙等无菌基质中,再将芽苗插入基质中,无菌条件下促进其生根。

【仪器、用具及试剂】

(1) 仪器:超净工作台、高压蒸汽灭菌锅、电子分析天平、灭菌器等。

(2) 用具:无菌接种盘、枪型镊子、搁置架、手术刀或剪刀、培养瓶或三角瓶、酒精灯、烧杯、量筒、容量瓶、玻璃棒、pH 试纸、移液管、记号笔、脱脂棉等。

(3) 试剂:MS 培养基母液或 1/2 MS 培养基粉、蔗糖、琼脂粉、75%酒精溶液、1 mol/L 氢氧化钠、1 mol/L 盐酸、IBA、NAA、活性炭等。

【实验材料】

已培养的无根芽苗。

【实验方法】

1）试管内生根（方法1）

（1）培养基及无菌物品的准备

生根培养基配方：1/2 MS＋0.1～1 mg/L IBA＋1.5％～2 ％蔗糖＋0.7％琼脂粉，pH 5.8。根据生根培养基配方，将生长素 IBA 添加到固体培养基中，将配制好的培养基分装于 1 L 三角瓶中，高压蒸汽灭菌后分装于培养瓶或三角瓶中。注：若芽苗不易生根或需要在黑暗条件下生根时，可在培养基中加入 0.1％～0.3％活性炭。

（2）准备工作

提前将灭菌的接种工具和接种盘置于超净工作台中，将酒精灯、搁置架、酒精棉球缸等放在台面的适宜位置。打开紫外灯杀菌 20～30 min，关闭紫外灯，打开照明灯和风机。

双手消毒后，点燃酒精灯。将接种工具置于火焰上灼烧灭菌，冷却，备用。

（3）接种

将培养物（先检查培养物是否被污染）和新鲜培养基的瓶体外壁用 75％酒精棉球擦拭后转移至超净工作台。

在无菌环境中，用镊子取出 2.5～3 cm 以上高度的芽苗，置于铺有无菌湿润滤纸的接种盘中。用镊子及手术刀将丛生芽剖开，分离出单个芽苗，即从芽苗的基部将不定芽切割下来，若茎的基部有愈伤组织，则需要将愈伤组织全部切除。将单个芽苗插入生根培养基中，每瓶接种 3～5 株即可，不宜过多。整个操作在酒精灯火焰旁操作，接种工具须反复灼烧灭菌。在转接的过程中，对符合要求的芽苗进行生根培养，其余小苗转入继代培养基中继续扩繁。

（4）封口及清理台面

接种后封口，标记。关闭超净工作台电源后整理台面。

（5）培养

将接种后的培养物转至培养室或培养箱内，25 ℃培养，光照强度为 2 000～5 000 lx，16 h 光照/8 h 黑暗。适当加强光照和延长光照时间，以使幼苗更加健壮。

2）试管内生根（方法2）

（1）配制培养基

基本固体培养基（配方为 1/2 MS＋1.5％～2 ％蔗糖＋0.7％琼脂粉，pH 5.8）：将培养基配制后倒入 1 L 三角瓶中，高压蒸汽灭菌后分装于培养瓶或三角瓶。

诱导生根液体培养基（配方为 1/2MS ＋0.1～1 mg/L IBA，pH 5.8）：将已配制的液体培养基高压蒸汽灭菌后，备用。

（2）准备工作

将所需物品置于超净工作台中，紫外灯杀菌 20～30 min，关闭紫外灯，打开照明灯和风机。双手消毒后，点燃酒精灯。火焰灼烧接种工具以彻底灭菌，冷却后备用。

（3）接种

将培养物和两种培养基转移至超净工作台。将符合接种要求的芽苗或丛生苗用镊子取出且置于接种盘中。用镊子及手术刀分离出单个芽苗。用镊子夹取单个芽苗，且将幼苗茎部的切口处浸没在诱导生根液体培养基中，蘸上 3～5 s 后再插入固体培养基中。

（4）封口和超净工作台台面整理

接种后封口，标记。关闭超净工作台电源后整理台面。

（5）培养

将接种后的培养物转至培养室或培养箱内培养。培养条件同上。

【注意事项】

（1）严格按照无菌操作要求，控制污染，注意检查培养物是否被污染，如被污染需要及时清理。

（2）当芽苗不易生根时，可将培养基中的琼脂粉替换成较软的植物凝胶；还可加入一定量的活性炭，以促进生根，但活性炭的浓度要适宜，不宜过高。

（3）选择适宜的生长素种类，大多使用 IBA，把握好生长素的浓度。

（4）芽苗生根时，若茎的基部有愈伤组织，需要将愈伤组织全部切除，以便新产生的不定根与茎部输导组织相通。

（5）生根培养时，若培养瓶内芽苗的叶片易发黄脱落，则表明培养瓶中幼苗产生的乙烯浓度积累较高，培养瓶的通气性较差。可更换通气装置或封口材料，改善通气条件，不仅能避免乙烯的积累，而且能降低瓶内湿度，避免出现玻璃化现象。

（6）若芽苗生根较困难，则可更换培养基后延长生根培养的时间；若芽苗生根很困难或几乎不长根，可考虑嫁接的方式，提高存活率。

（7）芽苗生根时，培养基中可添加适宜浓度的多效唑（MET）等植物生长延缓剂，抑制幼苗过快生长，使幼苗矮化，促进生根，增强试管苗的抗性，有利于提高后期移栽的成活率；但浓度不宜过高，否则会严重抑制幼苗生长，反而给移栽带来困难。

【结果与分析】

（1）芽苗培养 2～3 周后，观察芽苗生根的情况，并做好数据统计。

不定根的分化率＝（产生不定根的外植体数量/接种外植体的总数）×100％

接种日期	外植体总数	不定根的分化率	不定根的平均数量	根的平均长度

（2）若芽苗生根较少，请分析主要原因。

【作业】

(1) 如何进行芽苗生根培养？
(2) 芽苗生根时需要注意哪些方面？
(3) 芽苗生根时对培养基有哪些要求？
(4) 试分析影响芽苗生根的主要因素。

实验 14　试管苗的驯化移栽

【实验目的】

(1) 熟悉试管苗的特征。
(2) 掌握试管苗的驯化移栽技术及田间管理。
(3) 熟悉试管苗驯化移栽的注意事项。

【实验原理】

　　试管苗在培养基中进行培养诱导成苗，其生长环境不同于外界环境，如：试管苗所在容器为无菌状态；密闭性好，培养容器中达到 100％ 高湿度，远远大于空气中的湿度；此外，试管苗在适宜的温度下利用培养基中丰富的营养物质快速生长，导致试管苗有别于自然条件下生长的幼苗。其特点主要包括：试管苗吸收培养基中的营养物质，基本处于异养状态，光合作用能力极低；叶片的角质层或蜡质层不发达或无，没有表皮毛或仅有较少的表皮毛，甚至叶片上出现水孔；气孔开口大，气孔功能不健全；根系不发达，吸收功能较差；对环境的适应能力较差。因此，试管苗不能适应外界自然环境条件，移栽前需要逐渐适应外界环境条件，否则，易快速、过多地散失水分而死去，导致移栽存活率低下。

　　试管苗移栽前需增强试管苗的光照强度以提高其光合作用的能力，并打开瓶口，逐渐降低容器中的湿度，使试管苗在生理、形态和组织上发生相应的变化，由异养向自养转变，使幼苗生长更加健壮，逐渐适应外界环境，以提高试管苗移栽后的成活率，该过程称为炼苗或驯化。炼苗时应循序渐进地控制好环境中的温度、湿度和光照，如开始数天内，炼苗环境应与培养时的环境条件相似，炼苗后期则要与移栽环境条件相似。炼苗后再将幼苗移栽到疏松透气的基质中，提高湿度，适当降低温度及光照，必要时可遮阴，以避免试管苗过多散失水分，逐渐降低湿度。待幼苗正常适应外界环境后，便可进行正常的田间管理。

【仪器、用具及试剂】

(1) 仪器：人工气候培养箱、加湿器、温度计等。

（2）用具：营养土或泥炭土、珍珠岩、蛭石、钵、喷壶、塑料薄膜、托盘、水盆、镊子、剪刀等。

（3）试剂：高锰酸钾、百菌清、福尔马林或硫酸铜。

【实验材料】

已培养的试管苗。

【实验场地】

温室或驯化室。

【实验方法】

1. 炼苗或驯化

（1）将培养物转移至驯化室或温室内，置于适宜光照下进行光照适应性锻炼，可根据植物材料的不同需求进行遮阴。

（2）将试管苗的瓶口解开，锻炼 1～2 d，再将培养瓶或三角瓶瓶口打开 1/3 处，2 d 后再逐渐打开瓶口，逐渐降低湿度，使培养材料适应外界环境，锻炼 3～5 d 后将瓶口完全打开。开口的程度以试管苗的叶片是否出现萎蔫为判断标准。观察幼苗的生长情况，若幼苗叶片颜色加深、叶片变厚、茎部增粗、根系延长并由黄白色转变为黄褐色，表示炼苗结束，一般时间为 1 周左右。

2. 移栽

（1）移栽前准备

①配制基质

取珍珠岩、蛭石和营养土（或泥炭土），将其按 1∶1∶0.5 的比例配制及混匀。将混匀后的基质置于高压蒸汽灭菌锅中灭菌杀死微生物，0.1 MPa、121 ℃下维持 20～30 min 灭菌处理，冷却；或采用福尔马林熏蒸消毒法，即用 5% 福尔马林或 0.3% 的硫酸铜溶液倒入基质上，然后用塑料薄膜覆盖 1 周后揭开，翻动基质使气味挥发。

②装盘

将准备好的基质装入育苗容器如育苗盘或育苗钵中，装至容器容量的 95%。底盘倒入水，使容器内的基质充分吸收水分，待表层基质浸湿后备用。

③其他设施

调整好温室内的温度、湿度，备好防虫、遮阳网和加湿器等设施。

（2）试管苗处理

将驯化后的试管苗转移至温室中，用手或镊子将幼苗从培养瓶或三角瓶中小心取出。若试管苗叶大且比较幼嫩，瓶口又小时，可用手将所有叶片抓住再缓慢地倾斜容器，待容器倾斜至平放时再小心取出幼苗，一般幼苗会连同培养基一起取出。注意：取试管苗时需掌握方法，以避免用力较大对试管苗叶片、茎或根的损伤。若培养基太干，可加入适量水把培养基泡软后再取幼苗。若试管苗扎入培养基中的不定根较多，为避免根部损伤，可先用镊子将培养基捣碎，再取幼苗。

将取出后的幼苗置于 25 ℃左右的温水中，在水中用手将根部的培养基轻轻地捏碎，清洗干净根部培养基，避免外力撕扯损坏根部。剪去发黄、老的或多余的叶片，减少叶片的蒸腾面积。

(3) 试管苗移栽

①移栽

用镊子在基质中心位置插个孔，将幼苗放入孔中，根系自然舒展，深度以叶片不接触基质为宜。用基质将根部的空隙处填上，将根部周围的基质按压下，以便根部与基质相接触，有利于根部吸收水分。移栽后轻浇薄水或喷雾洒水，以免将幼苗根部冲洗出来，一般每穴或每钵种植一株幼苗，再做好标记。若植株根系不发达或移栽后不易存活，可在移栽前将小苗的根部浸入 0.05 mg/L 吲哚丁酸数秒。若芽苗无根，可选择嫁接移栽。移栽时注意控制好湿度和温度，避免试管苗过多散失水分而死去。

②移栽后管理

移栽后需控制好温室内的环境条件，注意湿度要加大，刚移栽的幼苗湿度需达到 90%左右，可用加覆塑料薄膜、经常喷雾的方法维持湿度，保持薄膜上挂有水珠，使幼苗始终处于挺拔的状态。3 d 后便可逐渐降低湿度，降低湿度的程度根据幼苗叶片是否萎蔫判定。湿度较大或浇水过多时注意培养基质的排水顺畅，避免积水。温度过高导致蒸腾作用加强，水分失衡，微生物滋生等；温度过低则使幼苗生长迟缓或不易存活。温度设定可稍低于适宜温度，则有利于生根和促进根系发育，提高存活率。移栽初期光照强度应较弱，经过一段时间适应后，增加光照强度，如可将光强从 1 500 lx 增加到 4 000 lx。当移栽 7 d 后，观察到幼苗有生长的趋势，可减少喷水次数，逐渐打开塑料薄膜通风。约 15 d 后或待幼苗长出新叶时，根部也能长出新根，表明幼苗已适应外界环境，此时，可揭去塑料薄膜，湿度略高于室外湿度即可。1 周后便可按照正常田间管理。

③田间管理

刚移栽后的田间管理很重要，主要围绕着温室内湿度、温度和防霉及水分、养分的供应等方面。正常田间管理时应注意排水良好，避免出现积水。因试管苗原来的环境为无菌的，驯化移栽后处于高湿度的环境中很难保持完全无菌。若出现微生物的滋生时，可适当喷洒一定浓度的杀菌剂如多菌灵、高锰酸钾等，防止菌类滋生，有效保护移栽小植株的正常生长。幼苗自然条件下生长 2 周后，应适量地进行追肥，首次施肥时需要注意浓度和用量，可按照一定配比的稀磷酸二氢钾和尿素或 1/4 大量元素混合液追肥。此外，苗期管理还要注意病虫害的预防。

【注意事项】

(1) 驯化时，若湿度降低过快，光照强度太大，则会使试管苗叶片出现萎蔫甚至整株死亡。

（2）驯化的时间要把握好，时间不宜较长，避免培养基滋生大量微生物。

（3）移栽幼苗不宜过小，一般选择的幼苗根系发达、长度为 1.5～2 cm，叶片数量为 3 片以上，苗高为 3 cm 以上。

（4）从容器中取出幼苗时，最好将容器倾斜或平放，不可竖直着取幼苗，以免在培养基重力的作用下，损伤幼苗根或茎部。当幼苗根部易损伤时，可用镊子将培养基捣碎后再取幼苗。

（5）幼苗根部的培养基要清理干净，以免残留的培养基降低根部与基质的接触面积而降低根部吸水，甚至培养基滋生微生物导致根部腐烂。

（6）适合移栽的基质要具备透气性、保湿性和一定的肥力，容易灭菌处理，最好不易于杂菌滋生等特点，一般选用珍珠岩、蛭石、营养土、泥炭土或沙子等。

（7）基质按一定比例混合后可高压蒸汽灭菌后再使用，灭菌时应避免基质残留在高压蒸汽灭菌锅锅体中。

（8）移栽后要常观察幼苗叶片情况，及时调整湿度。

【结果与分析】

（1）移栽前观察试管苗的形态特征，描述移栽后生长一个阶段后幼苗的形态特征。

（2）统计幼苗的移栽成活率。

（3）若实验失败，请分析原因。

【作业】

（1）试管苗有哪些特点？

（2）试管苗移栽前为何要驯化？

（3）试管苗移栽时，为何要将幼苗根部的培养基除去？

（4）简述试管苗的驯化过程及注意事项。

（5）简述试管苗的移栽过程及注意事项。

第三部分

植物器官培养

实验 1　三七块根的培养

【实验目的】

(1) 了解根培养的意义。

(2) 掌握三七块根的消毒、接种及培养方法。

(3) 观察根培养过程中的器官分化。

【实验原理】

一般在自然情况下,植物根是植物吸收养分和固定于土壤中的重要器官。但有些植物的根也具有繁殖功能,比如甘薯、萝卜、胡萝卜、天竺葵、郁金香、蔷薇等。植物根具有生长快、代谢能力强、变异小等特点,能够根据研究需要,通过离体培养调整培养基的成分来研究根的营养吸收、生长和代谢的变化规律。因此,离体根的培养不仅可用于根系生理代谢、器官分化和形态建成等方面的研究,还能对根细胞培养物进行诱变处理,筛选突变体,用于植物育种。此外,有些植物的根还为贮藏器官,其根部积累大量的营养物质甚至具有较高的药用价值,例如:人参、手掌参、何首乌、甘草、三七等。有些药用成分只在根中合成或者在根部含量高。常规的药物生产方式可直接用植物的根部提取成分,但需求量较大,需要大面积种植,不仅受季节和生长环境的限制,而且需要投入大量的人力和物力,增加生产成本。而有些不易繁殖或繁殖率低的药用植物很难满足于大规模生产。目前,生产上已逐渐开始转变,采用植物组织培养技术建立快速生长的根无性系繁殖或根细胞无性系增殖的方式来提取和生产药用成分。

三七,为五加科人参属植物,是我国传统的名贵药材之一。根部入药,具有滋补强壮、止血、活血化瘀、消肿止痛、抗肝炎、降压、降血脂、降血糖和抗衰老等多方面的药理作用。但三七生态适应性差、地理分布窄、生长周期长,且种子寿命极短,给新品种的选育及大量繁殖带来了困难。因此,三七的植物组织培养具有重要的意义:一方面它能在人为控制条件下大量繁殖细胞,在短期内生产次级代谢产物皂苷;另一方面能为三七的快速繁殖、种质保存和生物技术育种提供技术支持。通过本实验使学生认识到植物组织培养与次级代谢产物的生产之间的联系。

【仪器、用具及试剂】

(1) 仪器:超净工作台、高压蒸汽灭菌锅、电子分析天平、培养箱、恒温振荡培养箱等。

(2) 用具:接种盘、滤纸、枪型镊子、手术刀、无菌消毒瓶、培养瓶、三角瓶或培养皿、酒精灯、烧杯、量筒、容量瓶、玻璃棒、pH试纸、移液管、搁置架、记号笔、75%酒精棉球缸、刮皮刀等。

(3) 试剂:MS培养基母液或MS培养基粉末、蔗糖、琼脂粉、2%次氯酸钠溶液、75%酒精溶液、氢氧化钠、盐酸、6-BA、2,4-D、KT等。

【实验材料】

新鲜三七块根。

【实验方法】

1) 培养基配制及物品准备

(1) 配制诱导培养基

愈伤组织诱导培养基:MS+30 g/L蔗糖+8 g/L琼脂+1 mg/L KT+1mg/L 2,4-D+1 mg/L IAA,pH 5.8;液体培养基:MS+30 g/L蔗糖+0.05 mg/L KT+1mg/L 2,4-D,pH 5.8;根无性系繁殖培养基:MS+30 g/L蔗糖+1 mg/L IBA+0.2 mg/L NAA+0.7%琼脂粉;pH 5.8;无性系繁殖液体培养基:MS+30 g/L蔗糖+1 mg/L IBA,pH 5.8;芽分化培养基:MS+30 g/L蔗糖+8 g/L琼脂粉+0.5 mg/L 2,4-D+1 mg/L NAA+1 mg/L 6-BA,pH 5.8。

培养基配制后经过高压蒸汽灭菌,分装于培养皿或三角瓶中。

(2) 其他物品的准备

对培养瓶、培养皿、消毒瓶、接种盘、滤纸、无菌水、接种工具等进行高压蒸汽灭菌,备用。

2) 取材及预处理

从土壤中深挖三七块根,抖掉根部多余的土壤,应注意避免根部损坏。选择幼嫩、健康、生长良好的三七块根,先置于自来水下将表面的土壤冲洗掉,再用洗涤剂和软毛刷仔细将根部刷洗干净,尤其是凹凸不平面及缝隙处。用流水冲洗1~3 h。用手术刀将根毛切除,先切成小段,再用刮皮刀将表皮去除,用无菌吸水纸吸去多余的水分。

3) 材料消毒和接种

(1) 实验前准备工作

将酒精灯、搁置架、75%酒精棉球缸和接种工具等物品放入超净工作台中。打开紫外

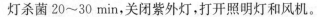

灯杀菌 20～30 min,关闭紫外灯,打开照明灯和风机。

(2) 材料消毒

双手消毒后,点燃酒精灯。在酒精灯火焰附近打开无菌消毒瓶,将预处理后的三七根段放入无菌消毒瓶中,注意植物材料不可接触瓶口。加入 75％酒精溶液浸没根段,消毒 10～20 s,用无菌水漂洗 3 次;再用 2％次氯酸钠溶液消毒 15 min,或用 0.1％氯化汞消毒 15 min,用无菌水清洗 4～5 次。整个操作过程均需在火焰附近处。消毒后,瓶口、瓶盖在火焰上旋转灼烧灭菌,盖上瓶盖。

(3) 接种

取无菌滤纸置于接种盘上,用镊子将材料放于滤纸上。用镊子和手术刀将材料切成小块或小段,接种于诱导愈伤组织培养基表面即可。

4) 愈伤组织的诱导及观察

将培养物置于 25～26 ℃培养箱中,黑暗培养。培养 3～5 周后,可观察到伤口处产生愈伤组织,细胞团紧密,颜色为浅土黄色,也有部分细胞团为无色或半透明状。观察愈伤组织的形态特征,统计外植体的诱导情况和污染率。

5) 细胞悬浮培养

配制液体培养基 MS＋30 g/L 蔗糖＋0.05 mg/L KT＋1 mg/L 2,4 - D,pH 5.8。分装 50 mL 培养基于 250 mL 三角瓶中。将生长良好、较疏松、易于分散的愈伤组织接种到上述液体培养基中,接种密度为 80 g/L(鲜重质量)。置于 125 r/min 、25 ℃恒温振荡培养箱中振荡培养。每 20～30 d 继代培养 1 次,用 400 目不锈钢筛网过滤,收集细胞后再转入新鲜培养基中进行振荡培养。多次继代培养以保持细胞增殖,再将培养物过滤并在 50 ℃ 条件下烘干至恒重,粉碎后用于皂苷的提取和检测。

6) 根的无性系繁殖

将诱导出的愈伤组织接种于固体培养基 MS ＋30 g/L 蔗糖＋1 mg/L IBA＋0.2 mg/L NAA＋0.7％琼脂粉,pH 5.8。25 ℃条件下、黑暗培养 3～5 周后不定根形成。筛选出生长较好的不定根,并切割下来,接种于无性系繁殖液体培养基 MS＋30 g/L 蔗糖＋1 mg/L IBA,pH 5.8 中。置于 100～125 r/min 、25 ℃恒温摇床上振荡培养,培养周期为 3～4 周。

7) 再分化培养诱导成完整植株

用手术刀和镊子将愈伤组织块切割下来,再接种至芽诱导固体培养基 MS＋30 g/L 蔗糖＋8 g/L 琼脂粉＋0.5 mg/L 2,4 - D＋1 mg/L NAA＋1 mg/L 6 - BA,pH 5.8。 25～26 ℃条件下暗培养,先分化出芽,之后不用诱导生根,可自然长出根。观察并统计芽的分化率及再生植株诱导率。

【注意事项】

(1) 取材后,需要仔细清洗干净块根表面的土壤,以降低污染,如植物材料不易消毒彻底,可在培养基中加入一定浓度的抗菌剂,抑制杂菌的生长。

(2) 切割材料时,尽量使外植体材料大小一致,以便后期观察。

(3) 液体培养时,注意接种密度。

【结果与分析】

(1) 统计外植体愈伤组织的诱导率,观察愈伤组织形态特征。

(2) 根的无性系繁殖时,统计其增殖率。

(3) 统计不定芽诱导率和根的诱导率。

(4) 若实验结果不理想,请分析实验中存在的问题。

【作业】

(1) 根培养具有哪些意义?

(2) 如何进行根系培养? 简述其操作过程。

(3) 简述根部细胞的悬浮培养过程。

(4) 利用植物组织培养技术,如何进行根的无性系繁殖?

(5) 试论述根培养与次级代谢产物生产之间的联系。

实验 2　胡萝卜块根的培养

【实验目的】

(1) 掌握胡萝卜块根的消毒、接种及培养方法。

(2) 进一步掌握无菌操作技术。

(3) 观察胡萝卜愈伤组织的形成过程。

(4) 学会愈伤组织形态特征的观察。

【实验原理】

胡萝卜块根作为外植体诱导愈伤组织是一个经典实验,且易取材、易培养,是教学实验的理想材料。将胡萝卜块根作为外植体材料,块根消毒后,将根部分生能力最强的形成层组织切割成小块,并接种到诱导培养基上进行离体培养,离体组织和细胞经过脱分化便可形成愈伤组织。由于肉质根在培养初期反应较慢,还可采用胡萝卜无菌苗的茎段或根段为外植体材料进行诱导,通过愈伤组织诱导获得完整的植株。

【仪器、用具及试剂】

(1) 仪器:超净工作台、高压蒸汽灭菌锅、电子分析天平、恒温振荡培养箱等。

(2) 用具:接种盘、滤纸、枪型镊子、打孔器、手术刀、无菌消毒瓶、培养瓶或培养皿、酒精灯、烧杯、量筒、容量瓶、玻璃棒、pH 试纸、移液管、搁置架、记号笔、75％酒精棉球缸、刮皮刀等。

（3）试剂：MS 培养基母液或 MS 培养基粉、蔗糖、琼脂粉、10％过氧化氢、次氯酸钠、75％酒精溶液、氢氧化钠、盐酸、6 - BA、2,4 - D、NAA 等。

【实验材料】

新鲜胡萝卜块根。

【实验方法】

1）培养基配制及物品准备

（1）配制诱导培养基

诱导愈伤组织的培养基配方：MS＋2 mg/L 2,4 - D＋0.4 mg/L 6 - BA ＋0.2 mg/L KT ＋3％蔗糖＋0.7％琼脂粉，pH 5.8。

分化芽的培养基配方：MS＋1 mg/L 6 - BA＋0.1 mg/L NAA ＋3％蔗糖＋0.7％琼脂粉，pH 5.8。

诱导生根的培养基配方：1/2 MS＋0.5 mg/L NAA＋2％蔗糖＋0.7％琼脂粉，pH 5.8。

分别配制以上固体培养基，分装于培养皿或培养瓶中，凝固后封口，置于常温下备用。

（2）其他物品的准备

将培养瓶、培养皿、消毒瓶、接种盘及滤纸、无菌水、打孔器、玻璃棒、接种工具等进行高压蒸汽灭菌，备用。

2）胡萝卜取材及预处理

将市场上购买的新鲜胡萝卜带入实验室。用试管刷和洗涤剂将胡萝卜根部清洗干净，再用自来水冲洗干净，将表面多余的水分擦干。再用削皮刀除去表皮 1～2 mm，横切成 4～5 cm 厚的小段。

3）胡萝卜消毒和接种

（1）实验前准备工作

将酒精灯、搁置架、75％酒精棉球缸等放入超净工作台中的适宜位置，打开紫外灯杀菌 20～30 min，关闭紫外灯，打开照明灯和风机。将灭菌后的接种工具转至超净工作台中。双手消毒后，点燃酒精灯。

（2）胡萝卜消毒

将消毒剂、消毒瓶、无菌水等瓶体外壁用 75％酒精棉球擦拭后转移至超净工作台。将切成块的胡萝卜块根转移至超净工作台中。双手消毒后，在酒精灯火焰附近将块根放入无菌瓶中，放入时避免与瓶口接触，不宜放入过多材料，以免影响消毒效果。倒入 75％酒精溶液，处理 60 s 后用无菌水冲洗 1 遍，再用 20％（体积比）次氯酸钠溶液浸泡 25～30 min，或缩短 20％次氯酸钠溶液消毒时间，消毒 10 min 后用酒精灯灼烧 12 s，用无菌水冲洗 3 次。或加入 0.1%氯化汞消毒 20 min,用无菌水冲洗 3~5 次,在火焰上旋转瓶口、瓶盖数秒后盖上瓶盖。

(3) 接种

胡萝卜的块根由外向内依次分为皮层、形成层和中轴三部分。在切片消毒之前首先去除皮层的最外层,以减少胡萝卜根部的带菌率。形成层的分生能力最强,是产生愈伤组织的主要部分,因此在切片时应使每一个切片都带有形成层的组织和细胞。

将接种工具置于火焰上灼烧灭菌,冷却后备用。用镊子将胡萝卜块平放于接种盘的无菌滤纸上。用镊子固定胡萝卜块,再用灭菌后的打孔器垂直打孔,每个孔应打在靠近维管形成层的区域,务必打穿组织,舍弃里面的木质部和髓部。然后从组织片中抽出打孔器,用灭菌后的玻璃棒轻轻将圆柱体从打孔器中推出,放到无菌滤纸的接种盘中。重复打孔步骤,直至制备足够数量的组织圆柱体。或用手术刀从正中间竖直切割为 2 块,再切掉皮层和中轴部分,留下形成层,将其切割成厚度约为 0.5 cm 的小块。

用镊子取出 1~2 个胡萝卜圆柱体,放入无菌接种盘中,用手术刀切除圆柱体两端各 2 mm 长的组织。将剩下的圆柱体切成厚约 2 mm 的小圆片。在整个切割操作中要多次用火焰灼烧灭菌接种工具镊子和手术刀,冷却后再使用。

用镊子将圆片或小块转到无菌的滤纸上,将材料上多余的水分吸干,并立即接种到培养基表面,每皿接种 5~6 块外植体材料。接种后置于火焰处旋转培养皿 1 圈,封口,标记。

4) 愈伤组织的诱导及观察

将培养物置于 25 ℃条件下培养。可将一部分放于光照强度为 2 000~3 000 lx,14 h 光照/10 h 黑暗的条件下培养,一部分放在黑暗中培养。比较光照培养和黑暗培养对诱导愈伤组织的影响。培养 3 d 后观察污染情况,14 d 后观察愈伤组织的诱导情况,统计愈伤组织的诱导率及愈伤组织的形态特征即颜色、质地和大小等。3~4 周后再更换 1 次培养基。

5) 愈伤组织的分化培养

培养一段时间后,挑选色泽淡黄、松散、生长旺盛的愈伤组织接种于分化培养基上,于光照强度为 2 000~3 000 lx、光周期为 14 h 光照/10 h 黑暗、温度为 25 ℃的条件下进行培养。30 d 后,愈伤组织诱导产生不定芽,观察及统计愈伤组织的分化率、不定芽的生长状况。

6) 不定芽的生根培养

用镊子将带有不定芽的愈伤组织转至铺有湿润滤纸的接种盘中。用手术刀将分化出的不定芽从愈伤组织上切割下来,用镊子将不定芽的基部插入生根培养基中。没有长出不定芽的愈伤组织再转接至分化培养基中继续培养。

将转接后的培养物置于温度为 25 ℃、光照强度为 2 000~3 000 lx、光周期为 14 h 光照/10 h 黑暗条件下。培养一段时间后,观察及统计不定芽的生根情况。

【注意事项】

(1) 胡萝卜块根消毒时需要严格遵守无菌操作技术,以免操作不当引起污染。

(2) 胡萝卜材料切割时,需要准确切取块根的形成层组织,否则将会影响愈伤组织的诱导率。

(3) 若胡萝卜块根消毒不彻底,易污染时,可采用胡萝卜种子制备无菌苗,用无菌苗材料建立初代培养体系。种子催芽获得无菌苗的过程:用自来水清洗 5 遍种子,室温下浸泡 3 h。将种子经 75％乙醇消毒 2 遍,用无菌水冲洗 2～3 次;先用 20％次氯酸钠溶液冲洗 1 次,再用 20％次氯酸钠溶液浸泡 40～45 min 进行消毒,用无菌水冲洗 3～5 遍。用无菌滤纸吸去多余水分,接种于基本固体培养基 1/2 MS 表面,黑暗或弱光下 25 ℃培养 7～10 d,便可获得无菌苗,可采用无菌苗为材料获得胡萝卜再生植株。

【结果与分析】

(1) 观察和记录胡萝卜接种后的变化情况,统计污染率及愈伤组织诱导率。
(2) 利用解剖镜观察愈伤组织的外部形态特征并拍照,描述愈伤组织的形态特征。
(3) 若初代培养建立失败,未诱导出愈伤组织或出现污染情况时,请分析原因。
(4) 统计不定芽和不定根的诱导情况。

【作业】

(1) 培养胡萝卜块根时,为什么取形成层组织进行诱导?
(2) 试论述胡萝卜块根组织培养的意义。

实验 3　苜蓿胚轴的培养

【实验目的】

(1) 掌握苜蓿种子消毒的方法及无菌苗的培养。
(2) 掌握以下胚轴为实验材料获得再生植株的培养体系的方法。
(3) 进一步掌握无菌操作技术。

【实验原理】

苜蓿为豆科苜蓿属多年生宿根草本植物,其营养价值高,蛋白质占其干重的 15％～22％,易于消化吸收,是世界上栽培最早、分布广泛的绿色优质牧草,被誉为"牧草之王"。苜蓿不仅可作为牧草种植,还具有抗寒抗旱、耐瘠薄、防风固沙及改善土壤养分等作用。然而,苜蓿属于典型的异花授粉植物,自交结实率极低,通常为 1％～3％,通过常规杂交育种方法进行品质改良难以实现。随着植物基因工程的发展,逐渐走向利用分子手段对苜蓿进行遗传改良。早在 1972 年,桑德斯(Saunders)和宾汉姆(Bingham)利用苜蓿的花药、子房和子叶的愈伤组织再分化获得完整的植株,标志着苜蓿组织培养研究的开始。

1981年杨燮荣在国内首次利用紫花苜蓿叶片、叶柄和茎段为外植体诱导出愈伤组织,并成功分化出苗。随着苜蓿组织培养技术的发展,借助于植物组织培养和现代生物技术,不仅可以克服苜蓿种子产量低的困难,而且能够将优质、高产、抗病虫害、耐盐碱等相关基因导入苜蓿,培育适合在不同生态环境下种植的品种。因此,高效的苜蓿再生体系的建立为改良品种奠定了基础。

【仪器、用具及试剂】

(1) 仪器:超净工作台、高压蒸汽灭菌锅、电子分析天平和光照培养箱等。

(2) 用具:接种盘、滤纸、解剖刀、枪型镊子、剪刀、酒精灯、无菌消毒瓶、培养皿、培养瓶、烧杯、量筒、移液管、1 L三角瓶、封口膜、pH试纸或pH计、搁置架、酒精棉球缸、脱脂棉等。

(3) 试剂:MS培养基母液、无菌水、0.1%氯化汞溶液、75%乙醇溶液、20%次氯酸钠溶液、2,4-D、6-BA、KT、NAA、IBA、盐酸、氢氧化钠、蔗糖、水解酪蛋白、肌醇、琼脂粉等。

(4) 培养基配方

①无菌苗培育的培养基:1/2 MS+ 1.5%蔗糖+0.7%琼脂粉,pH 5.8。

②愈伤组织诱导培养基:MS+ 2 mg/L 2,4-D+ 0.25 mg/L KT+ 3%蔗糖+0.8%琼脂粉,pH 5.8或MS + 0.5 mg/L 6-BA+2.5 mg/L 2,4-D+ 3%蔗糖+0.8%琼脂粉,pH 5.8。

③不定芽诱导培养基:MS + 0.1 mg/L NAA+ 0.5 mg/L KT+250 mg/L 水解酪蛋白+100 mg/L 肌醇+ 3%蔗糖+0.8%琼脂粉,pH 5.8或MS + 0.5 mg/L KT+ 0.01 mg/L NAA+250 mg/L 水解酪蛋白+100 mg/L 肌醇+ 3%蔗糖+0.8%琼脂粉,pH 5.8。

④诱导生根培养基:1/2 MS+ 0.5~1 mg/L IBA+1.5%蔗糖+0.8%琼脂粉,pH 5.8。

【实验材料】

5~7 d苗龄苜蓿无菌苗的下胚轴为植物材料。

【实验方法】

(一) 无菌苗的培育

1) 配制培育无菌苗的固体培养基

配制固体培养基(1/2 MS+ 1.5%蔗糖+0.7%琼脂粉,pH 5.8),分装于三角瓶或培养瓶中,与接种盘、接种工具、消毒瓶等物品一起经过高压蒸汽灭菌,备用。

2) 准备工作

清理超净工作台台面后,将所需物品(酒精灯、废液缸、搁置架、无菌水、消毒瓶、消毒剂、接种工具等)放入超净工作台中。打开紫外灯杀菌20~30 min,关闭紫外灯,打开照明灯和风机。

3）种子消毒

挑选粒大、饱满、有光泽的苜蓿种子，置于干燥、洁净的 100 mL 小烧杯或三角瓶中，将种子转入超净工作台中。双手消毒后，点燃酒精灯。将种子倒入无菌的消毒瓶中，加入 75%酒精浸泡 50~60 s，无菌水漂洗 1~2 次；再加入 0.1‰氯化汞溶液，处理 10 min；或 75%酒精浸泡 50~60 s，20%次氯酸钠溶液处理 20 min，用无菌水冲洗 4~5 次。种子消毒时，不断摇晃消毒瓶或振荡瓶体，使沉到瓶底的种子与消毒剂溶液充分接触，倒出废液时应避免种子残留在瓶口处。

4）接种

用无菌镊子夹取已消毒的种子，置于铺有 2~3 层无菌滤纸的接种盘中，用镊子轻轻地拨开种子，以便滤纸能吸干种子表面多余的水分。用镊子将种子接种在无菌苗培育的固体培养基上。封口后，标记。若种子过小，不便夹取，可采用接种铲或接种勺代替镊子。

5）培养

将接种后的培养物置于培养室或培养箱中，培养条件为：温度 25 ℃，黑暗培养 5~7 d。种子接种后第 2 d 开始萌动，5 d 苗高 5~6 cm。观察幼苗的生长状况且统计发芽率及污染率。

（二）愈伤组织的诱导

1）配制愈伤组织诱导培养基

配制愈伤组织诱导培养基 MS + 2 mg/L 2,4 - D+ 0.25 mg/L KT+ 3%蔗糖+ 0.8%琼脂粉，pH 5.8 或 MS + 0.5 mg/L 6 - BA+2.5 mg/L 2,4 - D+ 3%蔗糖+0.8% 琼脂粉，pH 5.8。经高压蒸汽灭菌后，分装于培养皿中。

2）准备工作

将所需物品(酒精灯、搁置架、接种盘、接种工具等)放入超净工作台中。打开紫外灯杀菌 20~30 min，关闭紫外灯，打开照明灯和风机。

将培养物移出培养室，仔细检查培养物是否出现污染。若存在污染现象，应淘汰掉，将无污染的培养物转至接种室，用 75%酒精棉球擦拭瓶体后转至超净工作台中，备用。

3）切割材料与接种

双手消毒后，点燃酒精灯。用镊子取出培养 5~7 d 苗龄的无菌苗，置于铺有湿润滤纸的接种盘中，以防止幼苗长时间暴露在空气中过度脱水。用镊子和手术刀将下胚轴截取成 1 cm 的长段，接种于愈伤组织诱导培养基上，每皿接种 10 个材料。接种后封口，标记。

4）培养

将接种后的材料置于培养室中，培养条件为：温度 25 ℃，光照 16 h/黑暗 8 h，光照强度为 2 000~3 000 lx。下胚轴接种 2 d 后伤口部位开始膨大，3~4 d 后可见愈伤组织，12 d 左右呈现愈伤组织团。观察愈伤组织的生长状况及形态特征，统计初始出愈的天数、出愈率及污染率。28 d 继代培养 1 次，可将愈伤组织继代培养 1~2 次。

（三）不定芽的诱导

1）配制不定芽诱导培养基

配制固体培养基 MS+ 0.1 mg/L NAA+ 0.5 mg/L KT+250 mg/L 水解酪蛋白+

100 mg/L 肌醇＋ 3％蔗糖＋0.8％琼脂粉,pH 5.8(或 MS ＋ 0.5 mg/L KT＋ 0.01 mg/L NAA＋250 mg/L 水解酪蛋白＋肌醇 100 mg/L ＋ 3％蔗糖＋0.8％琼脂粉,pH 5.8),经高压蒸汽灭菌后分装于培养瓶中。

2) 准备工作

将所需物品放入超净工作台中。打开紫外灯杀菌 20～30 min,关闭紫外灯,打开照明灯和风机。将无污染的愈伤组织转至接种室,用 75％酒精棉球擦拭瓶体后转至超净工作台中,备用。

3) 接种

双手消毒后,点燃酒精灯。挑选出组织结构致密的淡黄色愈伤组织。用镊子将每块愈伤组织接种于已制备的不定芽诱导培养基上,每皿均匀接种 10 块愈伤组织。接种后封口,标记。

4) 培养

将接种后的培养物置于培养室中,培养条件设为温度25 ℃,16 h 光照/8 h 黑暗,光照强度为 2 000～3 000 lx。培养 20 d 后愈伤组织上出现绿色芽点,27 d 后分化出芽,继代培养 1～2 次。观察不定芽的生长状况,统计芽分化率及污染率。

(四) 不定根的诱导

1) 配制不定根诱导培养基

配制固体生根培养基 1/2 MS＋ 0.5～1 mg/L IBA＋ 1.5％蔗糖＋0.8％琼脂粉,pH 5.8,经高压蒸汽灭菌后分装于培养瓶中。

2) 准备工作

将所需物品放入超净工作台中。打开紫外灯杀菌 20～30 min,关闭紫外灯,打开照明灯和风机。将无污染的培养物转至超净工作台中,备用。

3) 接种

双手消毒后,点燃酒精灯。用镊子将培养物转移至无菌滤纸上,用镊子、手术刀将愈伤组织上的不定芽切取下来,将 3～4 cm 高度的不定芽插入生根培养基中,每瓶接种 5～6 个苗。接种后封口,标记。

4) 培养

将接种后的培养物置于培养室中培养。培养 20 d 后观察不定根的生长状况,统计不定根的分化率。

(五) 驯化移栽

将再生植株驯化后,移栽至装有基质的钵中,放至温室内培养,移栽后注意湿度和温度,待幼苗长出新叶后可以降低湿度,正常管理。

【注意事项】

(1) 种子消毒时,需要严格把控消毒时间。

(2) 每次转接前,需要仔细检查培养物是否出现污染,一旦污染,应立即淘汰。

(3) 诱导不定芽时,应根据愈伤组织形态特征挑选具有分化潜力的愈伤组织进行诱导。

【结果与分析】

(1) 培养 3～7 d 无菌苗,统计萌发率、污染率。

(2) 下胚轴接种后,仔细观察愈伤组织的形态特征,统计愈伤组织的污染率、出愈率。

(3) 分化培养时,统计芽诱导率及生根率、不定芽苗高及根长。

(4) 试管苗移栽后,统计移栽成活率。

(5) 若实验失败,请分析原因。

【作业】

(1) 阐述苜蓿组织培养的过程。

(2) 试分析苜蓿胚轴培养过程中的注意事项。

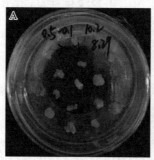

注:A. 苜蓿胚轴诱导的愈伤组织;B. 苜蓿再生植株。

图 3-1　苜蓿胚轴的离体培养

(图片由李榕提供)

实验4　柳树茎段的培养

【实验目的】

(1) 掌握柳树带芽茎段的取材方法。

(2) 熟练操作柳条茎段的预处理、消毒及接种方法。

(3) 进一步掌握无菌操作技术和培养方法。

(4) 观察带芽茎段的发育过程。

【实验原理】

柳树是杨柳科柳属落叶乔木或灌木,主要分布在地球的寒温带、温带和亚热带。柳树适应性强、生长迅速、繁殖容易、类型丰富,其抗性较强,较耐盐碱化土壤,对防风固沙、维持生态平衡起着很大的作用,具有较高的生态价值和经济价值。不仅可以对重金属污染、有机物污染、水体富营养化进行修复,还能用于土壤污染、水体污染、大气污染的生物修复,具有生物修复作用。此外,柳树形态优美,枝细长,顶生大圆锥花序,通常下垂,是良好的盆景和园林绿化材料。因此柳树在我国被广泛种植。

随着新时期林业发展对林木良种的需求变化以及先进的分子育种技术的发展,利用植物组织培养来生产种苗,不仅可以保持优良性状,缩短育种年限,实现快速繁殖,还可以避免环境对育种时间的限制,实现批量化、大规模生产。目前,柳树的离体培养研究已在茎尖、愈伤组织、叶培养、原生质体分离培养等方面取得了一些进展。

【仪器、用具及试剂】

(1) 仪器:超净工作台、高压蒸汽灭菌锅、电子分析天平、培养箱和灭菌器等。

(2) 用具:接种盘、消毒瓶、枪型镊子、搁置架、手术刀、酒精灯、培养瓶、烧杯、量筒、容量瓶、玻璃棒、pH 试纸、移液管和记号笔等。

(3) 试剂:MS 培养基母液、蔗糖、琼脂粉、75%酒精溶液、次氯酸钠、氯化汞、氢氧化钠、盐酸、6 - BA、NAA、KT 和 IBA 等。

【实验材料】

幼嫩的柳条带芽茎段。

【实验方法】

1) 配制培养基

芽诱导培养基:MS+1.0 mg/L 6 - BA+0.2 mg/L NAA+2%蔗糖+0.7%琼脂粉,pH 5.8。

芽增殖培养基:MS+ 3.0 mg/L KT +0.2 mg/L NAA +2%蔗糖+0.7%琼脂粉,pH 5.8。

生根培养基:1/2MS+0.5 mg/L IBA+1.5%蔗糖+0.7%琼脂粉,pH 5.8。

2) 茎段的取材及预处理

柳树茎段取材时,以春季生长旺盛、当年生的嫩稍为佳,尽量选择晴天早晨取材。可选取无病虫害、生长健壮、未木质化的嫩茎段,装入采样袋中,带回实验室。

对采集的未木质化或半木质化的柳条茎段进行修剪,剪去风干枝、老化枝条及木质化程度较高的部位,去除叶片(去除时应避免损伤腋芽),切割成带1~2个腋芽且长度适宜的茎段。将带腋芽茎段置于加入少量洗衣粉的清水中,用软毛刷刷洗干净,再用清水冲洗1~2 h,沥干水后放入洁净的小烧杯中。

3）初代培养物的建立

（1）消毒处理

①接种前，用75％酒精棉球擦拭超净工作台台面。打开紫外灯，照射20～30 min；关闭紫外灯，打开风机及照明灯。

②将预处理的植物材料转入超净工作台。用75％酒精棉球消毒双手，点燃酒精灯。

③将材料放入无菌消毒瓶中，用75％酒精溶液浸泡45～60 s，用无菌水冲洗1～2次；用25％次氯酸钠溶液浸泡20～30 min，用无菌水冲洗3次；或用75％酒精溶液处理30～60 s，用无菌水漂洗1～2次，用0.1％～0.2％氯化汞溶液消毒8～12 min，用无菌水冲洗3～5次。

（2）接种及培养

①将镊子及手术刀在火焰上灼烧后，放至搁置架上，冷却。将已消毒的材料转至无菌滤纸上，吸干多余水分。左手用镊子夹住材料，右手用手术刀切去茎段两端，将茎段剪成上端平切口、下端斜切口的1.5～3 cm长度，且每个茎段至少带一个腋芽。

②用镊子将截取的外植体材料垂直插入芽诱导培养基中，用火焰灼烧瓶口和瓶盖，盖上瓶盖。标明接种信息。

③将培养物置于培养温度为23±2 ℃，光照强度为2 000～3 000 lx，光照时间为12～14 h/d的条件下培养。培养2～3周后芽萌发，观察芽的分化情况。培养28 d后转至增殖培养基中。

4）增殖培养

将已诱导的培养物转至超净工作台中，用手术刀将已分化的嫩芽从茎部切下，插入芽增殖培养基中进行继代增殖培养。生长30 d后，统计观察平均每个腋芽分生丛生芽的增殖倍数。

5）诱导生根

当继代增殖培养中的丛生芽长至3～4 cm时，选取生长健壮的丛生芽，将丛生芽转至无菌滤纸上。用手术刀切割、分离出单芽，转接到生根培养基中，每瓶接种1株。转至光照条件下进行培养。

6）移栽

待幼苗高至3～4 cm、根长2～3 cm时进行移栽。移栽时，将幼苗转至具有微喷设施的温室中，先打开瓶盖，逐渐降低瓶内湿度，炼苗3～5 d。用镊子将组培苗从瓶内取出，洗净根部残留的固体培养基，栽植到灭菌后的混合营养土（营养土：珍珠岩＝3：1）基质中。温室内温度保持22～25 ℃。待新叶逐渐形成蜡质，产生表皮毛，降低气孔开度，逐渐恢复气孔功能，减少水分散失，长出新根，能适应室内环境后，便可进行日常的田间管理。

【注意事项】

（1）茎段消毒时，其切口处细胞易被消毒剂损伤（如氯化汞溶液），为了不影响后期培养效果，接种时应切除茎段两端，使其产生新的伤口。

（2）若已培养的幼苗被污染，则可将幼苗取出后浸泡在0.1％多菌灵溶液中，保持

1～2 h,以免移栽后微生物滋生。

【结果与分析】

(1) 带芽茎段诱导培养 28 d 后,观察植物材料的生长状况,统计芽的分化率。

芽的分化率=(长芽的茎段数量/接种茎段的总数)×100%

(2) 增殖培养 28 d 后,统计丛生芽的增殖率及增殖系数。

增殖率=(诱导出新芽的外植体数量/接种外植体的总数)×100%;

增殖系数=芽的总个数/接种芽的数量。

(3) 生根培养 25 d 后,统计不定根的诱导率。

不定根的诱导率=(长根的芽苗总数/接种芽苗的总数)×100%

(4) 移栽 14 d 后,统计移栽成活率。

移栽的成活率=(存活的植株数量/移栽的植株总数量)×100%

【作业】

(1) 请阐述带芽茎段组织培养的意义。

(2) 简述柳树茎段培养的过程。

实验 5　铁皮石斛茎段的培养

【实验目的】

(1) 熟练掌握铁皮石斛茎段的接种方法。

(2) 进一步掌握无菌操作技术和培养方法。

【实验原理】

铁皮石斛是兰科石斛属多年生草本附生植物,是我国传统的名贵中药材,其味甘、质重、黏性大,含有 17 种氨基酸、丰富的微量元素、石斛多糖、石斛碱、联苄类化合物等多种药用成分,有抑制肿瘤生长、延缓衰老、增强人体免疫力、降低血糖等诸多功效。

铁皮石斛生长在海拔 1 600 m 的山地半阴湿的岩石上,喜欢温暖、湿润的气候和半阴的环境,由于其对生长环境要求苛刻,自身的繁殖能力很低且生长缓慢等原因,野生铁皮石斛资源稀少,再加上因为其极高的药用、保健和经济价值,铁皮石斛市场需求量非常大,使得人为过度开发及生态环境的破坏越来越严重,最终导致野生铁皮石斛渐临灭绝。此外,铁皮石斛种子极小、无胚乳,自然条件下萌发率极低,且需要和真菌共生才能萌发,使得其有性繁殖受到了限制。通过组织培养技术,快速繁殖和规模化生产铁皮石斛来满足市场的需求已成为趋势。

近年来,有关铁皮石斛组织培养的研究主要包括:无菌播种,原球茎诱导、增殖与分化、茎段的诱导、丛生芽增殖培养及壮苗生根等。铁皮石斛茎段为外植体,诱导芽,再用芽增殖丛生芽,是铁皮石斛快速繁殖的有效途径,其优点包括:首先,成苗的长势较强,可以直接用于生根,缩短了培养的时间;其次,以茎段为外植体进行芽诱导增殖出来的植株,其遗传稳定性高,能较好地保持原有亲本植株的性状。常用于铁皮石斛芽诱导的生长素和细胞分裂素的种类分别为 NAA 和 6 - BA,两者组合使用;除此之外,常添加活性炭促进铁皮石斛芽和根的生长发育,不仅根粗壮,而且能使植株高且健壮,常用的活性炭浓度为0.1%~0.2%。培养基中添加适量的香蕉泥、土豆泥和椰子汁等有利于幼苗的生长,常用浓度为 10%。

【仪器、用具及试剂】

(1) 仪器:超净工作台、高压蒸汽灭菌锅、电子分析天平、培养箱、破壁机和加湿器等。

(2) 用具:接种盘、枪型镊子、搁置架、手术刀、剪刀、酒精灯、培养瓶、烧杯、量筒、容量瓶、玻璃棒、pH 试纸、移液管、记号笔等。

(3) 试剂:MS 培养基、1/2 MS 培养基、蔗糖、琼脂粉、75%乙醇、氢氧化钠、盐酸、6 - BA、NAA、活性炭、香蕉等。

【实验材料】

铁皮石斛无菌苗。

【实验方法】

1) 配制培养基

芽诱导培养基:MS +2 mg/L 6 - BA+0.5 mg/L NAA+3%蔗糖+1 g/L 活性炭+100 g/L 香蕉泥+0.7%琼脂粉,pH 5.8。

芽增殖培养基:MS +1 mg/L 6 - BA+0.5 mg/L NAA+3%蔗糖+1 g/L 活性炭+100 g/L 香蕉泥+0.7%琼脂粉,pH 5.8。

生根培养基:1/2 MS+0.5 mg/L NAA+3%蔗糖+2 g/L 活性炭+100 g/L 香蕉泥+0.7%琼脂粉,pH 5.8。

2) 茎段的接种及芽诱导培养

(1) 打开紫外灯,照射 20~30 min;关闭紫外灯,打开风机及照明灯。用 75%酒精棉球消毒双手,点燃酒精灯。将镊子及手术刀在火焰上灼烧后,放至搁置架上,冷却。

(2) 将铁皮石斛的无菌苗转至超净工作台中,用镊子取出无菌苗且转至无菌滤纸上。用镊子和剪刀剪去叶片,用手术刀切取带有节间的 1 cm 长度的茎段,且每个茎段至少带一个节间。将外植体材料平放至芽诱导培养基(MS +2 mg/L 6 - BA + 0.5 mg/L

NAA＋3％蔗糖＋1 g/L 活性炭＋100 g/L 香蕉泥＋0.7％琼脂粉,pH 5.8)表面。

(3) 将接种后培养物转至培养箱或培养室中进行培养,培养条件为:25±1 ℃、光照强度为 2 000～2 500 lx,光周期 14 d 光照/10 d 黑暗。接种后 1～2 周观察芽的诱导情况。

3) 芽的增殖培养

芽诱导培养 1～2 个月后,将培养物转至超净工作台中,用镊子取出带芽的茎段,置于无菌滤纸上。用镊子和手术刀切取不定芽,插入芽增殖培养基(MS＋1 mg/L 6‐BA＋0.5 mg/L NAA＋3％蔗糖＋1 g/L 活性炭＋100 g/L 香蕉泥＋0.7％琼脂粉,pH 5.8)中。置于培养箱或培养室中进行增殖培养。生长 30 d 后,观察芽的生长状况,数据统计丛生芽的增殖系数。

4) 诱导生根

将生长至 3～5 cm 铁皮石斛的芽苗转至超净工作台中,将芽苗置于无菌滤纸上,切除芽苗基部,插入诱导生根培养基(1/2 MS＋0.5 mg/L NAA＋3％蔗糖＋2 g/L 活性炭＋100 g/L 香蕉泥＋0.7％琼脂粉,pH 5.8)中。接种后将培养物转至培养室中进行培养。幼苗较弱时可再进行壮苗培养,若幼苗比较健壮,可用于驯化移栽。

5) 驯化移栽

待幼苗长至 4～5 cm 时,便可驯化移栽。先将试管苗移至驯化室或温室,炼苗 5～7 d,逐渐打开瓶口,降低瓶内湿度,增强光照强度,使试管苗更加强壮。将碎木屑或苔藓浸湿后装至钵内。取出试管苗,清理干净根部的培养基,移栽至基质中,加大湿度,控制好温度和光照。待幼苗存活后,便可正常管理。

【注意事项】

(1) 切取铁皮石斛茎段时,每段须保留一个茎节,有利于芽的诱导。

(2) 培养基中添加适量的香蕉泥,一般为 80～100 g/L,有利于芽的诱导和生长。生根培养基中添加适量的活性炭有利于根的诱导,其浓度范围为 1～2 g/L。

(3) 铁皮石斛的芽苗生长时,适当降低培养基和培养瓶内的湿度,避免芽苗出现玻璃化现象。

【结果与分析】

(1) 铁皮石斛茎段培养 1～2 d 后,观察芽的诱导情况和生长情况,统计芽的诱导率、芽的高度和鲜重,描述芽的生长情况。

接种名称	培养阶段	接种数量	芽的诱导率	生长情况	芽的高度	芽的鲜重

（2）增殖培养30 d后，统计丛生芽的增殖率及增殖系数。

接种名称	培养阶段	接种量	芽的总数	增殖率	增殖系数	生长情况

（3）生根培养30 d后，统计不定根的诱导率、增殖系数及根的长度。

接种名称	培养阶段	接种量	根的总数	根的诱导率	增殖系数	根的长度

【作业】

（1）简述铁皮石斛茎段组织培养的过程。

（2）试分析影响铁皮石斛茎段培养的主要因素。

注：A. 铁皮石斛原球茎的诱导；B、C. 铁皮石斛原球茎的分化；
E. 接种后的铁皮石斛茎段；F. 铁皮石斛茎段培养30 d后产生的芽；
D、G和H. 铁皮石斛的再生植株。

图 3-2　铁皮石斛的组织培养

实验6　卷丹百合鳞茎的培养

【实验目的】

（1）掌握卷丹百合鳞茎取材、预处理及消毒技术。

（2）掌握卷丹百合鳞茎的培养方法。

（3）学会植物鳞茎的组织培养技术。

【实验原理】

卷丹百合又名虎皮百合,为百合科百合属多年生草本球根类植物,具有较强的耐寒性和耐强日照性,种植适应性较广。鳞茎卵圆形至扁球形,黄白色,含少量蛋白质、淀粉、脂肪,具有滋养强壮、镇静、祛痰等功效,茎、叶还具有消炎止疼的作用,具有一定的药用价值;鳞茎中含有淀粉,故可用其提取淀粉及煮熟或腌渍后食用,还可酿酒,具有食用价值;此外,卷丹百合花朵大、姿态美、花期长,可作为花坛植物栽植或盆栽,极具观赏价值。

卷丹百合一般采用小鳞茎分球繁殖和珠芽繁殖,繁殖周期较长,繁殖系数低,且长期繁殖容易造成品种退化。植物组织培养不但能解决卷丹百合的退化现象,而且能解决脱毒和扩繁问题,能在短期内更新品种。卷丹百合组织培养可以采用鳞茎、鳞片、珠芽、花粉、叶片、花瓣、花托等器官或组织作外植体,大规模地生产出再生小植株。通过控制组织培养条件,培养膨大的试管鳞茎,不仅可以促进壮苗、改善试管苗质量、缩短试管苗的生长周期、提高移栽成活率,而且有利于种球的贮藏、运输和种质保存。

【仪器、用具及试剂】

(1) 仪器:超净工作台、高压蒸汽灭菌锅、电子分析天平、加湿器和人工气候培养箱等。

(2) 用具:接种盘、解剖刀、枪型镊子、剪刀、酒精灯、无菌消毒瓶、培养瓶、培养皿、75%酒精棉球缸、废液缸、烧杯、量筒、移液管、滤纸、报纸、pH 试纸、塑料膜、营养土、蛭石、营养钵或花盆等。

(3) 试剂:MS 培养基母液、75%酒精溶液、0.1%氯化汞、次氯酸钠、无菌水、蔗糖、琼脂粉、6 - BA、NAA 和 IBA 等。

【实验材料】

从田间采集卷丹百合的地下鳞茎,抖掉多余的土壤,装入采样袋中,带回实验室。

【实验方法】

1) 配制培养基

愈伤组织诱导培养基:MS+ 1.5 mg/L 6 - BA + 0.2 mg/L NAA+0.7%琼脂粉+4%蔗糖,pH 5.8。

愈伤组织增殖培养基:MS+ 1.0 mg/L 6 - BA + 0.5 mg/L NAA+0.7%琼脂粉+4%蔗糖,pH 5.8。

不定芽分化培养基:MS+ 2.0 mg/L 6 - BA + 0.1 mg/L NAA+0.7%琼脂粉+4%蔗糖,pH 5.8。

不定芽增殖培养基:MS+ 1.0 mg/L 6 - BA + 0.1 mg/L NAA+0.7%琼脂粉+4%

蔗糖,pH 5.8。

生根培养基:1/2 MS+ 1.0 mg/L IBA+7 g 琼脂粉+2%蔗糖,pH 5.8。

分阶段按以上培养基配方配制固体培养基,高压蒸汽灭菌后分装至培养皿或培养瓶中。将所需物品进行高压蒸汽灭菌后备用。

2) 初代培养物的建立

(1) 取材

用铁锹深挖生长 3 年的鳞茎,应避免损坏地下鳞茎。抖掉鳞茎上残留的多余土壤,将新鲜的鳞茎装入无菌采样袋,立即带回实验室。

先用流水冲洗掉鳞茎上多余的土壤。再用手术刀切除鳞茎球的根系,去掉外层老化、腐烂的鳞片,把鳞茎分成外、中和内三部分(外围 2～3 层鳞片为外部鳞片,中心较嫩的 2～3 层为内部鳞片,其余为中部鳞片)。切除底部的鳞茎盘,分离出中层和内层的鳞片,舍弃外层鳞片(注:外层鳞片最易接近土壤,表面微生物较多,不易彻底消毒,且该层鳞片的诱导效果较差),取鳞片时尽量保持鳞片基部完整。

(2) 预处理

将剥离好的幼嫩鳞片置于洗衣粉溶液中,漂洗 20～30 min,然后用自来水冲洗 1～2 h,完全清洗掉残留的洗衣粉泡沫。注:清洗的过程中,动作要轻柔,以免损坏幼嫩的鳞片。置于干净的实验台面上晾干 2～3 h 或用吸水纸吸干,以除去鳞片上多余的水分。预处理后的材料若不能及时消毒,可暂时放置于 4 ℃低温保存。

(3) 准备工作

用 75%酒精棉球擦拭超净工作台台面,将所需物品放入超净工作台。打开紫外灯,照射 20～30 min;关闭紫外灯,打开风机及照明灯。用 75%酒精棉球消毒双手,点燃酒精灯。将接种工具于火焰上灼烧,放至搁置架上冷却。

(4) 消毒处理

在超净工作台上,将预处理的鳞片转至 500 mL 无菌消毒瓶中,注意鳞片不要接触瓶口,以免瓶口被污染。倒入 75%酒精溶液浸没鳞片,表面消毒 60 s,用无菌水冲洗 1～2 次;再用 0.1%氯化汞溶液消毒 10 min,用无菌水反复冲洗 3～5 次,或用 20%次氯酸钠溶液处理 25～30 min,再用无菌水冲洗 2～3 次,盖上瓶盖,备用。中层和内层鳞片可分开消毒和接种,以便后期观察其诱导情况的差异性。

(5) 接种

火焰灼烧灭菌接种工具手术刀和镊子,冷却。打开消毒瓶的瓶盖,用镊子将鳞片置于无菌滤纸上,用无菌滤纸吸去鳞片上多余的水分。将鳞片的下部靠近鳞茎盘的部位切成 1 cm² 大小的块状,接种到愈伤组织诱导培养基表面,鳞片正面朝上和反面朝上两种接种方式各接种 1 皿,每皿可接种 10 块。黑暗培养,温度为 25 ℃,培养 1 个月后出现呈淡黄绿色、松散型的愈伤组织。

(6) 培养

将接种后的培养物置于培养室中培养,培养温度为 25 ℃,光照照度为 2 000 lx,14 h 光照/10 h 黑暗。1 周后会观察到鳞茎片上出现小突起。28 d 后进行数据统计及观察。

（7）增殖培养

将初代培养诱导出的长势良好的愈伤组织分割成 1 cm×1 cm 小块,转接到愈伤组织增殖培养基中进行培养。转接后置于温度为 25 ℃、光照照度为 2 000 lx、光周期为 14 h 光照/10 h 黑暗的条件下培养。

3）不定芽的诱导培养

将生长状态良好的愈伤组织转移至不定芽诱导培养基上进行培养,培养温度为 25 ℃,光照照度为 2 000 lx,14 h 光照/10 h 黑暗。培养一段时间后,芽点会逐渐膨大为小芽。做好数据统计及形态特征的观察。

4）不定芽的增殖培养

培养 25～28 d 后,用手术刀将诱导出的嫩芽切割下来,插入芽增殖培养基中进行继代培养。培养 4 周后可形成更加健壮的丛生芽(图 3-3)。

5）生根培养

将培养物取出后转移至无菌滤纸上,用镊子及手术刀将单芽切取下来,插入生根培养基内。培养温度 25 ℃,光照照度 2 000 lx,14 h 光照/10 h 黑暗。培养 20 d 左右可以观察到明显的黄色小根。数据统计根的诱导率。

6）移栽

将生根苗转移到温室内,打开瓶盖,炼苗 7 d。取出试管苗,用清水洗去根部残留的培养基。用 0.1% KMnO₄ 溶液浸泡 10 s,种植于装有 1/3 草炭＋1/3 珍珠岩＋1/3 河沙混合基质(草炭可供以根系水分与营养物质;珍珠岩可确保基质内有空气,有利于组培苗成活;河沙可增加基质排水力,提高根系呼吸强度)的营养钵内,浇透水,盖上薄膜,使其保持高温高湿的环境。10 d 后,逐渐揭去薄膜,让组培苗逐渐适应外界环境;30 d 后,将营养钵内幼苗移栽至室外,正常管理,使其自然生长。60 d 后观察植株生长势并统计成活率。

【注意事项】

(1)鳞茎取材时,取 3～4 年生长的内层鳞片,较大的鳞片中贮存的营养物质及内源激素较丰富,有利于愈伤组织的诱导及芽的增殖。一般内层鳞片诱导效果好于中层和外层。

(2)鳞片预处理时,动作要轻柔,以免损伤幼嫩的鳞片;预处理后,若未能及时消毒、接种,可置于低温暂时保存。

(3)卷丹百合鳞茎为地下器官,消毒处理后易污染,可在培养基中添加一定浓度的抗菌剂,如添加植物组培抗菌剂 PPM(每升培养基可添加 2 mL),以减缓鳞片材料的污染程度。

(4)消毒后的鳞片也可接种在芽诱导培养基(MS＋ 1.5 mg/L 6-BA ＋ 0.5 mg/L NAA＋0.7%琼脂粉＋4%蔗糖,pH 5.8)表面。培养 3～5 d 后鳞片由白色转为绿色,7～10 d 便可观察到鳞片基部长出小突起,1 个月后基部长出绿色芽。该方法不需要形成愈伤组织便可诱导出芽,缩短培养周期及降低遗传变异的频率。

【结果与分析】

(1) 鳞片接种 7～14 d 时，观察鳞片基部及伤口处的形态特征。

(2) 观察鳞片愈伤组织的形态特征，统计愈伤组织的诱导率和污染率。

(3) 对比鳞片不同接种方法的诱导情况。

(4) 记录芽的诱导率、增殖率，并描述芽的生长情况。

(5) 记录芽苗的生根率及移栽后的成活率。

【作业】

(1) 试论述卷丹百合组织培养的意义。

(2) 请以卷丹百合珠芽为材料，完成卷丹百合珠芽组织培养的实验设计。

(3) 简述卷丹百合鳞茎的组织培养过程。

注：A. 预处理后的卷丹百合鳞片；B. 接种后的卷丹百合鳞片；C. 鳞片培养 30 d 后产生的芽；
D. 单芽接种至增殖培养基上；E. 增殖培养 60 d 后产生大量的芽；
F. 生根培养；G. 再生植株的炼苗；H. 再生植株的移栽。

图 3-3　卷丹百合鳞茎的离体培养过程
（图片由尹秀提供）

实验 7　番茄子叶的培养

【实验目的】

(1) 掌握番茄种子的消毒方法。
(2) 学会观察愈伤组织的形态特征及筛选优良的愈伤组织。
(3) 掌握不定芽及根的诱导方法。
(4) 学习子叶再生体系的建立。

【实验原理】

　　番茄属于茄科番茄属一年生或多年生草本植物,是我国重要的栽培蔬菜,也是现代设施农业和蔬菜市场供应的重要品种之一,具有很高的经济价值和科学研究价值。其外观色彩鲜艳,果实富含多种维生素、糖类、无机盐、有机酸等,其中含有的番茄红素和胡萝卜素具有抗氧化及抗衰老等功效。

　　自 1974 年帕德马纳班(Padmanabhan)用番茄叶片外植体进行离体培养获得再生植株以来,国内外有关番茄的组织培养方面的研究越来越多。番茄是最早进行基因转化研究的高等植物之一,已获得抗病毒、抗虫、延长贮藏期、改善品质等转基因番茄。第 1 个商品化的转基因植物——耐贮番茄已进入消费者家庭。植物组织培养技术在番茄幼苗生产、品种改良以及基因工程等研究领域发挥着重要作用。目前,针对番茄的组织培养已有较多的报道,利用其根、茎、子叶、叶、下胚轴、花药和胚等器官进行离体培养均可获得良好的番茄再生体系,其离体再生的过程主要包括外植体材料的选择、愈伤组织诱导、不定芽分化以及生根培养。

　　研究表明,番茄再生体系的建立主要受基因型、外植体类型、激素种类和浓度配比等方面的影响。外植体类型方面,由于同一品种不同时期的生长状态、生理特性和分化程度是不一样的,其形成愈伤组织的能力和形成不定芽的难易程度是有差异的。番茄外植体材料常选择无菌苗的子叶、下胚轴和子叶节等进行离体培养。子叶诱导愈伤组织的能力和芽分化的能力均明显强于下胚轴。而无菌苗的生长状态、培养条件和苗龄会影响番茄外植体形成愈伤组织和不定芽的发生频率。激素浓度和配比方面,激素对番茄的再生有很大的影响,对于不同品种的番茄来说,适宜其再生的激素配比与浓度均不相同。据报道,6-BA(6-苄氨基腺嘌呤)、IBA(吲哚丁酸)、IAA(吲哚乙酸)、ZT(玉米素)等多种植株激素已被运用到番茄再生的研究中。6-BA 能够明显促进愈伤组织的诱导和不定芽的分化,其使用浓度在 1~3 mg/L 时,搭配不同浓度的 IAA 均能形成不定芽,且以 6-BA 浓度为 2 mg/L 效果最好。但是 IAA 浓度不同会引起不定芽的形成存在差异。在未添加激素的培养基中外植体很难分化出不定芽或分化不定芽的频率极小。培养基中加入激素后,激素的种类和用量制约外植体的再生频率,只有合适的用量才能使得再生频率较高。

因此,在进行离体培养时选用合适的激素种类与浓度是成功的关键。此外,外植体灭菌时间、蔗糖浓度、培养条件等都会影响番茄的离体再生。本实验以番茄无菌苗的子叶为实验材料,构建番茄植株再生体系,为今后番茄的遗传转化及新品种的培育奠定了基础。

【仪器、用具及试剂】

(1) 仪器:超净工作台、高压蒸汽灭菌锅、电子分析天平、恒温光照培养箱和加湿器等。

(2) 用具:接种盘、滤纸、枪型镊子、剪刀、手术刀、酒精灯、消毒瓶、废液缸、记号笔、标签纸、培养皿、培养瓶、封口膜、药匙、称量盒、pH试纸、营养土、蛭石、营养钵、塑料膜等。

(3) 试剂:MS培养基母液、IAA、6-BA、ZT、蔗糖、琼脂粉、无菌水、20%次氯酸钠溶液、75%酒精溶液、盐酸、氢氧化钠等。

(4) 培养基

①无菌苗培养基:1/2 MS+1.5%蔗糖+0.7%琼脂粉,pH 5.8。

②愈伤组织诱导培养基:MS+2 mg/L 6-BA+0.1 mg/L IAA+3%蔗糖+0.7%琼脂粉,pH 5.8 或 MS+0.5 mg/L ZT+0.1 mg/L IAA+3%蔗糖+0.7%琼脂粉,pH 5.8。

③不定芽分化培养基:MS+2 mg/L 6-BA+0.1 mg/L IAA+3%蔗糖+0.7%琼脂粉,pH 5.8 或 MS+2 mg/L ZT+0.1 mg/L IAA+3%蔗糖+0.7%琼脂粉,pH 5.8。

④生根培养基:1/2 MS+0.1 mg/L IAA+1.5%蔗糖+0.7%琼脂粉,pH 5.8。

【实验材料】

番茄(红番3号种子)8~10 d苗龄的无菌苗子叶。

【实验方法】

1) 无菌苗的培养

(1) 配制培养基

配制不添加激素的固体培养基(1/2 MS+1.5%蔗糖+0.7%琼脂粉,pH 5.8),分装于培养瓶中,高压蒸汽灭菌后备用。

(2) 准备工作

清理超净工作台台面,将所需物品放入超净工作台。打开紫外灯,照射20~30 min;关闭紫外灯,打开风机及照明灯。

(3) 种子消毒

用75%酒精棉球擦拭双手,点燃酒精灯。将接种工具火焰灼烧灭菌,放至搁置架上,冷却。

挑选粒大、饱满的红番3号种子,将种子转移至超净工作台中,倒入无菌消毒瓶。用

75％酒精溶液灭菌 10 s,无菌水冲洗 2 遍;用 20％次氯酸钠溶液处理 15 min,再用无菌水冲洗 3 次,每次冲洗 10 min,消毒后备用。

将无菌滤纸铺到接种盘上,用镊子取出消毒后的种子,转至接种盘中,再铺上 1 层无菌滤纸吸干种子上多余的水分。将种子接种到固体培养基(1/2 MS＋ 1.5％蔗糖＋0.7％琼脂粉,pH 5.8)上,每瓶接种 8～10 粒种子,封口后标记。

(4) 培养

将接种后的种子放入恒温光照培养箱中,在 25～28 ℃黑暗条件下培养 3 d,待种子发芽整齐后移入光照条件下,光照时间 16 h/黑暗时间 8 h,光照强度为 1 600～1 800 lx,培养温度为 25 ℃。继续培养 5～6 d 待子叶完全展开,获得最佳生长状态的无菌苗,且其发芽势、发芽率和发芽指数均为最高。

2) 愈伤组织的诱导

(1) 配制培养基

配制愈伤组织诱导培养基,高压蒸汽灭菌后,分装于培养皿中,备用。

(2) 准备工作

将超净工作台台面擦拭干净后,将所需物品放入超净工作台。打开紫外灯,照射 20～30 min;关闭紫外灯,打开风机及照明灯。用 75％酒精棉球擦拭双手,点燃酒精灯。将接种工具火焰灼烧灭菌,放至搁置架上,冷却。

(3) 材料切割及接种

双手消毒后,点燃酒精灯。将无污染且已培养 8～10 d 的无菌苗转入超净工作台中。取出无菌的幼苗,置于无菌、湿润的滤纸上。沿子叶的基部用手术刀将子叶切下,然后在子叶顶端切去 1 mm 左右产生伤口;在剩余部分中间横切一刀,将一片子叶切割为两块 0.5 cm×0.5 cm 大小的子叶块,即子叶两端均有切口。

将切割的番茄子叶块均匀摆放在愈伤组织诱导培养基上,每皿接种 10 个材料,接种后封口,标记。注意:接种时子叶下表皮接触培养基表面。

(4) 培养

将接种后的培养物转至光照条件下培养,光照时间 16 h/黑暗时间 8 h,光照强度为 2 000～3 000 lx,培养温度为 25 ℃。培养 3～4 d 后伤口部位明显增大,叶片增厚,7 d 后开始分化,边缘膨大、弯曲、产生愈伤组织。培养 20 d 后,观察子叶基部的切口或伤口处所形成的愈伤组织形态特征,并统计愈伤组织的诱导情况。

3) 不定芽的分化

(1) 配制培养基

配制不定芽分化培养基,高压蒸汽灭菌后,分装于培养皿中,备用。

(2) 准备工作

打开紫外灯,照射 20～30 min;关闭紫外灯,打开风机及照明灯。

(3) 转接

用 75％酒精棉球擦拭双手,点燃酒精灯。将接种工具火焰灼烧灭菌,放至搁置架上,冷却。打开培养皿,取出生长良好的绿色愈伤组织,用镊子将愈伤组织转移至不定芽分化培养基上,封口后标记,诱导芽的分化。

（4）培养

将培养物置于光照培养室中,温度为 25 ℃,光照强度为 2 000～3 000 lx,光周期为 16 h 光照/8 h 黑暗。随着愈伤组织慢慢长大,逐渐出现绿色的芽点,芽点继续分化为不定芽,每块愈伤组织可产生 4～5 个芽点。一般培养 3～4 周后可发现愈伤组织上出现不定芽(图 3-4)。

4) 不定根的诱导

（1）配制培养基

配制不定根诱导培养基,高压蒸汽灭菌后分装于培养瓶中,备用。

（2）准备工作

打开紫外灯,照射 20～30 min;关闭紫外灯,打开风机及照明。火焰灼烧灭菌接种工具,冷却后备用。

（3）转接及培养

当番茄不定芽在培养基中生长至 1.5～2 cm 时便可诱导生根。先将培养物转移至超净工作台,取出长有不定芽的愈伤组织于无菌滤纸上,从不定芽的基部切下单芽,用镊子插入诱导生根培养基中,封口后标记。

转至光照培养室中光照培养。培养 7 d 后观察培养物的生根状况,20 d 后统计生根情况。

5) 驯化移栽

待番茄试管苗长到 6～8 cm 时,苗高到达培养瓶瓶口处,便可驯化移栽。驯化前先将适合移栽的番茄试管苗移到自然光照和适宜温度条件下的室内临时放置,让散射光照射 2～3 d。3 d 后将培养瓶瓶盖拧松,4 d 时打开瓶口,可加入少许水,以淹没培养基。一方面可防止培养基干燥,另一方面可阻断培养基与空气接触,减少污染。第 6 d 时揭开瓶盖,并往瓶口喷些水。驯化培养时需要调控好湿度和温度,温度为白天 24 ℃、夜间 20 ℃,光照培养时间为 16 h,炼苗时间一般为 5～7 d,使幼苗逐渐适应外界环境,之后便可移栽。

从培养瓶中取出试管苗,洗去根部固体培养基以防止细菌滋生。由于不定根较发达,清洗时动作应轻柔,以免损伤根。将幼苗植入 50 孔穴盘的栽培基质中,栽培基质以育苗基质∶蛭石为 4∶1(或草炭∶蛭石为 3∶1)。移栽时必须舍弃劣质试管苗,特别是玻璃化的试管苗,尽量选择根系发达的优质苗,否则移栽成活率很低。移栽后覆盖塑料薄膜,加大湿度以保湿,在 20～25 ℃、光照条件下生长,1 周内要做好遮阴工作。待小幼苗长出新叶时便可逐渐通风,揭去塑料薄膜,小苗便可正常生长。待 1 个月后当小苗长至 15 cm 左右时可转移到大田中。移栽后观察小苗生长情况并统计成活率。

【注意事项】

（1）种子消毒时,番茄种子易漂浮起来,应晃动消毒瓶,使消毒剂与种子充分接触。

（2）材料切割时,因无菌苗子叶较小,切割时应尽量切出较大的伤口面积,以便提高诱导效果。

（3）切割不定芽时，从芽基部切割，应避免切口处带有大量的愈伤组织，以免影响根的诱导效果。

【结果与分析】

（1）观察与统计愈伤组织的诱导情况。

愈伤组织诱导率＝（诱导出愈伤组织的外植体数量/接种外植体总数量）×100％

（2）统计不定芽的诱导率，并测量芽的长度。

不定芽的分化率＝（分化出不定芽的愈伤组织数量/接种愈伤组织的总数量）×100％

（3）统计不定根的诱导率，测量根的生长量。

不定根的诱导率＝（分化出不定根的单芽数量/接种单芽的总数量）×100％

（4）统计幼苗的移栽成活率。

【作业】

（1）请阐述建立番茄子叶再生体系的过程。

（2）影响番茄组织培养的主要因素有哪些方面？

A. 无菌苗　　　　　B. 愈伤组织诱导　　　　　C. 不定芽诱导

D. 不定芽诱根　　　　　E. 再生植株

图 3-4　番茄子叶的离体培养

（引自刘炜炜等，2012）

实验8　烟草叶片的培养

【实验目的】

（1）掌握烟草无菌苗的培养技术。

（2）掌握叶片器官再生体系的建立方法。

【实验原理】

烟草为茄科烟草属一年生草本植物，本属约有 60 种。原产于南美洲，我国南方各省和地区广泛种植，是我国重要的经济作物之一，主要可作为烟草工业的原料。此外，烟草在医药、农业病虫害防治和保健等方面也具有重要的应用价值。

烟草一般采用有性繁殖，但繁殖的烟苗不均衡，易发生变异，而且易感病菌，造成烟叶发生多种病害，品质退化，从而影响烟农经济收入。采用组织培养技术可以保持烟草品种的优良性状，减少病虫害，从而实现高产优质。在烟草组织培养过程中，由一小块叶片或其他组织、器官在培养基中分化出大量芽，并且长出芽苗，从而生产出大量能够保持母株优良性状的再生植株，不仅繁殖系数高，而且不受季节的限制。

烟草组织培养的存活率较高，易再生成苗，且周期较短，是植物组织培养常用材料，常被作为细胞工程、植物基因工程和分子生物学等方面研究的重要模式植物。不仅可利用烟草的组织培养研究细胞分化及脱分化的机理，而且能通过对烟草的遗传转化探究基因的功能及作用机理，解析次生代谢产物的合成机制等。因此，选用烟草叶片为实验材料建立其再生体系具有重要的意义。

【仪器、用具及试剂】

（1）仪器：超净工作台、高压蒸汽灭菌锅、电子分析天平、光照培养箱或人工气候箱等。

（2）用具：接种盘、滤纸、解剖刀、枪型镊子、接种勺、接种铲、剪刀、酒精灯、三角瓶、培养皿、培养瓶、封口膜、废液缸、营养钵、塑料膜、标签纸、珍珠岩、蛭石和营养土等。

（3）试剂：MS 培养基母液、2,4-D、6-BA、NAA、蔗糖、琼脂粉、无菌水、次氯酸钠、氯化汞、75%酒精溶液、盐酸和氢氧化钠等。

【实验材料】

烟草无菌苗的叶片。

【实验方法】

1) 配制培养基

(1) 无菌苗培养基：1/2 MS＋2％蔗糖＋0.7％琼脂粉，pH 5.8；

(2) 愈伤组织诱导培养基：MS＋1 mg/L 6‐BA＋0.5 mg/L 2,4‐D＋3％蔗糖＋0.7％琼脂粉，pH 5.8；

(3) 不定芽诱导培养基：MS＋1 mg/L 6‐BA＋0.2 mg/L NAA＋3％蔗糖＋0.7％琼脂粉，pH 5.8；

(4) 生根培养基：1/2 MS＋0.2 mg/L NAA＋3％蔗糖＋0.7％琼脂粉，pH 5.8。

2) 无菌苗的培养

(1) 物品准备

烟草种子，已制备的无菌苗培养基。需要灭菌的物品包括：无菌水、消毒瓶、接种盘及滤纸等。

(2) 种子消毒

打开紫外灯，照射 20～30 min；关闭紫外灯，打开风机及照明。将接种工具置于火焰上灼烧灭菌，放至搁置架上，冷却。

取适量烟草种子，转至超净工作台中，倒入无菌的 25 mL 三角瓶中。方法①：采用 20％次氯酸钠溶液将种子处理 10 min，用无菌水冲洗 3 次，每次 5 min；方法②：加入 75％酒精溶液浸泡 1 min，用无菌水冲洗 1 次，再加入 10％次氯酸钠溶液，消毒 10 min，用无菌水漂洗 3 次，消毒后封口。烟草种子较小，消毒时易随废液倒出，且不易操作，故消毒时可用 1 mL 移液枪和枪头吸出废液，也能避免因种子残留在瓶壁或瓶口处而消毒不彻底引起的污染。

(3) 接种

用接种勺（或接种铲）将已消毒的种子转至无菌滤纸上，吸干种子表面多余的水分。用镊子及接种勺（或接种铲）将种子均匀且相对稀疏地接种至无菌苗培养基（1/2 MS＋2％蔗糖＋0.7％琼脂粉，pH 5.8）上。用火焰灼烧瓶口及瓶盖，盖上瓶盖并标记。

(4) 培养

将接种好的种子转至培养室或培养箱中，25±1 ℃，光照强度为 2 000 lx，光周期为 12 h 光照/12 h 黑暗。培养 1 个月后得到无菌苗，待幼苗长至 2～3 片叶时继代培养 1 次。

3) 愈伤组织的诱导

(1) 准备工作

用 75％乙醇擦拭超净工作台台面，紫外灯杀菌 20～30 min 后关闭紫外灯，打开风机和照明灯，点燃酒精灯，用火焰灼烧灭菌镊子和手术刀（或剪刀）。

(2) 接种

将生长至 4～6 cm 高度的烟草无菌苗转移至超净工作台。用镊子夹取出幼苗，将幼苗置于湿润滤纸上，用镊子、手术刀或剪刀除去主叶脉和大的侧叶脉，剪去叶边缘，将叶片组织切割成 0.5～1 cm² 大小的方块，然后将其接种于愈伤组织诱导培养基表面。每皿接种 6～8 个外植体，接种后快速将培养皿封口，用记号笔注明姓名和接种日期。注：因烟草叶片较幼嫩,切割和接种材料时动作要快,以免叶片过度失水而影响生长。

(3) 培养

对接种后的材料进行培养,培养温度为 25±2 ℃,光周期为 14 h 光照/10 h 黑暗。光照强度为 2 000 lx。接种后观察愈伤组织的形成过程。2~3 d 后,叶片在不断长大,叶片与培养基接触的部分逐渐脱分化,颜色逐渐变黄,叶片边缘形成的愈伤组织生长较快导致叶片卷曲、增厚、膨胀。15 d 后外植体可形成疏松絮状浅黄绿色的愈伤组织(图 3-5)。

4) 不定芽的诱导

将愈伤组织接种到不定芽诱导培养基(MS+1 mg/L 6 - BA + 0.2 mg/L NAA + 3%蔗糖+0.7%琼脂粉,pH 5.8)表面,每皿接种 5~6 块愈伤组织。培养 15~20 d 后,疏松的愈伤组织上可分化出许多浅黄绿色芽点。再继续培养至 30 d,可分化出较多的不定芽。30 d 后可转接至新鲜培养基上进行继代培养,即用手术刀将幼芽从基部切下,插入培养基中培养。幼芽不断增殖,分化出越来越多的不定芽,形成绿色健壮的芽苗。观察不定芽的诱导情况。

5) 不定根的诱导

待不定芽高度为 2~4 cm 时,便可诱导生根。将培养物移至超净工作台中,用镊子将芽苗转至无菌滤纸上。用镊子和手术刀将不定芽从芽丛中切割下来,分离出带有 1~3 片幼叶的单芽,将其基部插入生根培养基(1/2 MS+ 0.2 mg/L NAA+ 3%蔗糖+0.7%琼脂粉,pH 5.8)中,每瓶接种 1 个幼苗,接种后封口,标记,置于培养室中培养。3~7 d 后基部开始有锥状突起,继续培养至 7~8 d,芽苗的茎基部逐渐产生白色幼根,待 25 d 后,切口处便会长出大量的不定根。观察幼苗的生根情况,统计生根率。

6) 驯化移栽

当试管苗长至 5~6 cm,且不定根数量较多时,便可驯化移栽。将生根的烟草试管苗从培养室移出,置于自然条件下 1~2 d。打开瓶口,在散射光下放置 2~3 d。将植株驯化后取出幼苗,洗去根部残留的固体培养基,种植于经过消毒的珍珠岩、蛭石和营养土等量混合的基质中,放至温室内培养。移栽后注意控制好温室内的湿度和温度,待幼苗长出新叶后可以降低湿度,进行正常的田间管理。

【注意事项】

(1) 烟草种子较小,消毒过程中不易操作,不可采用过大容器的消毒瓶,以免污染。种子消毒时,还可将种子置于小棉布袋中进行消毒处理,降低污染及操作难度。

(2) 烟草无菌苗的叶片较幼嫩,切割叶片时,应避免叶片过度失水。

(3) 再生植株移栽时,应避免损伤根系和叶片,移栽后注意控制湿度。

【结果与分析】

统计愈伤组织诱导率、不定芽分化率、不定根诱导率及移栽成活率,且描述培养物的生长情况。

【作业】

（1）试论述烟草叶片组织培养的意义。

（2）请分析影响烟草组织培养的主要因素。

（3）简述烟草叶片组织培养的过程。

注：A. 叶片接种于诱导培养基上；B. 诱导培养的叶片开始形成愈伤组织；
　　C. 愈伤组织分化形成不定芽；D、E. 诱导生根培养；F. 幼苗的移栽。

图 3-5　烟草叶片的离体培养

（引自罗倩等，2020）

第四部分

植物胚胎培养

实验 1　大花黄牡丹成熟胚的培养

【实验目的】

(1) 掌握大花黄牡丹种子消毒技术。

(2) 掌握大花黄牡丹成熟胚的剥离及培养技术。

【实验原理】

胚培养包括成熟胚培养及幼胚培养。成熟胚培养是指将受精(传粉)后的果实或种子用药剂进行表面消毒,然后在无菌条件下剖开种子,取出成熟胚接种于培养基上,在人工控制条件下发育成一棵完整植株。在自然条件下,许多植物的种皮较坚硬,对胚胎萌发有抑制作用,需要经过一段时间休眠,待抑制作用消除后种子才能萌发。利用成熟胚培养,从种子中分离出成熟胚后进行离体培养,解除种皮抑制作用,使胚胎迅速萌发成为幼苗。成熟胚的离体培养可不依赖于胚乳贮藏的营养物质,只需在比较简单的培养基(含有无机营养元素、糖类和维生素)上提供适宜的生长条件便可打破休眠,萌发生长成为幼苗。成熟胚的离体培养实质上是胚的离体萌发生长,其萌发过程与正常种子萌发没有本质差别,因此所要求的培养条件及操作技术比较简单。成熟胚的离体培养具有取材方便、培养基成分简单、实验周期短、不受季节的限制和一次成苗率高等优点,主要用于解决珍稀物种种子的萌发率低、萌发周期长和繁殖困难等问题。

大花黄牡丹属于芍药科芍药属丛生落叶花灌木,分布在西藏山南、林芝地区海拔2 900～3 200 m河谷开阔地带及山坡林缘,为西藏特有濒危植物。植株高大,花大、花色明黄、花香清淡,极具观赏价值,其根部含有丹皮酚,具有清热凉血、散瘀止痛、通经等作用,常作为藏药材入药,既是宝贵的花卉种质资源,又是名贵的濒危藏药材资源。大花黄牡丹虽有广阔的发展前景,但由于分布狭窄、自然植被的破坏和大量挖掘等原因,致使其分布区域日益缩小,种群继续减少。大花黄牡丹种子繁殖困难,幼龄苗木严重不足,天然更新困难，目前处于濒危状态，已被列为国家二级保护植物。

大花黄牡丹主要通过种子繁殖，自然条件下结籽率虽高但种子自然萌发率较低。在自然环境下，大花黄牡丹种子至少需要 2~3 年才能萌发成苗，其上胚轴具有休眠特性，且需要一定条件才能解除上胚轴的休眠，萌发周期长。因此，采用植物组织培养技术，剥离出成熟胚进行离体培养，一般 1 周左右便可萌发长出幼苗，能够缩短育苗期及提高萌发率，高效、快速地获得大花黄牡丹幼苗。

【仪器、用具及试剂】

(1) 仪器：超净工作台、高压蒸汽灭菌锅、灭菌器和 pH 计等。

(2) 用具：滤纸、接种盘、解剖刀、枪型镊子、酒精灯、无菌消毒瓶、培养瓶或三角瓶、封口膜、脱脂棉和酒精棉球缸等。

(3) 试剂：MS 培养基、无菌水、赤霉素（GA₃）、蔗糖、琼脂粉、0.1％氯化汞溶液和 75％酒精溶液等。

(4) 培养基：MS＋0.5 mg/L GA₃＋3％蔗糖＋0.7％琼脂粉，pH 5.8。

【实验材料】

大花黄牡丹成熟种子。

【实验方法】

1. 配制培养基（MS＋0.5 mg/L GA₃＋3％蔗糖＋0.7％琼脂粉，pH 5.8）

按培养基配方提前配制好固体培养基，高压蒸汽灭菌后分装备用。

2. 种子消毒

(1) 接种前，用 75％酒精棉球擦拭超净工作台台面，打开紫外灯，照射 20~30 min；关闭紫外灯，打开风机及照明灯。

(2) 筛选粒大、饱满、黑色的成熟种子，放入超净工作台。用 75％酒精棉球消毒双手，点燃酒精灯。将镊子移至酒精灯火焰上灼烧，放至搁置架子上冷却备用。

(3) 将成熟的种子转入超净工作台，倒入无菌消毒瓶中。用 75％酒精溶液浸泡 60 s，用无菌水冲洗 2 次；再用 0.1％氯化汞溶液浸泡 12 min，用无菌水冲洗 3~5 次。加入少量无菌水，瓶口、瓶盖经火焰灼烧后，盖上盖子。室温放置 1 d，浸泡种子，待种皮泡软后备用。

3. 成熟胚的剥离

(1) 将镊子及手术刀在酒精灯上灼烧灭菌，冷却后备用。

(2) 将泡软的种子转至无菌滤纸上，用镊子及手术刀将种皮剥去，切除胚乳，剥离出完整的成熟胚（注：为避免成熟胚过度缺水，应将无菌的滤纸保持湿润）。剥离后将成熟胚接种于培养基上，采用固体培养的方式。瓶口、瓶盖用火焰灼烧后封口。标明培养物名称、培养基名称、日期及接种人。

（3）转至培养箱中，温度调为 18～22 ℃、弱光下培养。观察成熟胚的生长状况且进行数据统计，一般 3 d 后成熟胚开始萌动，1 周后长出子叶，3 周后便可长成高度为 4～6 cm 的幼苗。

【注意事项】

（1）成熟胚培养所需的培养基成分较为简单，无需添加外源激素便可萌发。但对于休眠期的种胚，可添加适宜浓度的赤霉素启动种胚的萌动，提高萌发率及缩短萌发进程。

（2）如果成熟种子的种皮过于坚硬、不便剥离时，种子消毒后可将种子用无菌水浸泡一段时间，待种皮泡软后再剥离。

（3）剥离种胚时，应避免种胚受到损伤，保持种胚湿润，以免过度脱水失去活性。

【结果与分析】

（1）培养一段时间后，统计成苗率，且观察成熟胚的生长状况，描述幼苗的生长状况。

接种材料	初始萌动时间	成苗的时间	成熟胚的萌发率	苗高	根长	生长情况

（2）统计污染率。

【作业】

（1）试论述植物成熟胚培养的意义。
（2）请分析成熟胚培养时需要注意的事项。

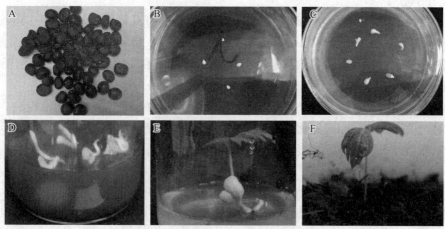

注：A. 大花黄牡丹种子；B. 接种后的大花黄牡丹成熟胚；C. 培养 3 d 后，成熟胚萌动；
　　D. 培养 14 d 后，幼苗的状况；E. 培养 21 d 后，形成幼苗；F. 幼苗的移栽。

图 4-1　大花黄牡丹成熟胚的离体培养
（图片由禄亚洲提供）

实验 2　黑青稞成熟胚的培养

【实验目的】

（1）了解黑青稞成熟胚培养的意义。

（2）掌握黑青稞种子消毒方法及成熟胚培养的过程。

【实验原理】

青稞别名裸大麦，为禾本科大麦属植物，主要分布在我国青藏高原地区，是当地不可或缺的农产品资源之一。因其壳及籽粒表皮呈现黑紫色而得名，形状为椭圆形或菱形，具有普通白青稞所没有的特殊高抗氧化性营养成分。黑青稞的营养成分比例比水稻、小麦和玉米更科学，其比例适合人体需要。经研究发现，黑青稞富含多种 B 族维生素、丰富的矿物质元素、黄酮类物质、高质量蛋白和花青素等，可以预防结肠癌，抑制胆固醇升高、调节血糖和预防血脂异常、心脑血管类疾病，改善消化系统以控制体重，具有潜在的应用与开发利用价值。因黑青稞具有独特的营养成分，独特的保健功能，不仅能够充饥，而且有益于改善身体状况，符合现代人对食品的健康需求，因此黑青稞的多样化农产品开发及面向广大消费者已成为趋势。目前，黑青稞的种植范围狭窄，对生长环境要求较高，不易大规模种植，易受病虫的侵害，因此其品质急需提升，优质品种的培育和产量的提升迫在眉睫。

大多研究者们将植物组织培养技术运用于禾本科作物中，用来建立其再生体系，培育优质品种。黑青稞也能通过该技术培育出优质品种。本实验采用黑青稞种子为实验材料，种子进行消毒处理后，将黑青稞的种子纵切后破坏成熟胚的完整结构，将其接种于含有植物生长调节剂的固体培养基中进行愈伤组织的诱导，其最主要目的是高频率地诱导出胚性愈伤组织，以期建立高效稳定的再生体系，为黑青稞育种和品质改良奠定基础。

【仪器、用具及试剂】

（1）仪器：超净工作台、高压蒸汽灭菌锅、电子分析天平和 pH 计等。

（2）用具：滤纸包、接种盘、培养皿、解剖刀、镊子、酒精灯、无菌消毒瓶、脱脂棉、酒精棉球缸等。

（3）试剂：0.1％氯化汞、75％酒精溶液、水解酪蛋白、琼脂粉、蔗糖、无菌水、2,4-D、NAA 等。

（4）愈伤组织诱导培养基：MS ＋ 2 mg/L 2,4-D＋1 mg/L NAA ＋ 30 g/L 蔗糖＋300 mg/L 水解酪蛋白＋ 7 g/L 琼脂粉，pH 5.8。

【实验材料】

成熟的黑青稞种子。

【实验方法】

1）配制培养基

愈伤组织诱导培养基：MS ＋ 2 mg/L 2,4 - D＋1 mg/L NAA ＋ 30 g /L 蔗糖＋300 mg/L 水解酪蛋白＋ 7 g/L 琼脂粉，pH 5.8。按培养基配方提前配制好培养基，高压蒸汽灭菌后分装，备用。

2）取材及消毒处理

（1）选取颗粒饱满、大小均一、颜色较深的黑青稞成熟种子，用自来水冲洗干净。

（2）打开紫外灯，照射 20～30 min，关闭紫外灯，打开风机及照明灯。用 75％酒精棉球消毒双手，点燃酒精灯。将镊子放至酒精灯火焰上灼烧，放至搁置架上冷却备用。

（3）将种子转入超净工作台，倒入无菌消毒瓶中。用 75％酒精溶液浸泡 30 s，用无菌水冲洗 2 次；用 0.1％氯化汞溶液浸泡 6～8 min，用无菌水冲洗 3～5 次。消毒后，向无菌消毒瓶中加入少量的无菌水，以便浸没种子，将种子浸泡 8 h，备用。

3）愈伤组织的诱导

（1）将镊子及手术刀在酒精灯上灼烧灭菌，冷却后备用。

（2）将消毒后的种子转至无菌滤纸上，将多余的水分吸干。用镊子及手术刀将黑青稞种子沿纵轴处纵切，使成熟的种胚被切分为二，接种于愈伤组织诱导培养基（MS＋2 mg/L 2,4 - D＋1 mg/L NAA ＋ 30 g /L 蔗糖＋ 300 mg/L 水解酪蛋白＋ 7 g/L 琼脂粉，pH 5.8）表面，使之与培养基紧密接触。封口，标明培养物名称、培养基名称、日期及接种人。

4）培养

接种后置于培养箱中进行培养，培养条件为 25±2 ℃，16 h 光照/8 h 黑暗，光照强度为 2 000～3 000 lx。观察胚的生长状况且进行数据统计，3 d 后可观察胚开始形成少量的愈伤组织，3～4 周后可观察到愈伤组织的颜色多为乳白色，少数有黄色，质地较松散，生长状况较好，增殖较快（图 4-2）。

【结果与分析】

（1）胚接种后，观察胚的生长状况，描述愈伤组织的生长状况。

（2）统计愈伤组织诱导率和胚性愈伤组织诱导率。

愈伤组织诱导率＝（诱导出的愈伤组织块数/接种的胚总数）×100％；

胚性愈伤组织诱导率＝（形成的胚性愈伤组织数量/接种的愈伤组织总数）×100％。

【作业】

(1) 试论述黑青稞胚培养的意义。

(2) 请分析影响黑青稞胚培养的主要因素有哪些。

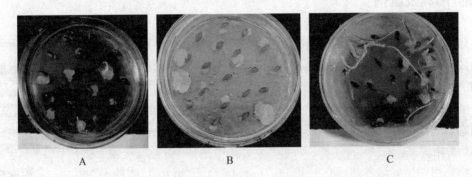

注：A、B. 黑青稞成熟胚诱导出的愈伤组织；C. 黑青稞愈伤组织诱导产生的芽。

图 4-2　黑青稞成熟胚的离体培养

实验 3　小麦幼胚的培养

【实验目的】

(1) 了解幼胚培养的意义。

(2) 掌握小麦幼胚的剥离及培养技术。

【实验原理】

　　小麦是世界上重要的粮食作物之一，随着社会经济的发展及生活水平的提高，对其抗性增减、品种改良及产量提高的研究需求日益迫切。近年来，细胞工程和基因工程等育种技术的应用为小麦品种改良提供了新的途径并取得了一些重要进展，利用该技术有效地缩短了小麦育种的周期。在小麦分子育种过程中，其组织培养较为关键，可用于小麦组织培养的外植体主要包括：叶片、叶鞘、种子、幼穗、幼胚、分生组织和原生质体等，其中，以幼胚为外植体进行小麦组织培养的方法被大多数学者认为是最有效的培养方式。

　　小麦幼胚离体培养技术是指将未发育成熟的幼胚剥离后，在成分较为复杂的人工合成培养基进行离体培养，以期获得完整的幼苗。小麦幼胚不仅具有较高的愈伤组织诱导能力和较强的植株再生能力，还具有取材方便、操作简单、污染率低等特点，是一种最有效的外植体来源。小麦幼胚培养始于 1969 年，岛田（Shimada）首次从小麦幼胚中诱导出愈伤组织及再生植株。迄今已被广泛应用于体细胞无性系变异与基因遗传转化的研究，如：

抗性育种和品质改良,已获得了抗条锈病和抗黄矮病新种质、耐盐变异系和再生植株以及抗赤霉病品系和品种,为小麦育种提供了新的种质资源。影响小麦幼胚组织培养的因素除了有碳源、氮源、无机盐、温度、光照、pH 外,还有幼胚胚龄、激素、基因型等,幼胚的发育成熟程度在很大程度上影响到培养工作的成败和培养成效的高低。

【仪器、用具及试剂】

(1) 仪器:超净工作台、高压蒸汽灭菌锅、显微镜、电子分析天平等。

(2) 用具:滤纸包、接种盘、解剖刀、解剖针、镊子、酒精灯、无菌消毒瓶、pH 试纸、脱脂棉和酒精棉球缸等。

(3) 试剂:0.1%氯化汞溶液、75%酒精溶液、水解酪蛋白、谷氨酰胺、植物凝胶、蔗糖、无菌水、2,4 - D、KT 和 NAA 等。

(4) 培养基

愈伤组织诱导培养基:MS ＋ 2 mg/L 2,4 - D ＋ 30 g/L 蔗糖＋ 300 mg/L 水解酪蛋白＋200 mg/L 谷氨酰胺 ＋2.5 g/L 植物凝胶,pH 5.8。

愈伤组织继代培养基:MS ＋ 1 mg/L 2,4 - D ＋0.5 mg/L KT＋ 30 g/L 蔗糖＋300 mg/L 水解酪蛋白＋ 2.5 g/L 植物凝胶,pH 5.8。

芽分化培养基:MS＋0.5 mg/L NAA＋1 mg/L KT＋ 30 g/L 蔗糖＋300 mg/L 水解酪蛋白＋2.5 g/L 植物凝胶,pH 5.8。

生根培养基:1/2 MS＋0.5 mg/L NAA＋ 30 g/L 蔗糖＋2.5 g/L 植物凝胶,pH 5.8。

【实验材料】

田间或温室授粉后的小麦穗。

【实验方法】

1) 配制培养基

愈伤组织诱导培养基:MS ＋ 2 mg/L 2,4 - D ＋ 30 g/L 蔗糖＋ 300 mg/L 水解酪蛋白＋200 mg/L 谷氨酰胺＋ 2.5 g/L 植物凝胶,pH 5.8。

愈伤组织继代培养基:MS ＋ 1 mg/L 2,4 - D ＋0.5 mg/L KT＋ 30 g/L 蔗糖＋300 mg/L 水解酪蛋白＋ 2.5 g/L 植物凝胶,pH 5.8。

芽分化培养基:MS＋0.5 mg/L NAA＋1 mg/L KT ＋ 30 g/L 蔗糖＋300 mg/L 水解酪蛋白＋2.5 g/L 植物凝胶,pH 5.8。

生根培养基:1/2 MS＋0.5 mg/L NAA＋ 30 g/L 蔗糖＋2.5 g/L 植物凝胶,pH 5.8。

按培养基配方提前配制好培养基,高压蒸汽灭菌后分装,备用。

2) 取材及消毒处理

(1) 取开花授粉后 12～16 d 的小麦幼穗,置于 4 ℃低温保存 1～2 d。从麦穗的颖壳中剥离出发育基本一致的未成熟籽粒,淘汰过于幼嫩的乳白色籽粒和授粉后时间较长的翠绿色籽粒,保留授粉后刚刚由白转绿的籽粒。用自来水冲洗干净。

(2) 打开紫外灯,照射 20～30 min,关闭紫外灯,打开风机及照明灯。将材料转入超净工作台,用 75%酒精棉球消毒双手,点燃酒精灯。将镊子置于酒精灯火焰上灼烧,放至搁置架上冷却备用。

(3) 将处理好的籽粒转入超净工作台,倒入无菌消毒瓶中,用 75%酒精溶液浸泡 1 min,用无菌水冲洗 2 次;用 20%次氯酸钠溶液振荡消毒 20 min,或用 0.1%氯化汞溶液浸泡 6～8 min,用无菌水冲洗 3～5 次,瓶口、瓶盖经火焰灼烧后,盖上盖子,备用。

3) 愈伤组织的诱导

(1) 将镊子及手术刀放在酒精灯上灼烧灭菌,冷却后备用。

(2) 将消毒后的籽粒转至无菌滤纸上。用镊子及手术刀从籽粒的一端挑出幼胚,幼胚长度小于 2 mm,分离幼胚时应避免幼胚过度失水。将盾片一面向上接种于愈伤组织诱导培养基(MS ＋ 2 mg/L 2,4 - D ＋ 30 g/L 蔗糖 ＋ 300 mg/L 水解酪蛋白＋200 mg/L 谷氨酰胺＋ 2.5 g/L 植物凝胶,pH 5.8)表面,使之与培养基紧密接触。封口,标明培养物名称、培养基名称、日期及接种人。

(3) 转至培养室中培养,温度为 25～28℃,光照强度为 2 000 lx,光周期为 14 h 光照/10 h 黑暗。观察幼胚的生长状况且进行数据统计,一周后可观察幼胚盾片上开始形成少量的愈伤组织,3～4 周后可观察到明显的愈伤组织。

4) 愈伤组织的继代培养

将已生长 3～4 周的愈伤组织转至继代培养基(MS ＋ 1 mg/L 2,4 - D ＋0.5 mg/L KT＋ 30 g/L 蔗糖＋ 300 mg/L 水解酪蛋白＋ 2.5 g/L 植物凝胶,pH 5.8)上进行继代培养,每隔 25～30 d 继代培养一次。

5) 不定芽的分化

选取颗粒状、乳黄色或带有绿点的愈伤组织,转到分化培养基(MS＋0.5 mg/L NAA＋1 mg/L KT ＋ 30 g/L 蔗糖＋300 mg/L 水解酪蛋白＋2.5 g/L 植物凝胶,pH 5.8)。温度为 25～28℃,光照强度为 3 000 lx,14 h 光照/10 h 黑暗。光照条件下诱导绿苗分化,4 周后统计绿苗分化率。

6) 植株再生

将幼苗转至生根培养基(1/2 MS＋0.5 mg/L NAA＋ 30 g/L 蔗糖＋2.5 g/L 植物凝胶,pH 5.8)上,诱导生根。待根系长至 1～2 cm 时,炼苗,将幼苗取出移栽。

【注意事项】

(1) 光照对胚培养的影响,由于胚在胚珠内的发育是不见光的,光对胚胎发育有轻微的抑制作用,所以一般认为在黑暗或弱光条件下培养幼胚比较适宜。离体培养条件下进一步发育的幼胚对光的需求因植物种类而异。

（2）幼胚离体培养时,蔗糖可作为渗透压调节剂。如果幼胚接种于低渗透压的培养基中,易导致幼胚生长停顿,出现早熟萌发现象,导致幼苗畸形。胚龄越小,要求的渗透压越高。随着培养时间的延长及胚龄的增长,所需的渗透压值逐渐降低,如原胚培养的蔗糖浓度一般为8%～12%。因此,幼胚培养的过程中,随着培养时间延长,必须把未成熟的胚转移到蔗糖水平逐渐降低的培养基上。

（3）幼胚培养时所需的培养基成分较为复杂,培养基中植物激素的种类和浓度起到关键作用。植物激素添加不当,可能改变幼胚的发育方向,如脱分化形成愈伤组织,或对胚的生长表现出抑制作用。因此,幼胚培养的关键问题是应该使加入的生长调节物质和植物内源激素保持某种平衡,以维持幼胚的胚性生长。如果激素浓度较低,则不能促进幼胚生长发育;如果激素浓度过高,幼胚可能发生脱分化而影响其正常发育,形成愈伤组织,并由此再分化形成胚状体或芽。

（4）幼胚胚柄在胚培养中起到关键作用。带有胚柄的幼胚,或虽与胚分离但在培养基上与胚紧紧相靠,则会显著刺激胚的进一步发育。

（5）因人工培养基很难取代天然胚乳的作用,所以杂种幼胚的胚乳看护培养尤为重要,即在未成熟胚离体培养时,在其周围培养基上放置来自同一物种另一种子的离体胚乳,对胚的生长会有一定的促进作用,可显著提高幼胚的成活率。

（6）幼胚剥离时,如果幼胚较小,不易观察到,可将其置于解剖镜下进行观察和剥离,剥离时应注意不要损伤幼胚,且使幼胚处于湿润状态,以免过度脱水,影响幼胚的生理活性。

【结果与分析】

（1）幼胚接种后,观察幼胚的生长状况,描述愈伤组织和幼苗的生长状况。

（2）统计愈伤组织诱导率、胚性愈伤组织诱导率、芽分化率及生根率。

愈伤组织诱导率＝(诱导出的愈伤组织块数/接种的幼胚总数)×100%。

胚性愈伤组织诱导率＝(形成的胚性愈伤组织数量/接种的愈伤组织总数)×100%。

芽分化率＝(形成的芽的愈伤组织数量/接种于分化培养基的愈伤组织总数)×100%。

根的诱导率＝(生根芽苗的数量/接种于生根培养基的芽苗总数)×100%。

【作业】

（1）试论述小麦幼胚培养的意义。

（2）请分析植物成熟胚和幼胚培养时有哪些区别。

（3）请分析影响幼胚培养的主要因素有哪些方面。

实验 4　苹果胚乳的培养

【实验目的】

（1）了解胚乳培养的意义。
（2）掌握胚乳的剥离及培养技术。

【实验原理】

　　苹果属于蔷薇科苹果属植物，果实汁多、脆嫩、酸甜适口，具有较高的经济价值。全世界约有 38 种，广泛分布于北美洲、亚洲和欧洲等地。中国约有 30 种，其中特有品种为16 种，中国苹果产销量则居世界之首。虽然我国苹果品种资源丰富，但随着苹果产业不断发展及人民生活水平的提升，苹果的品质提升及其成本控制成为亟待解决的问题。

　　传统的苹果繁育方式可选择嫁接繁育方式，但繁殖效率较低，极大地限制了苹果的选育和规模化的扩繁。利用组织培养繁殖方法，不仅可对母本的优良性状进行保持、提纯或复壮，而且离体培养下繁殖体个体小、群体大，可显著地提高繁殖系数。1977 年北京植物所成功地利用 M7,M9 的茎尖得到完整成活植株，拉开了中国苹果属植物组织培养研究的序幕，目前国内已在器官、组织及原生质体等不同水平上培育出完整植株。

　　胚乳培养是指将胚乳组织从母体上分离出来，通过离体培养，使其发育成完整植株的技术。胚乳培养在理论上可用于胚乳细胞的全能性、胚乳细胞的生长发育和形态建成以及胚乳细胞的生理生化机制等方面的研究。胚乳培养对于研究某些天然产物如淀粉、蛋白质和脂类的生物合成与调控具有重要意义。此外，通过胚乳培养，可获得无核三倍体植株，是三倍体育种的重要手段。在胚乳培养中，除少数寄生或半寄生植物可以直接从胚乳分化出器官外，大多数被子植物的胚乳，无论是未成熟或成熟的，都需要首先经历愈伤组织阶段，再诱导形成芽和根，分化出完整植株。

【仪器、用具及试剂】

　　（1）仪器：超净工作台、高压蒸汽灭菌锅、解剖镜、电子天平、冰箱、纯水仪和灭菌器等。
　　（2）用具：滤纸、烧杯、解剖刀、解剖针、镊子、酒精灯、无菌瓶、pH 试纸、量筒、酒精棉球缸和脱脂棉等。
　　（3）试剂：无菌水、次氯酸钠溶液、75％酒精溶液、水解酪蛋白、6-BA、NAA 和 2,4-D 等。
　　（4）培养基
　　愈伤组织培养基：MS ＋ 0.5 mg/L 2,4-D＋ 1 mg/L 6-BA ＋ 50 g/L 蔗糖＋300～500 mg/L 水解酪蛋白＋ 7 g/L 琼脂粉，pH 6.0。
　　分化培养基：MS＋0.1～1 mg/L 6-BA＋ 30 g/L 蔗糖＋500 mg/L 水解酪蛋白＋

7 g/L 琼脂粉，pH 6.0。

生根培养基：1/2 MS＋0.5 mg/L NAA＋ 30 g/L 蔗糖＋7 g/L 琼脂粉，pH 6.0。

【实验材料】

未成熟的苹果幼果。

【实验方法】

1）配制培养基

愈伤组织培养基（MS ＋ 0.5 mg/L 2,4 - D＋ 1 mg/L 6 - BA ＋ 50 g /L 蔗糖＋ 300～500 mg/L 水解酪蛋白 ＋ 7 g/L 琼脂粉，pH 6.0）。

分化培养基（MS＋0.1～1 mg/L 6 - BA＋ 30 g/L 蔗糖＋500 mg/L 水解酪蛋白＋ 7 g/L 琼脂粉，pH 6.0）。

生根培养基（1/2 MS＋0.5 mg/L NAA＋ 30 g/L 蔗糖＋7 g/L 琼脂粉，pH 6.0）。

按培养基配方提前配制好培养基，高压蒸汽灭菌后分装，备用。

2）取材及消毒处理

苹果胚乳取材时期应在 6 月下旬胚乳已成为细胞组织并充分生长时期，外观呈半透明乳白色，稍有弹性，顶端可见白色幼胚，摘取苹果幼果。用流水冲洗预处理后的幼果 30 min 左右。

将新鲜的幼果转至超净工作台中，用 70％酒精溶液浸泡 1～2 min，用无菌水冲洗 1～ 2 次；用 2％次氯酸钠溶液消毒 20～30 min，用无菌水清洗 3～4 次。

3）愈伤组织的诱导

用干燥的无菌滤纸吸干幼果表面的水分，然后将果实放在灭菌培养皿内。用手术刀和镊子将幼果切开，在解剖镜下取出种子，在种子的合点端纵剖 1 刀，打开种子取出胚囊。轻轻挤压胚囊的胚端，挤出幼胚，剥离出胚乳，选择半透明状固体、富有弹性的胚乳。将胚乳接种在愈伤组织诱导培养基上（MS ＋ 0.5 mg/L 2,4 - D＋ 1 mg/L 6 - BA ＋ 50 g /L 蔗糖＋ 300～500 mg/L 水解酪蛋白 ＋ 7 g/L 琼脂粉，pH 6.0）。接种后置于温度为 25～ 27 ℃，每日光照 10～12 h，自然散射光照下培养。乳胚接种后 10～15 d 产生了旺盛的愈伤组织，多次继代培养。

4）不定芽的分化

苹果属植物外植体生成再生植株还可通过器官间接发生途径，即先脱分化成愈伤组织的形式，再分化成不定芽。多次继代培养后的愈伤组织结构较致密，多呈淡绿色或米黄色。选择长势良好、生长 22～25 d 的愈伤组织用于分化培养，分化培养基为 MS＋0.1～ 1 mg/L 6 - BA＋ 30 g/L 蔗糖＋500 mg/L 水解酪蛋白＋7 g/L 琼脂粉，pH 6.0。诱导愈伤组织分化时期，需提供充足的光照，培养条件为：温度 25～27℃，光照时间为 12 h/d，光照强度为 2 000～3 000 lx。分化培养 20 d 左右，产生绿色芽点，经过 40～60 d 继续生长则成为具有小叶片的植株，45 d 后小芽长出直立簇生的小叶。

5) 生根培养

苹果属植物生根培养一般采用 1/2 MS 为基础培养基,附加一定量的 IAA、IBA 或 NAA 等。试管苗生长至 3~5 cm 时,将其转接至生根培养基中(1/2 MS+0.5 mg/L NAA+ 30 g/L 蔗糖+7 g/L 琼脂粉,pH 6.0)进行生根培养。10 d 左右茎段的基部开始出现根原基,经过 20~30 d 培养根部生长的长度可满足于驯化移栽。

【注意事项】

(1) 胚乳培养成功的关键环节是要选择合适的发育时期。游离核型期的胚乳难以培养,细胞型期的材料易于培养,种子发育后期或接近成熟时期,胚乳难以产生愈伤组织。

(2) 在胚乳培养过程中,培养的胚乳细胞和获得的再生胚乳植株并不都是三倍体。愈伤组织细胞的倍性比较复杂,可能有二倍体、三倍体或多倍体,因此,染色体倍性变异现象在植物胚乳培养中相当普遍,获得的再生植株应做倍性鉴定。

【结果与分析】

(1) 胚乳接种后,观察胚乳愈伤组织的诱导情况,描述愈伤组织的生长状况。

(2) 统计愈伤组织的诱导率、芽的诱导率及生根率。

【作业】

(1) 试论述胚乳培养的意义。

(2) 胚乳培养时,需要注意哪些方面?

实验5　葡萄胚珠的培养

【实验目的】

(1) 了解胚珠培养的意义。

(2) 了解影响胚珠培养的主要因素。

(3) 掌握胚珠的剥离及培养技术。

【实验原理】

胚珠培养是指在人工控制的条件下,对胚珠进行离体培养使其生长发育形成幼苗的技术。胚珠具有生长发育形成幼苗的能力,胚珠培养有两种类型,即未受精胚珠培养和受精后胚珠培养。未受精胚珠培养能够获得单倍体植株,受精后胚珠培养能够用于杂种胚挽救。此外,通过胚珠培养,可以研究和控制雌配子体的发育及其胚胎发生。

在离体胚培养中,处于早期的原胚培养,其分离和培养技术比较困难,不易成功,可采用胚珠培养,促进原胚继续胚性生长,使幼胚发育成熟,获得完整的植株。胚珠培养时,通过诱导获得的愈伤组织可来源于幼胚,也可能来自珠心组织。因此,胚珠培养时需控制好培养基和培养条件诱导胚的生长和发育。影响胚珠培养的因素主要有植物的基因型、培养基种类、激素种类和浓度、培养条件等。胚珠培养可用于无核葡萄品种选育、早熟品种挽救和远缘杂交胚挽救等育种实践。如选择假单性结实的无核品种作母本,与无核品种杂交,则在乎合子胚败育前进行离体胚珠培养,可得到葡萄无核品种,其后代的无核株率达80%以上,且育种周期能够缩短一半。

【仪器、用具及试剂】

(1) 仪器:超净工作台、高压蒸汽灭菌锅、电子分析天平和解剖镜等。

(2) 用具:滤纸、烧杯、解剖刀、镊子、剪刀、培养皿、量筒、移液管、封口膜、酒精灯、无菌消毒瓶、pH试纸、酒精棉球缸和脱脂棉等。

(3) 试剂:1/2 MS培养基粉、Nitsch培养基粉、无菌水、琼脂粉、蔗糖、次氯酸钠溶液、75%酒精溶液、水解酪蛋白、6 - BA、NAA、IBA、ZT和GA$_3$等。

(4) 培养基

胚珠发育培养基:Nitsch + 2 mg/L IBA + 0.5 mg/L 6 - BA + 0.5 mg/L GA$_3$ + 0.1 mg/L ZT + 60 g /L 蔗糖 + 500 mg/L 水解酪蛋白 + 6.5 g/L 琼脂粉,pH 5.8。

胚珠萌发培养基:Nitsch + 1 mg/L 6 - BA + 2 mg/L IBA + 0.2 mg/L GA$_3$ + 30 g/L 蔗糖 + 300 mg/L 水解酪蛋白 + 6 g/L 琼脂粉,pH 5.8。

成苗培养基:1/2 MS + 0.02 mg/L 6 - BA + 0.15 mg/L IBA + 20 g/L 蔗糖 + 6 g/L 琼脂粉,pH 5.8。

【实验材料】

受精后35～40 d的葡萄幼果。

【实验方法】

1) 配制培养基

胚珠发育培养基:Nitsch + 2 mg/L IBA + 0.5 mg/L 6 - BA + 0.5 mg/L GA$_3$ + 0.1 mg/L ZT + 60 g /L 蔗糖 + 500 mg/L 水解酪蛋白 + 6.5 g/L 琼脂粉,pH 5.8。

胚珠萌发培养基:Nitsch + 1 mg/L 6 - BA + 2 mg/L IBA + 0.2 mg/L GA$_3$ + 30 g/L 蔗糖 + 300 mg/L 水解酪蛋白 + 6 g/L 琼脂粉,pH 5.8。

成苗培养基:1/2 MS + 0.02 mg/L 6 - BA + 0.15 mg/L IBA + 20 g/L 蔗糖 + 6 g/L 琼脂粉,pH 5.8。

2）取材及消毒处理

取授粉后 35～40 d 葡萄幼果，用剪刀剪取带有 1～2 cm 果柄的果粒，放入漏框中，流水冲洗 1 h，用清水清洗干净后，将表面的水分晾干，备用。

将幼果置于超净工作台中，置于 75％酒精溶液中浸泡 60 s，用无菌水冲洗 3 次；用 2％次氯酸钠溶液浸泡 25～30 min，用无菌水冲洗 4～5 次，封口后备用。

3）接种与培养

将消毒后的幼果置于无菌滤纸上，用镊子和解剖刀剖开幼果，取出胚珠，接种于胚珠发育培养基表面。因幼胚发育程度较低，为多细胞时期和球形胚时期，处于异养阶段，主要依赖于胚乳和周围母体组织吸取养分。母体组织胚珠从培养基中吸收养分，所以胚株发育培养基加入了水解酪蛋白和不同浓度配比的植物生长调节剂，且蔗糖浓度较高，使幼胚处于高渗培养基中，防止幼胚过早萌发，以便利于幼胚的生长和发育。

接种后将其转至培养室中进行培养，培养温度为 25～26 ℃，光照强度为 1 000～2 000 lx，16 d 光照和 8 h 黑暗培养。当培养 40 d 左右时，幼胚的质量和体积增大 3～4 倍，颜色深绿且饱满，可对胚珠进行萌发培养。

4）胚珠萌发培养

胚珠培养 56 d 后，用手术刀将胚珠横切，接种于胚珠萌发培养基表面，培养基中蔗糖和酪蛋白的用量减少，降低了生长素浓度，提高了细胞分裂素的浓度，以便促使胚萌发。当胚萌发，芽伸长后，可进行成苗培养。

5）成苗培养

将萌发后的幼苗转入成苗培养基，培养基中增加生长素 IBA 的用量，去除细胞分裂素 6 - BA，以利于幼苗快速生长，获得健壮的试管小苗。

【注意事项】

（1）取材时，应掌握好授粉后的取材时间。

（2）胚珠剥离时，应避免胚珠受到损伤。

（3）培养基所添加的蔗糖浓度、植物生长调节剂的种类和浓度应合理，以免幼胚早熟萌发或幼苗畸形。

【结果与分析】

（1）胚珠接种后，观察胚珠的生长情况及成苗过程。

（2）统计胚珠的成活率和成苗率。

【作业】

（1）论述影响胚珠培养的主要因素。

（2）简述胚珠培养的程序。

实验6　黄瓜子房的培养

【实验目的】

(1) 了解子房培养的意义。
(2) 掌握子房培养技术。

【实验原理】

　　子房培养是指将子房从母体上分离下来，放在人工配制的培养基上，使其进一步生长发育成为幼苗的过程。该过程包括雌核启动阶段、胚状体诱导阶段和成苗阶段。该方法可以克服幼胚或胚珠分离技术和培养的难度。根据所培养的子房是否受精，可将子房培养分为受精后子房培养和未受精子房培养两类。1949年至1951年，尼特奇(Nitsch)建立了较完整的子房培养技术，培养了小黄瓜、番茄、菜豆、草莓和烟草等植物授粉前和授粉后的离体子房，在含蔗糖的无机盐培养基上，授粉后的小黄瓜和番茄获得了成熟果实及具有生活力的种子。随后，相继在大麦、烟草、小麦、向日葵、水稻、玉米、百合、青稞、荞麦及杨树等数十种植物上获得了单倍体植株。

　　黄瓜为葫芦科黄瓜属植物。一年生蔓生或攀缘草本，茎、枝伸长，有棱沟，被白色的糙硬毛，卷须细，叶片宽卵状心形，雌雄同株，是世界上重要的蔬菜作物。获得纯系(或自交系)对于加速黄瓜育种进程具有非常重要的意义。未授粉子房离体培养诱导胚囊细胞发育的雌核途径是获得黄瓜单倍体植株更为有效的方法，快速获得纯系能够有效地加速黄瓜育种的进程。研究表明，不同基因型、栽培方式、取材时期、子房发育时期、基础培养基、激素种类和浓度、热激温度和热激时间对黄瓜未授粉子房诱导和植株的再生具有影响。

【仪器、用具及试剂】

　　(1) 仪器：超净工作台、培养箱、高压蒸汽灭菌锅和电子分析天平等。

　　(2) 用具：滤纸、烧杯、解剖刀、镊子、培养皿、培养瓶、量筒、移液管、封口膜、酒精灯、pH试纸、酒精棉球缸和脱脂棉等。

　　(3) 试剂：N_6培养基、1/2 MS培养基、无菌水、琼脂粉、蔗糖、10%次氯酸钠溶液或0.1%氯化汞、75%酒精溶液、苯基噻二唑基脲(TDZ)、秋水仙素、6-BA、NAA和IBA等。

　　(4) 培养基

　　启动诱导培养基：N_6基本培养基＋0.06 mg/L TDZ＋40 g/L蔗糖＋6 g/L琼脂粉，pH 5.7。

　　胚状体分化培养基：N_6基本培养基＋0.20 mg/L NAA＋0.8 mg/L 6-BA＋40 g/L蔗糖＋6 g/L琼脂粉，pH 5.7。

生根培养基:1/2 MS+0.5 mg/L IBA+ 30 g/L 蔗糖+7 g/L 琼脂粉,pH 5.7。

【实验材料】

开花前 2~3 d 的黄瓜子房。

【实验方法】

1) 配制培养基

启动诱导培养基:N₆ 基本培养基+0.06 mg/L TDZ +40 g/L 蔗糖+6 g/L 琼脂粉,pH 5.7。

胚状体分化培养基:N₆ 基本培养基+ 0.20 mg/L NAA+ 0.8 mg/L 6 - BA+40 g/L 蔗糖+6 g/L 琼脂粉,pH 5.7。

生根培养基:1/2 MS+0.5 mg/L IBA + 30 g/L 蔗糖+7 g/L 琼脂,pH 5.7。

2) 取材及消毒处理

黄瓜为异花授粉作物,花朵开放之前处于闭合状态,取开花前 2~3 d 雌花绝少有授粉机会,胚囊中的胚珠发育时期为单倍体诱导的理想时期。在盛花期取长势旺盛的黄瓜植株上开花前 2~3 d、长度 2.0~2.2 cm 未授粉雌花瓜条为外植体。除去花冠和子房表面刺瘤后,先用洗涤剂清洗,再用流水冲洗 5 min。

将预处理后的黄瓜子房转入超净工作台中,用 75%酒精溶液消毒 30 s,用无菌水冲洗 2 次;再用 10%次氯酸钠溶液灭菌 15~20 min,或放入 0.1%氯化汞溶液中浸泡 10~15 min,再用无菌水冲洗 4 次,每次 1 min。

3) 接种与诱导培养(启动雌核发育)

将消毒后的材料置于无菌滤纸上吸净其表面的水分。用解剖刀去掉外植体花冠及瓜把,留取中间部分,用解剖刀削去外植体表皮,然后横切成片(厚约 0.3 cm)或纵切成 2~4 条小段(长约 1 cm),将黄瓜子房暴露,将其接种于启动诱导培养基上(N₆ 基本培养基+0.06 mg/L TDZ +40 g/L 蔗糖+6 g/L 琼脂粉,pH 5.7)。每个雌花瓜条接种 1~2 个培养皿。

在黑暗条件下进行热激处理,热激温度为 35℃,热激处理 4 d。然后转入 25℃、光照强度为 2 000 lx、16 h 光照/8 h 黑暗条件下培养。黄瓜子房外植体接种 7 d 后,经过诱导的大孢子便开始发育,可观察到切成条状或片状的子房外植体上有类似球形胚结构的突起物。再将其转到分化和再生培养基上进行胚的发育和植株的再生。

4) 胚状体诱导阶段

在无菌条件下,将启动培养阶段所诱导的带有球状突起的黄瓜子房切片或纵切小段转接到胚状体分化培养基(N₆ 基本培养基+ 0.20 mg/L NAA+ 0.8 mg/L 6 - BA+40 g/L 蔗糖+6 g/L 琼脂粉,pH 5.7)上。接种后将其转至培养室中继续培养,胚状体生长健壮。培养温度为 25~26 ℃,光照强度为 4 500 lx,16 d 光照和 8 h 黑暗培养。经过 28 d 左右的生长,可以见到发育渐成熟的胚状体和分化出的幼芽,将其转到再生培养基上对再生苗进行生根培养。

5) 成苗培养

将获得的再生苗不定芽接种在生根培养基(1/2 MS+0.5 mg/L IBA ＋ 30 g/L 蔗糖＋7 g/L 琼脂)上进行生根培养。

子房培养 40 d 时,子房产生有根和芽分化的组织,培养 55 d 时该组织分化出完整的幼苗,60 d 时幼苗生长并出现侧枝和卷须。

6) 植株的倍性鉴定

经未受精子房培养获得的再生植株有正常二倍体、单倍体、双单倍体及混合倍性植株,因此,必须通过倍性检测来选择单倍体植株。在进行黄瓜子房培养时,倍性检测可归为细胞学和形态学两个方面。

(1) 细胞学水平上

可根据染色体数、染色中心直径和异染色质数、叶片气孔保卫细胞、叶绿体等对再生植株倍性进行检测。其中染色体计数法是确定倍性最基本和精确的直接方法,以卷须和根尖为材料进行染色体制片。

(2) 形态学观察

一般染色体的同源倍数越多,细胞核和细胞体积越大,叶片大小、厚度、气孔和花粉粒大小、花和种子大小、茎的粗度也随之递增,这种特征为多倍体的巨大性。黄瓜单倍体和双单倍体植株雌、雄花冠,花粉具有明显区别。单倍体虽也能结果,但果实多异形,且种子不正常;而双单倍体不仅果形正常,且种子饱满,单倍体在长势上大多弱于双单倍体,这些都可以作为区别单倍体和双单倍体的形态指标。

7) 单倍体植株的倍性加倍

单倍体只有加倍成双单倍体才能运用于育种实践。对作物单倍体进行加倍主要是采用秋水仙素处理。秋水仙素能够阻止正在分裂的植株细胞内纺锤丝的形成,而在药效

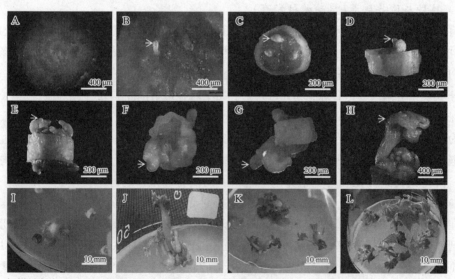

注:A. 新鲜子房片;B. 35℃暗处理 2 d 的子房;C. 整个胚珠突出组织;D. 胚状体突出珠被;E. 球形胚;F. 心形胚;
G. 鱼雷形胚;H. 子叶形胚;I. 有根和叶的组织;J、K. 幼苗;L. 完整植株;图中白色箭头指向胚。

图 4-3 黄瓜子房离体培养形成再生植株的过程

(引自曹冰东等,2022)

消失后植株又能恢复常态,重新进行分裂而使染色体加倍。秋水仙素诱导多倍体的方法主要有:浸泡法、滴芽法和羊毛脂涂抹法等,使用浓度范围为 0.01%～1.0%,处理时间因作物和诱导部位的不同而有所差异,处理温度通常为植物生长的最适温度。

【注意事项】

(1) 黄瓜子房的发育阶段和发育水平是影响雌核途径诱导单倍体的重要因素,未授粉子房开花前 2～3 d 的胚诱导率最高。植株上不同雌花节位采收的子房也能影响胚状体的产量,如子房采收的部位过高或过低出胚量都相对较少,在生理阶段相对成熟而尚未衰老的时期,即在植株第 21～30 节位采收的子房出胚量最高。可能是因为黄瓜子房处于植株较低节位时,子房还没有完全发育成熟,节位过高时(超过 30 节),植株的生理状态开始衰老,胚胎内源激素的种类和水平发生变化导致较难出胚。

(2) 预处理是未授粉子房接种到培养基后进行的高温热激处理或低温处理。预处理后可能影响到子房内酶的变化和营养物质的积累从而改变了雌核发育途径。黄瓜未授粉子房离体培养中的预处理大多选择高温热激处理方式,一般热激处理温度为 33～35℃,处理时间为 3～4 d 时能显著地提高雌核启动率和胚状体诱导率。

(3) 培养基是未受精子房离体培养过程中的一个重要影响因素,包括基础培养基、激素、碳源等。不同基础培养基对胚状体的影响有明显差异,黄瓜未受精子房离体培养中大多采用 CBM、MS 及 N_6 固体培养基,其中 N_6 固体培养基的胚状体诱导率及成苗率最高。激素的种类及配比是影响未授粉子房离体培养的关键因素。但由于基因型不同、胚状体发育阶段不同,黄瓜未受精子房对激素的种类及浓度要求各不相同。培养基中不添加外源激素不能诱导离体雌核发育途径的启动。TDZ 具有生长素和细胞分裂素的双重作用的特殊功能。大量研究发现,TDZ 对黄瓜雌核启动有着至关重要的作用,其浓度对胚发生频率有极显著的影响,有效浓度为 0.02～0.08 mg/L。随着 TDZ 质量浓度上升,雌核启动率呈先上升后下降趋势,低于此范围虽也有胚状体产生,但之后很容易黄化和失去活力而不能进一步发育和分化;而高于此范围反而会抑制胚状体的产生,原因可能是高浓度的 TDZ 会刺激组织细胞大量形成乙烯从而抑制生长发育。

(4) 黄瓜未受精子房采用的接种方式包括横切、纵切及完整子房等,子房的切割方式也能影响到胚状体的诱导率。在培养过程中未授粉黄瓜子房横切后平放接种于培养基时,瓜片的上下两面都有胚状体形成,下部胚状体的支撑造成瓜片悬空,在一定程度上影响了营养物质的吸收。而瓜条被纵切成条状,侧放于培养基上,胚状体的诱导率要高于横切成片状平放于培养基上的诱导率。条状的外植体由于未授粉雌花瓜条切割的体积较大,胎座及着生部位保存相对完好,更接近幼胚发育的自然环境,可以为胚胎发育提供较全面的营养物质,因此容易诱导出胚状体,但其后期胚状体分化为幼苗的频率较低,这可能与密集的胚状体相互争夺营养有关。

(5) 雌核启动后,膨大的组织会向两个方向发展,一个方向是直接诱导出胚状体,另一个方向是先形成愈伤组织,再分化为体细胞胚,但愈伤组织分化较困难,会产生大量的非胚性愈伤,因此胚状体途径是比较理想而且直接的发育途径。大量研究发现,在培养过

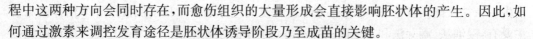

程中这两种方向会同时存在,而愈伤组织的大量形成会直接影响胚状体的产生。因此,如何通过激素来调控发育途径是胚状体诱导阶段乃至成苗的关键。

(6) 利用未受精子房为材料,所获得的再生植株有正常二倍体、单倍体、双单倍体及混合倍性,因此,必须通过倍性检测来选择单倍体植株。

【结果与分析】

(1) 未受精子房培养 21 d 时,观察胚状体的形态特征。

(2) 统计胚状体的诱导率。

(3) 统计幼苗的分化率。

(4) 观察并描述单倍体植株和二倍体、多倍体植株形态特征的区别。

【作业】

(1) 影响子房培养的主要因素有哪些方面?

(2) 简述未受精黄瓜子房培养的程序。

(3) 未受精子房培养的主要意义有哪些?

(4) 如何对单倍体植株进行加倍获得二倍体植株?

(5) 如何对再生植株进行倍性鉴定?

第五部分

植物花药和花粉培养

实验1 小麦花药离体培养

【实验目的】

学习小麦花药的采集、灭菌、接种、培养等具体操作方法。

【实验原理】

小麦花药培养育种是小麦产生单倍体、快速稳定遗传变异的主要途径,具有克服后代分离、缩短育种年限、排除显隐性基因干扰、提高育种选择效率等优点。小麦花药培养自20世纪70年代开始获得花药培养植株以来,在理论和应用研究方面取得了长足的发展,这项技术逐渐趋于成熟,培养效率不断提高,并与辐射诱变、远缘杂交和转基因技术相结合,在种质资源和特异遗传资源创制等方面发挥了一定作用。我国在小麦花药培养的应用上尤为突出,利用该技术先后育成了京花1号、京花10号、北京8686、扬麦9号、花培6号、花培1号、陕农28、宁春42号、冀紫439、航麦901、陇春31号、豫麦37号、豫麦60号、奎花1号等40多个小麦品种。

一般来说,小麦花药培养主要包括材料的种植、孕穗期取材、预处理、花药接种、脱分化培养、分化培养、壮苗培养、炼苗、移栽和染色体加倍等环节。小麦花药培养时,材料的基因型、脱分化培养基及附加成分、培养条件是最重要的影响因素。此外,材料的种植环境、花药发育时期、预处理方式、接种密度、白化苗的分化频率、花培苗的越夏、单倍体植株加倍等也会不同程度地影响培养效果。我国小麦单倍体育种中广泛使用的培养基主要有MS、N_6 和 C17。其中,MS 广泛用于植物器官、花药、细胞和原生质体培养,效果良好。C17 培养基主要适用于小麦的花药培养。

【仪器、用具及试剂】

(1) 仪器:超净工作台、显微镜和人工气候培养箱等。

（2）用具：小镊子、三角瓶、棉球、纱布、冰箱、载玻片和盖玻片等。

（3）试剂：MS 基本培养基、2,4 - D、KT、NAA、75％酒精溶液、蔗糖、琼脂粉、诺氏固定液、DAPI 荧光染料、多效唑、1.5％二甲基亚砜和 0.04％秋水仙素等。

【实验材料】

小麦幼穗。

【实验方法】

1）取材及镜检

从麦穗顶端位于旗叶底端以下 3 cm 到抽穗后麦穗顶端超出旗叶底端 3 cm，取不同发育时期的小麦花药，放入卡诺氏固定液（无水乙醇∶冰乙酸＝3∶1）中固定 10 min，用蒸馏水冲洗 2 次，放于载玻片上，滴加 10 μL DAPI（浓度为 0.2 μg/ml）荧光染料。花药捣碎后，释放小孢子，盖上盖玻片，置于显微镜下，观察小孢子的发育时期，确定小孢子处于单核晚期，再确定麦穗外部形态（图 5-1）。

采集小孢子发育处于单核晚期的麦穗，装入采样袋，带回实验室。将麦穗用湿润的纱布包裹，置于 4℃低温、黑暗条件下进行低温预处理，处理时间为 2～3 d。

2）表面消毒

低温处理后的小麦幼穗除去叶片，转入超净工作台。麦穗表面喷洒 75％酒精溶液，消毒 1 min，然后用无菌滤纸将麦穗表面擦干，剪去麦芒，浸泡于 5.3％次氯酸钠溶液（附加 2～3 滴吐温 60）中，消毒 3 min，用无菌蒸馏水快速冲洗 3～4 次。

3）愈伤组织诱导

将消毒后的小麦幼穗在无菌条件下除去叶鞘，剥取幼穗中部花药，接种到愈伤组织诱导培养基（MS＋2 mg/L 2,4 - D＋0.5 mg/L KT＋10％蔗糖＋0.7％琼脂），每瓶接种 80～100 枚花药。接种后将培养瓶置于黑暗、28～29℃温度条件下诱导愈伤组织。培养 25～30 d 后，待愈伤组织长至小米粒大小时统计花药愈伤组织的诱导率。

4）不定芽分化

当愈伤组织生长到 1.5～2.0 mm 时，将其转移到不定芽分化培养基（MS＋0.5 mg/L NAA＋1 mg/L KT＋3％蔗糖＋0.7％琼脂）上进行不定芽分化培养。

5）不定根诱导

在幼苗长出 2～3 片真叶时，可将其转入生根培养基（MS＋3 mg/L 多效唑＋1 mg/L NAA＋8％蔗糖＋0.7％琼脂）。在 25℃温度下诱导不定根，然后及时将再生植株转入 4～8 ℃低温、弱光下进行蹲苗。

6）炼苗和移栽

将长至 5 cm 高度、根系发育良好的试管苗移至温室，炼苗 5～7 d。洗净试管苗根部表面的琼脂培养基，移栽于苗床上。移栽后在苗床上搭盖塑料薄膜，严冬时加盖苇帘等，使小麦移栽苗处于不低于 0 ℃的条件下越冬。早春气温回升到 2～3℃时，揭去塑料薄膜,进行正常的田间管理。

7）染色体倍性检测

剪取新鲜小麦叶片,用湿滤纸包裹,置于冰上,保证样品的新鲜程度。采用细胞染色体计数方法确定花粉植株的倍性。

8）染色体加倍

方法①:制备 8 g/L 秋水仙素溶液,过滤除菌后,向培养基表面添加 2 mL 无菌秋水仙素溶液,20 ℃黑暗条件下处理 12 h。将幼苗取出后,在自来水下冲洗 4 h,移栽到大田。

方法②:将单倍性植株从土中挖出,洗去泥土,使用 2 g/L 秋水仙素溶液浸泡材料分蘖节部位 12 h,再用自来水冲洗 12 h,重新移栽到大田。

【结果与分析】

（1）观察小麦花药的发育时期,花药接种后,统计愈伤组织的诱导率。

（2）统计芽的分化率和根的诱导率。

【作业】

（1）简述小麦花药培养的操作过程。

（2）小麦花药培养的主要意义有哪些方面?

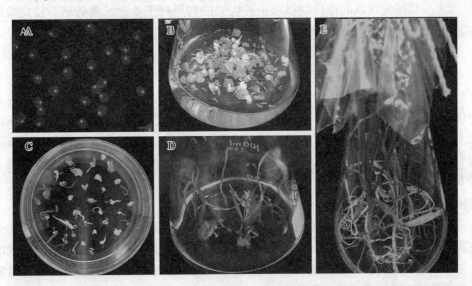

注:A. 小孢子单核晚期(20 倍镜拍照,标尺＝50 μm);B. 花药培养形成愈伤组织(箭头所指为愈伤组织, "＊"代表子房);C. 愈伤组织分化培养;D. 生根培养;E. 试管苗壮苗培养。

图 5-1 小麦花药培养的过程
(引自陶柔,2021)

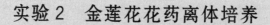

实验 2　金莲花花药离体培养

【实验目的】

（1）学习花粉发育时期的镜检技术并掌握各个时期的细胞学特征。

（2）掌握花药分离的无菌操作技术。

（3）掌握金莲花花药离体培养的方法。

【实验原理】

花药培养是通过植物组织培养技术，将发育到特定阶段的花药，经过无菌操作技术，接种在人工配制的培养基上，改变花药内花粉粒的发育途径，诱导其分化，并连续进行有丝分裂，形成细胞团，进而形成愈伤组织或分化成胚状体，随后使其分化成完整植株的过程。由于花粉细胞的染色体数目仅为花粉母细胞或体细胞染色体数目的一半，所以称其为单倍体植物。通过这一途径获得单倍体后再使其染色体加倍，就能得到大量无分离的纯合二倍体，从而实现对杂种后代的早期选择，缩短育种年限。在单倍体细胞中只有单个染色体组，其表现型和基因型一致，一旦发生突变，无论是显性还是隐性，均可在当代表现，从而为准确研究性状的遗传规律和杂种优势的利用打下基础。花药培养较花粉培养操作简单，成活率更高，是现阶段单倍体培养的主要方式。

金莲花为毛茛科金莲花属多年生植物，分布于山西、河南北部、河北、内蒙古东部、辽宁和吉林的西部，生于海拔 1 000～2 200 m 山地草坡或疏林下。植株秀丽、花色金黄，是优良的花坛、花境和盆花材料；同时，其花朵有极高的药用价值，所含黄酮、牡荆苷等具有治疗口疮、喉肿、耳疼、目痛及明目、解岚瘴等功效。现代药理研究还表明：金莲花在治疗呼吸道感染、咽炎、扁桃体炎、支气管炎等方面具有较好的功效，且具有抗氧化、抗病毒、抗肿瘤等作用。随着人们对金莲花价值认识的提升，越来越多的野生金莲花资源遭到了极大的人为破坏，严重影响了种质资源的多样性。因此，采用植物组织培养技术获得大量快速繁殖及培育新品种尤为重要。

通过花药培养技术对金莲花进行品种改良，可在短期内培育出高产量高品质的金莲花纯系品种，使隐性性状表现出来从而能够尽早识别，丰富材料类型，提高基因性状的组合效率。影响花药离体培养形成植株的主要因素包括：①花粉发育时期，花粉发育时期对愈伤组织形成和植株再生具有重要意义，并不是所有时期的花粉都能产生愈伤组织和胚状体，只有在特定时期的小孢子对离体培养最为敏感，所以选择适宜的花粉发育时期是决定培养成败的关键因素之一。②在花药培养中，不同条件的预处理也是影响花药愈伤组织形成的主要因素，选择适合的预处理方式可以加速胚状体的发生，较容易得到花药培养的植株。③培养条件，包括植物生长调节剂、基本培养基类型、碳源和附加其他成分等。花药培养一般是先在暗处培养，待愈伤组织形成后再转移到光下促进分化。光照时间和培养温度依据培养材料决定。

【仪器、用具及试剂】

（1）仪器：电子分析天平、高压蒸汽灭菌锅、超净工作台、烤片机、光学显微镜和恒温培养箱等。

（2）用具：游标卡尺、冰盒、自封袋、镊子、载玻片、盖玻片、解剖刀或解剖针、滤纸、培养皿和培养瓶等。

（3）试剂：卡诺氏固定液（乙醇∶冰乙酸＝3∶1）、95％酒精溶液、70％酒精溶液、1％醋酸洋红染色液、0.1％氯化汞溶液、无菌水、MS 基本培养基、蔗糖、麦芽糖、琼脂粉、6-苄氨基腺嘌呤、2,4-二氯苯氧乙酸、α-萘乙酸、吲哚乙酸和激动素等。

【实验材料】

金莲花花蕾。

【实验方法】

1）花蕾的镜检

采集时间选择在晴天早晨，选择生长良好、健康的金莲花植株采集未开放花蕾。根据花蕾大小，用游标卡尺测量花蕾的横径长度，采集 0.93～1.13 cm 大小的花蕾。将其装入自封袋中，放入冰盒后带回实验室。

将花蕾放入卡诺氏固定液中，浸泡固定 1 h 后，取出再用 95％酒精溶液冲洗至不含冰醋酸为止。再转入 70％酒精溶液中，放置于 4℃低温中储藏 7～10 d。将已固定的花蕾放在载玻片上，去除花瓣后将花药取出，横切花药，将花药中的花粉粒挤出并放在载玻片上。滴一滴 1％醋酸洋红染液于载玻片上，盖上盖玻片，用滤纸吸去多余的染色液，静置 1 min。烤片后，使其均匀染色。将载玻片置于光学显微镜下，分别调至 10×4、10×10、10×40（目镜×物镜）倍镜下进行观察。每个视野观察 3 个区域计数以确定花粉发育时期，观察发现花粉的发育时期主要包括四个时期：①四分体时期，细胞壁呈透明状，细胞中有 4 个连接的子细胞；②单核早中期，细胞中央有一个明显的核，细胞壁有所增厚；③单核靠边期，细胞核挤到一侧，靠近细胞壁；④双核时期，有一大一小两个核（图 5-2）。

由于小孢子的不同发育时期所对应的花蕾外部形态不同，可根据花蕾外部形态的大小采集相应发育时期的花蕾样品。四分体时期：花蕾由 3～4 层萼片紧密包被，花苞小而不饱满，整体呈青绿色，花蕾横径长度为 5.32～7.32 mm；单核早中期：随着花蕾不断长大，花苞黄绿色略饱满，花蕾横径长为 9.34～11.34 mm；单核靠边期：当萼片包被花蕾渐渐松散，花药已分化，花药和花蕾都呈黄色时，花蕾横径长度达到 11.35～13.35 mm；双核期：整个花蕾膨大，部分萼片展开露出花药，横径在 13.36～15.36 mm。

2）金莲花花药愈伤组织的诱导

（1）金莲花花蕾取材和消毒处理

采集横径长度为 11.35～13.35 mm 的花蕾，此时花粉发育时期为单核靠边期。将收集的新鲜花蕾带回实验室后，置于流水下冲洗 30 min，吸去花蕾表面的水分。将清洗干净的花蕾置于超净工作台中，用 70% 酒精溶液灭菌 30 s，用无菌水冲洗 3～4 遍；再用 0.1% 氯化汞溶液浸泡 10 min，用无菌水冲洗 3～4 遍。

（2）金莲花花药的接种

将消毒处理后的花蕾置于铺有无菌滤纸的接种盘中，用灭菌后的镊子剥去花瓣，用镊子夹取无菌的花药。将花药接种于诱导培养基上。诱导培养基采用 MS 为基本培养基，添加 2.0 mg/L 6-苄氨基腺嘌呤(6-BA)和 1.0 mg/L 2,4-二氯苯氧乙酸，附加 30 g/L 蔗糖、7 g/L 琼脂，pH 调至 5.8～6.0。

（3）愈伤组织的培养

将接种后的培养物先置于 4℃ 低温处理 2 d 后，再放置于温度为 24～26 ℃、黑暗培养的条件下进行培养，诱导金莲花花药愈伤组织。30 d 后统计愈伤组织的诱导率、褐化率及其生长状态。经 4℃ 低温处理后的花蕾出愈率高，出愈快，愈伤组织膨大、质地疏松，长势最好。

3）金莲花愈伤组织分化成苗

挑选生长至大小 2 mm 的愈伤组织，接种于 MS+0.5 mg/L α-萘乙酸+1.0 mg/L 激动素+30 g/L 麦芽糖+7 g/L 琼脂，pH 5.8～6.0。接种后将其放置于温度为 24～26℃、光照强度为 1 200 lx、光照时长为 16 h/d 的培养条件下进行分化培养。培养 25 d 后观察愈伤组织的分化情况和分化芽的形态特征。可以观察到愈伤组织的生长状态最好，并有小叶片出现。

4）金莲花不定芽的生根诱导

待金莲花的不定芽生长至 1.5～2 cm 时，将不定芽转接至生根培养基中，以 1/2 MS 为基本培养基，添加 0.8 mg/L 吲哚乙酸，附加 30 g/L 麦芽糖和 7 g/L 琼脂，pH 5.8～6.0。接种后置于温度为 24～26℃、光照强度为 1 200 lx、光照时长为 16 h/d 的条件下培养。诱导金莲花生根，培养 26 d 后可观察到金莲花根系较发达，且生长最旺盛。统计不定芽的生根情况。

5）金莲花再生苗的驯化移栽

当植株长出 4～6 片叶子、根长 2～3 cm 时，将培养瓶瓶口敞开进行炼苗，让再生植株逐渐适应外界环境。将植株从培养瓶中取出，清洗根部残留的培养基，将其移栽到营养钵中。放置于温度为 25～28 ℃、12 h 光照的温室内，待其能正常生长时，统计成活率。

【注意事项】

（1）通过镜检确定金莲花小孢子的发育时期，金莲花小孢子发育时期与花蕾外部形态特征存在密切关系，因此，田间取材时可将花蕾大小、颜色作为判断标准。

（2）花药分离时，操作过程应避免使花药受到损伤，如有损伤，则应淘汰，因为损伤常常会刺激花粉壁形成二倍体的愈伤组织。

（3）花药在不同基本培养基中的诱导率表现出明显差异，MS 基本培养基中无机盐含量较高，且微量元素及有机营养成分含量丰富，较适合诱导金莲花花药愈伤组织。

（4）预处理对花药培养中愈伤组织的诱导具有促进作用。预处理方式通常有低温、高温、离心、高渗溶液处理等。对接种前的金莲花花药进行预处理，使其受到外界环境的胁迫，改变其原有发育途径，进行脱分化，可提高愈伤组织的诱导率。如低温预处理，可影响小孢子的发育途径，有利于花药中营养物质的积累，促使大部分小孢子吸收营养并保持活力，提高愈伤组织的诱导率。

（5）用 0.1 mol/L 蔗糖溶液浸泡金莲花花蕾 60 min，该预处理方法比低温预处理和甘露醇预处理的愈伤组织诱导率更高，说明蔗糖可以作为浸泡液为花药提供碳源，对花药愈伤组织的诱导能产生促进作用。

（6）在培养过程中应注意观察培养基中是否有污染现象，如有污染应及时更换培养基，以免材料过度污染死亡。

【结果与分析】

（1）观察花药愈伤组织的形态特征，统计花药愈伤组织的诱导率，填写下表。

花药愈伤组织诱导率＝（愈伤组织块数/接种花药总数）×100%；
不定芽的分化率＝（分化不定芽数的愈伤数/接种愈伤组织总数）×100%；
生根率＝（生根数/接种的芽数）×100%；
移栽成活率＝（存活的幼苗/移栽幼苗的总数）×100%。

接种日期	接种花药数量	愈伤组织诱导率	愈伤组织的形态特征	不定芽的分化率	不定根的诱导率	幼苗的生长状况	移栽成活率

（2）若愈伤组织产生出胚状体，请观察和描述胚状体的发育过程及其形态特征。

【作业】

（1）什么是花药离体培养？
（2）请分析影响花药离体培养的主要因素。
（3）花药培养中需要注意哪些问题？

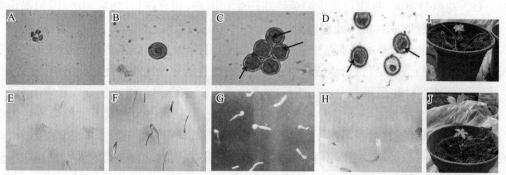

注:A. 花粉四分体时期(400×);B. 花粉单核早中期(400×);C. 花粉单核后期(400×);D. 花粉双核期(400×);
E. 刚接种后的花药;F. 4℃低温诱导 20 d 的花药;G. 甘露醇诱导 20 d 的花药;
H. 蔗糖诱导 20 d 的花药;I. 单倍体植物;J. 二倍体植物。

图 5-2　金莲花花药诱导再生植株
(引自杜娟,2020)

实验 3　金莲花花粉离体培养

【实验目的】

(1) 掌握金莲花花粉离体培养的基本操作过程。

(2) 了解金莲花花药培养和花粉培养的区别。

【实验原理】

花粉培养又称为游离小孢子培养,指将发育到一定阶段的花粉从花药中游离出来成为分散或游离状态,通过离体培养使花粉粒脱分化,进而发育成完整植株的过程。花粉培养是在花药培养基的基础上发展起来的技术。花粉培养区别于花药培养之处是:前者属于单细胞培养,而后者属于器官培养范畴。在游离花粉培养中,雄核发育是在脱离花药内环境的状况下独立进行的,这也是花粉培养比花药培养相对困难的原因。

花粉培养的主要目的是获得单倍体植株,进而得到双单倍体植株,最终获得纯合系品种。小孢子分化主要有两种途径:胚状体途径和愈伤组织途径,有的物种在小孢子培养过程中只有一种分化途径,有的是两种途径都有。

花粉培养始于 20 世纪 50 年代,Tulecke 将银杏花粉粒培育在适宜的培养基上,最终获得单倍体愈伤组织。1982 年,Lichter 采用甘蓝型油菜的游离小孢子离体培养,诱导胚胎发生和植株再生。此后,各科植物均有花粉培养获得单倍体植株的报道,不少已被应用于育种实践。一般认为,花粉发育时期、预处理(低温、高温、离心等)、营养和调节因子、供体植株基因型和生理型等对雄核发育有明显影响。此外,研究还发现"药壁因子"在花粉雄核发育中起重要作用。

【仪器、用具及试剂】

(1) 仪器:电子分析天平、高压蒸汽灭菌锅、超净工作台、光学显微镜和培养箱等。

(2) 用具:游标卡尺、冰盒、自封袋、镊子、载玻片、盖玻片、解剖刀、滤纸、解剖针、培养皿、注射器、小烧杯、三角瓶、不锈钢网、血球计数板、锥形瓶和离心管等。

(3) 试剂:卡诺氏固定液(乙醇:冰乙酸＝3:1)、95%酒精溶液、70%酒精溶液、1%醋酸洋红染色液、0.1%氯化汞溶液、无菌水、MS 基本培养基、谷氨酰胺、丝氨酸、肌醇、激动素、2,4-二氯苯氧乙酸、α-萘乙酸、活性炭、琼脂、蔗糖、麦芽糖和吲哚乙酸等。

【实验材料】

金莲花花蕾。

【实验方法】

1) 花蕾的采集、镜检和消毒处理

将采集后的金莲花花蕾通过镜检,镜检后再采集适宜大小的花蕾,带回实验室后预处理,再转至超净工作台进行消毒处理。具体操作方法参考第五部分实验 2 金莲花花药离体培养。

2) 金莲花花粉的分离和接种

将灭菌后的金莲花花蕾置于无菌滤纸上,用无菌镊子、解剖针剖开花蕾将花药取出,接种在预培养基上预培养 4 d。将预处理后的花药放入 50 mL 无菌小烧杯中,加入适量的液体培养基,用灭菌后的注射器内管轻压花药,将花粉粒挤出。为了去掉花药壁大块残渣,用无菌的 270~300 目不锈钢网过滤上述液体。将过滤后的液体加入 50 mL 无菌离心管中,1 000~2 000 r/min 离心 1 min,收集花粉粒。将含有小块花药壁残渣的上清液弃去,再加入一定量清洗液,振荡后离心,经 2~3 次离心清洗。用血球计数板计数,制备花粉悬浮液,取适量悬浮液分装在 20 mL 锥形瓶中。

3) 金莲花花粉的愈伤组织诱导培养

MS 培养基为基本培养基,添加 800 mg/L 谷氨酰胺、100 mg/L 丝氨酸、5 g/L 肌醇以及植物生长调节剂 1.0 mg/L 激动素和 2.0 mg/L 2,4-D,附加 30 g/L 蔗糖、7 g/L 琼脂粉。将上述已制备的花粉悬浮液进行液体浅层静置培养,培养温度设为 28 ℃,对花粉进行愈伤组织诱导。

花粉粒经过 20 d 静置培养后,液体培养基 pH 下降至 5.4,此时不利于花粉的细胞分裂,可把花粉悬浮液取出 0.1 mL 进行固定,以便进行细胞学观察。同时再加入 0.2 mL 新鲜液体培养基(培养基成分仅蔗糖降至 20 g/L,其他成分与原培养基相同)。放置在 40 r/min 的转床上旋转培养,经过一周后可观察到淡黄色的愈伤组织。

4) 金莲花花粉愈伤组织的分化

待花粉愈伤组织长到 3~4 mm 时,将愈伤组织转接到固体分化培养基上,诱导器官分化。分化培养基成分以 MS 为基本培养基,附加 0.005 mg/L α-萘乙酸和 1 mg/L 激动素,添加 20 g/L 蔗糖、0.8%琼脂粉。培养 2 周后,愈伤组织长大,然后再转接到添加了 0.005 mg/L α-萘乙酸、1 mg/L 6-苄氨基腺嘌呤(6-BA)、20 g/L 蔗糖、0.2%活性炭、0.8%琼脂的培养基上。培养一段时间后可长出绿色芽点,又继续培养 5~10 d 长出两叶的小苗。

5)金莲花不定芽的生根诱导

将已分化出的不定芽从愈伤组织上切取下来,将芽转接至生根培养基,生根培养基配方为 1/2 MS+0.8 mg/L 吲哚乙酸,附加 30 g/L 麦芽糖,7 g/L 琼脂,pH 为 5.8~6.0。接种后放置于培养箱中诱导芽苗生根,培养条件设为 24~26 ℃、光照强度为 1 200 lx、光周期为 16 h/d。培养 26 d 后观察金莲花芽苗的生根情况。

【注意事项】

(1) 不同植物花粉培养的适宜发育时期不同,培养时应选择合适的花粉发育时期,以便提高花粉的诱导率。

(2) 在提取花粉粒之前,须对花粉进行预处理。

(3) 若花粉离体萌发较困难,可以考虑加适量的硼酸提高其萌发率。

【结果与分析】

(1) 观察花粉愈伤组织的形态特征,统计花粉愈伤组织的分化率和褐化率,填写下表。

愈伤组织分化率＝(长芽的愈伤组织块数/接种愈伤组织总数)×100%;

褐化率＝(褐化的愈伤数量/接种的愈伤组织总数)×100%。

接种日期	细胞团的数量	分化率	褐化率	愈伤组织的形态特征	芽苗的生长情况

(2) 若愈伤组织产生胚状体,请观察胚状体的发育过程,描述其形态特征。

(3) 若产生的多细胞团的数量和愈伤组织数量较少,请分析原因。

【作业】

(1) 什么是花粉离体培养?

(2) 请分析影响花粉离体培养的主要因素。

(3) 花粉培养时,可采用哪些预处理方式提高花粉的诱导率?

实验 4　金莲花再生植株的倍性鉴定

【实验目的】

（1）掌握金莲花染色体倍性的鉴定方法。

（2）学习气孔保卫细胞叶绿体计数方法。

【实验原理】

在育种过程中，通过花药（花粉小孢子）、未受精子房等途径再生出的植株，不一定就是单倍体植株，往往是单倍体、缺体、单体、双单倍体、三倍体、四倍体以及嵌合体等染色体倍性水平不同的植株组成的混合群体。因此，准确找出适合的植株倍性鉴定方法是非常必要的环节，以便了解再生植株的遗传背景，更好地筛选出单倍体材料，这样才可用于后续育种研究，如筛选出单倍体优良品种，采用染色体加倍获得纯合二倍体或多倍体植株，不仅可以对植物性状进行改良，还可以提高植物体内有效成分的含量。

目前，植物倍性鉴定的主要方法有两大类型：①直接鉴定法：即染色体计数方法，将植物的根尖、茎尖或幼叶作为组织材料，可采用常规压片法、酸解去壁法、去壁低渗压片法、改良去壁低渗法等方法进行压片，通过镜检观察和记录染色体数目。此方法目前是最广泛、准确的鉴定方法。②间接鉴定法：常用的有植物形态指标鉴定法、细胞形态学鉴定法、流式细胞术鉴定法、分子标记鉴定法、同工酶鉴定法和生理生化指标鉴定法等。植物形态指标鉴定是根据多倍体在整个生长周期内的外部形态特征如株高、茎粗、叶间距、叶片大小和厚度、生长势、种子形态、花粉大小、花器官大小、果实大小等外部形态特征，初步判断植物是否为多倍性。

细胞学鉴定法是染色体倍数鉴定的间接指标，通过观察气孔大小、密度、面积以及保卫细胞大小、密度和保卫细胞中的叶绿体数目、花粉粒形态、叶片解剖特征等方法来辅助判断植株的倍性。目前，气孔大小、气孔保卫细胞叶绿体数目等细胞学形态性状被作为多倍体鉴定的指标。流式细胞法是利用流式细胞分析仪检测植物细胞 DNA 含量，分析得到 DNA 含量直方图，根据 DNA 含量直方图的峰值位置推断出植株的倍性。该方法可以检测的植物样品来源较广，首选材料为新鲜材料，如新鲜嫩叶、愈伤组织和原生质体；也可以选取冷冻和干燥后的材料，如冷冻后的嫩叶、干种子标本和干燥处理后的材料等。分子标记鉴定法是利用简单重复序列、限制性片段长度多态性、随机扩增多态性、单核苷酸多态性、荧光原位杂交和基因组原位杂交等分子检测手段开展植物倍性鉴定。同工酶如过氧化物酶、超氧化物歧化酶、酯酶普遍存在于植物中，通过不同倍性同工酶谱带的比较，可初步判定植株的倍性。

不同倍性植物的生理生化的代谢水平是不相同的，因此，检测植株的生理生化指标如可溶性糖、可溶性蛋白质的含量、抗氧化酶活性以及叶绿素含量等指标，可辅助判断植株倍性。

【仪器、用具及试剂】

（1）仪器：光学显微镜、流式细胞仪、水浴锅和冰箱等。

（2）用具：培养皿、刀片、离心管、滤纸、载玻片和盖玻片等。

（3）试剂：1%碘-碘化钾、8-羟基喹啉溶液、PIHCH染色液（丙酸-铁矾-水合三氯乙醛-苏木精）、卡诺氏固定液（乙醇：冰乙酸＝3：1）、无水乙醇、1 mol/L盐酸和苯酚品红染液等。

【实验材料】

已培养的金莲花再生植株。

【实验方法】

1）直接鉴定法

当金莲花的根系生长到0.5～0.8 cm时，选取生长正常、健壮的再生植株，取出后洗去根系上残留的培养基，或取移栽后幼苗的根系，将根系清理干净。将根浸于0.002 mol/L 8-羟基喹啉溶液中，放置4 ℃冰箱中预处理24 h。取出根后再放入卡诺氏固定液（乙醇：冰乙酸＝3：1）中黑暗条件下固定24 h，再用95%酒精溶液冲洗根部，使其不含冰醋酸。放入1 mol/L盐酸中，置于60 ℃水浴锅中解离8～10 min，用蒸馏水漂洗3～4次，每次3 min。将解离后的根尖置于洁净的载玻片中间，用滤纸吸去根部多余的液体，用手术刀截取1～2 mm生长区。滴加苯酚品红染色液染色，盖上盖玻片，轻轻挤压盖玻片，去掉气泡，用滤纸吸去多余的染色液。按住盖玻片，用铅笔的橡皮头轻敲材料位置的盖玻片，使材料尽量分散。用封片剂将盖玻片四周密封，可短时间保存制片。用10×40（目镜×物镜）倍镜的光学显微镜观察细胞染色体，选择染色体分散良好、染色比较清晰的分裂中期细胞进行染色体数目的统计，然后用电脑成像系统进行拍照。金莲花单倍体植株的染色体数目为8，二倍体植株染色体数目为16。

2）间接鉴定法

（1）细胞学鉴定法

取3～5 mm幼嫩根尖，放入0.002 mol/L 8-羟基喹啉溶液中，20 ℃黑暗条件下预处理2 h。用卡诺氏固定液（乙醇：冰醋酸＝3：1）固定24 h，转入70%酒精溶液中保存。用常规压片法制片，PIHCH染色液染色，利用光学显微镜在油镜下观察细胞并照相。

（2）气孔保卫细胞叶绿体计数法

摘取金莲花再生植株的叶片，用镊子撕下叶片上表皮，再用手术刀将叶肉及叶脉轻轻刮下，切取下表皮置于干净的载玻片上。滴加蒸馏水，使叶片平铺于载玻片后，用滤纸吸去多余的水分。用1%碘-碘化钾染色液染色5～10 min，盖上盖玻片，在10×40（目镜×物镜）倍镜的光学显微镜下观察，每片叶片随机选择5个气孔进行计数。若气孔粘连、重叠不易计数则不予计数，统计气孔保卫细胞中叶绿体的个数，求其平均数。单倍体植株气孔保卫细胞叶绿体计数在 11～16 个之间，二倍体在 18～25 个之间。还可用直线显微测微尺测量保卫细胞的大小，网格显微测微尺测量单位面积的气孔密度。

（3）流式细胞仪倍性鉴定

取 0.2 g 幼嫩叶片置于预冷的 9 cm 培养皿中，加入 1 mL 预冷的细胞裂解液 buffer，用刀片将叶片迅速切至透明，混匀后再加入 1 mL buffer 冲洗培养皿周围。用预先浸泡在裂解液 buffer 中的 400 目滤膜过滤上述溶液至 2 mL 离心管中，加入预冷的 PI 染料于滤液中，混匀后避光染色 0.5 h 以上。流式细胞仪上机检测，将同种已知倍性的材料设为对照，并固定参数，进行荧光值测定，分析再生植株的相对 DNA 含量。

【注意事项】

（1）材料解离要充分，最好在 50～60 ℃水浴锅内进行，水洗要彻底，否则不易着色。控制水洗时间，水洗时间不宜过长。

（2）染色时，染色时间应在 20～30 min 内，时间不宜过长，否则使染色过深为紫色，不易观察到染色体。染色时要注意添加染液，不要使染液变干，在吸取多余染液时小心操作，否则易吸走样品。

（3）注意观察染色体加倍后的细胞形态与未加倍的细胞形态有何区别。

【结果与分析】

（1）分别描述单倍体和多倍体再生植株的形态特征。

（2）观察再生植株的染色体形态特征，统计单倍体和多倍体染色体数量，计算单倍体和多倍体的诱发率。

（3）统计单倍体和多倍体植株气孔保卫细胞的叶绿体数量，并分析单倍体和多倍体植株气孔保卫细胞结构的区别。

【作业】

（1）花药离体培养时，为何要对再生植株进行倍性鉴定？

（2）植物再生植株倍性鉴定法的方法有哪些？

（3）染色体直接计数法需要注意哪些事项？

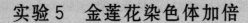

【实验目的】

（1）了解染色体加倍的原理。
（2）初步掌握用秋水仙素加倍染色体的方法。

【实验原理】

利用花药或花粉培养获得单倍体植株，由于单倍体植株只有一套染色体，植株的基因型和表现型完全一致，是进行植株遗传性状和育种研究的优良材料。由于单倍体植株一般很少能结实，很多时候表现为雄性不育，只有将其染色体加倍，方能恢复育性，发挥其在遗传育种工作中的重要作用。

育种时，大多通过化学药物或物理因子诱导染色体加倍，其中，常用于人工诱导染色体加倍的试剂包括：秋水仙素、苯乙烷、吲哚乙酸、氧化亚氮、藜芦碱、氨磺灵、甲基胺草磷和炔苯酰草胺等。目前最常用的仍然是秋水仙素诱导法，其原理是秋水仙素能抑制或破坏细胞纺锤丝的形成。当细胞分裂时，染色体分裂，但由于没有纺锤丝将染色体拉向两极，故仍留在细胞中央，成为一个重组核，使整个细胞没有分裂，导致新生细胞染色体加倍。由于秋水仙素诱变作用只在细胞分裂时期，对于那些处于静止状态的细胞没有作用，因此，所处理的植物材料必须是分裂最活跃、最旺盛的部分，如刚发芽的种子、幼苗、嫩枝的生长点、芽及花蕾等。

秋水仙素处理法可采用活体诱变或离体诱变的方法。活体诱变一般有浸种法、生长点滴定法、涂抹法3种方法，处理部位可为种子、幼苗、芽等，但是该方法具有诱变率低、嵌合率高的缺点。离体诱变是结合组织培养技术诱导多倍体的方法，根据化学诱导试剂添加方式的不同可分为浸泡法和培养基中添加化学诱导试剂法，一般采用愈伤组织、胚状体、茎尖组织、子房或原生质体。秋水仙素的浓度和处理时间是影响诱变效率的重要因素，由于秋水仙素是一种剧毒物质，对植物细胞具有毒害作用，秋水仙素加倍处理时要选择适宜的浓度和处理时间，浓度过高会导致发育停滞和器官畸形等问题。在适宜浓度的秋水仙素作用下，既可以有效地阻止纺锤体的形成，又不至于对细胞产生较大的伤害。用秋水仙素处理时，应注意对温度的控制，低温会阻碍细胞分裂，温度过高则会使秋水仙素对细胞的损害增大，同时也会加速秋水仙素的变性。此外，添加二甲基亚砜可提高染色体加倍效果，二甲基亚砜可以促进化学诱变剂快速进入植物组织，缩短处理时间，减轻毒害作用，从而提高诱导效果。细胞处理后经一定时期可恢复正常，继续细胞分裂，染色体数目已加倍成为多倍性细胞，并在此基础上进一步发育成为多倍体植物。再将染色体加倍处理后的植物根尖制片，利用显微镜观察细胞中的染色体数目并确定是否加倍。

【仪器、用具及试剂】

（1）仪器：超净工作台、光学显微镜、电子分析天平、冰箱和振荡培养箱等。

（2）用具：解剖针、接种盘、镊子、手术刀、培养瓶、锥形瓶、滤纸、载玻片、盖玻片、试管、培养皿和烧杯等。

（3）试剂：秋水仙素（0.1％浓度）、MS 培养基、卡诺氏固定液（乙醇：冰乙酸＝3：1）、1 mol/L 盐酸、45％醋酸、改良苯酚品红、70％酒精溶液、α-萘乙酸、6-苄氨基腺嘌呤（6-BA）、蔗糖、活性炭、琼脂粉和无菌水等。

【实验材料】

已培养的金莲花再生植株。

【实验方法】

1）准备秋水仙素溶液

用去离子水配制浓度为 0.1％的秋水仙素溶液，称量秋水仙素后，先用少许 95％酒精助溶，可适量加入二甲基亚砜，加水定容，暂时存放于棕色试剂瓶内。经灭菌的 0.22 μm 滤头过滤除菌后 4℃低温避光保存，备用。

2）取材与加倍处理

以生长至 2~3 cm 的金莲花再生植株为材料。将再生幼苗转至超净工作台，将幼苗取出放于无菌滤纸上，截取上部 1 cm，剪去较大叶片后置于装有 0.1％秋水仙素处理液的锥形瓶中。密封瓶口后，置于 150 r/min 水平摇床中振荡培养，光照培养条件为 25±2℃，16 h 光照/8 h 黑暗培养，光照强度为 1 500~2 000 lx，振荡培养 48 h。取出材料，用无菌水清洗 3~5 次，清洗掉材料表面残留的秋水仙素溶液。

将材料转至无菌滤纸上吸干表面多余的水分，接种在添加 0.005 mg/L α-萘乙酸、1 mg/L 6-苄氨基腺嘌呤（6-BA）、20 g/L 蔗糖、0.2％活性炭、0.8％琼脂的 MS 固体培养基上。置于培养室内进行培养，温度为 24~26℃、光照强度为 1 200 lx、光周期为 16 h/d。40 d 后观察存活情况。

将加倍处理后的芽转接至生根培养基（1/2 MS＋0.8 mg/L 吲哚乙酸，附加 30 g/L 麦芽糖，7 g/L 琼脂，pH 为 5.8~6.0）。放置于培养箱中诱导生根，培养 30 d 后取根部做染色体倍性鉴定。

3）植株的倍性鉴定

（1）固定

取出秋水仙素处理后的金莲花根部，用清水洗净金莲花的根部残留的培养基。剪取约 0.5 cm 长度的根尖，放入卡诺氏固定液中固定 24 h，用清水洗净固定液，再移入 70％酒精溶液中保存。未经加倍处理的金莲花根部也需取 0.5 cm 长度的根尖，置于卡诺氏固定液固定 24 h,再移至 70%乙醇溶液中保存。

（2）解离

将固定后的金莲花根部放入小试管中,加入 1 mol/L 盐酸,浸没根尖,在室温下解离 8～15 min,解离时间不宜过长。

（3）染色

倒掉解离液,用清水反复冲洗根尖,将根尖置于干净的载玻片上,滴加少许的改良苯酚品红,染色 20～30 min。

（4）压片

用蒸馏水冲洗干净根尖上的染液,置于干净的载玻片上,滴加 45%醋酸,盖上盖玻片。用滤纸吸干多余的染液,左手指压住滤纸的左边,右手指从滤纸左端向右端轻轻抹去,赶走液泡。再用铅笔擦头以垂直方向均匀地轻轻敲打盖玻片,使细胞均匀散开(呈薄雾状)。

（5）镜检

把压好的片子放在显微镜下,先观察细胞分散状况和分裂中期细胞的数量,再检查分裂中期细胞的染色体是否完全散开。如若染色体分散不好而难以分辨和计数,可取下片子,平放于台面,用手指隔着吸水纸在盖玻片上稍施压力。如果用力适度,便可很容易得到染色体分散良好的压片标本。然后观察和统计染色体的数目,对比单倍体植株的染色体数目,以确定染色体是否加倍。

4）形态特征的观察

待幼苗长大后,将单倍体植株和加倍后的纯二倍体植株均移栽至温室内。观察单倍体植株和纯二倍体植株的形态特征,如株高、茎、叶、花和根系等特征。

【注意事项】

（1）进行植株倍性鉴定时,取根尖分生区,材料尽量要小。

（2）秋水仙素溶液浓度控制在 0.1%之内,不宜过浓或过稀,处理时间为 24～48 h。若处理时间不够长,则有可能使抑制纺锤体失败,导致不能成功诱导染色体加倍。

（3）材料解离要充分,置于 50～60 ℃水浴锅内解离,效果更佳。解离后清洗要彻底,否则不易着色。不宜解离太长时间,以免根尖破碎,下一步处理材料时由于材料过软易丢失。

（4）染色时,染色时间应保持在 20～30 min 内,时间不宜过长,否则使染色过深为紫色,不易观察到染色体。染色时要注意添加染液,不要使染液变干。在吸取多余染液时,小心操作不当吸走样品。

（5）压片时,不要移动盖玻片,不能留有气泡,否则影响镜检的效果。用铅笔擦头从盖玻片上轻轻敲打时,要用力适度,敲打均匀。若用力过猛,则容易将盖玻片压碎;若力度不够,染色体不完全分散开,则镜检时难以分辨和计数。

（6）本实验所用的秋水仙素溶液具有强致癌性,请在使用过程中务必注意安全,不要将药品沾到皮肤上,或溅到眼睛中。如果沾到皮肤上,应用大量自来水冲洗。实验结束后严禁乱倒废液,应集中回收,严格按照实验室要求处理废液。

【结果与分析】

(1) 观察植物二倍体染色体的形态特征,统计单倍体和二倍体的染色体数量,并计算二倍体的诱发率和存活率,填写下表。

存活率＝(存活个数/加倍处理总数)×100％

诱变率＝(诱变成功个数/加倍处理总数)×100％

处理数量	存活率	诱变率	单倍体植株形态特征	二倍体植株形态特征

(2) 若诱变的二倍体数量较少,请分析原因。

【作业】

(1) 秋水仙素处理获得的植株是否都是二倍体? 为什么?

(2) 影响秋水仙素加倍染色体的主要因素有哪些?

(3) 秋水仙素加倍染色体时,需要注意哪些事项?

(4) 秋水仙素加倍处理后,为什么还要做染色体倍性鉴定?

第六部分

植物细胞培养

实验 1　植物单细胞培养

【实验目的】

（1）了解常见植物单细胞分离培养的技术原理。
（2）了解植物单细胞分离培养的意义。
（3）掌握单细胞的分离技术。
（4）掌握三种单细胞培养的方法。

【实验原理】

植物单细胞培养主要是指对从植物器官或愈伤组织上分离的单细胞或小细胞团进行离体培养，可形成单细胞无性系或再生植株的过程。单细胞培养的材料源于可采用植物器官（例如叶片）和愈伤组织。从植物器官中直接分离单细胞，可将消毒处理后的外植体经过切割、捣碎或酶解，然后经过一定孔径的不锈钢筛网过滤，再离心收集，得到细胞悬浮液。悬浮液中所含的完整细胞数量较少，但分散性好。从愈伤组织中获得单细胞是最常用的方法，可将愈伤组织多次继代培养使其大量增殖且呈松散型，再进行振荡悬浮培养，使其分散成小的细胞团或单细胞，然后用适当孔径的不锈钢筛网过滤，除去大的细胞团和残渣，离心除去小的残渣，得到单细胞悬浮液（图6-1）。为了增强分散效果，必要时可添加适量的果胶酶，使由果胶粘连在一起的细胞分开。

单细胞培养难度较大，必须采用一些特殊的培养方法才能保证成功，如平板培养、看护培养、微室培养和条件培养等。平板培养是指将一定密度的悬浮单细胞接种到薄层固体培养基中进行培养的技术，具有筛选效率高、筛选量大和操作简单的特点，广泛用于遗传变异、细胞分裂分化、细胞次生代谢产物合成的细胞筛选等研究中。看护培养是指将同种或异种材料的愈伤组织作为看护组织来培养细胞的一种方法，即把单细胞放在有滤纸隔离的一块活跃生长的愈伤组织上进行培养，可以诱导形成单细胞系。看护培养不仅给单细胞提供了营养成分,而且还提供了促进细胞分裂的其他活性物质。微室培养是为了进行单细胞活体连续观察而建立的一种微量细胞培养技术。可用于单细胞的生长与分化、细胞分裂的全过程、胞质环流规律以及线粒体生长与分裂进行活体连续观察,也可对原生质体融合、细胞壁再生以及融合后的细胞分裂进行活体连续观察。

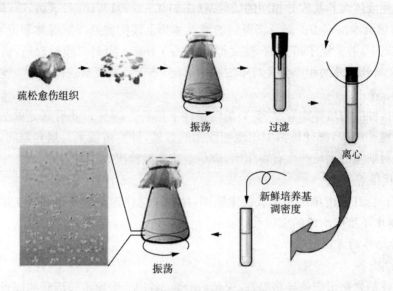

图 6-1 利用愈伤组织分离单细胞的过程

【仪器、用具及试剂】

(1) 仪器:培养箱、恒温振荡培养箱、摇床、电子分析天平、组织匀浆机、离心机、超净工作台、高压蒸汽灭菌锅、水浴锅和显微镜等。

(2) 用具:试管、培养皿、三角瓶、滤纸、微室培养皿和接种工具等。

【仪器设备】

植物幼嫩叶片或愈伤组织。

【实验方法】

1) 平板培养的方法

(1) 单细胞悬浮液的制备

采用外植体的叶肉细胞或已培养的愈伤组织,机械磨损叶肉组织或分散愈伤组织,过滤除去较大的组织块或细胞团,获得单细胞或小的细胞团。

(2) 单细胞悬浮液的密度调整

将上述细胞制备成细胞悬浮液,将悬浮液调整成一定的细胞密度。取少量悬浮液,置

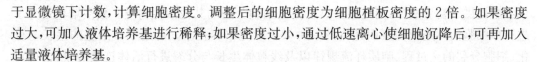

于显微镜下计数,计算细胞密度。调整后的细胞密度为细胞植板密度的 2 倍。如果密度过大,可加入液体培养基进行稀释;如果密度过小,通过低速离心使细胞沉降后,可再加入适量液体培养基。

(3) 接种

将与上述液体培养基成分相同的培养基(添加 0.6%~1%琼脂)灭菌,冷却至 35 ℃,并置于 35℃恒温水浴锅中保温。将保温的培养基和上述细胞悬浮液等体积混合均匀,迅速注入培养皿中,并平铺于培养皿,使之厚度约为 1 mm。用封口膜封口后,置于显微镜下观察,并在培养皿外的相应位置对单细胞做标记,便于后期观察获得纯单细胞系。

(4) 暗培养

将上述接种后的培养物置于 25 ℃黑暗条件下培养。20~25 d 后部分单细胞可长出肉眼可见的愈伤组织,统计每皿中出现细胞团的数量,计算植板率。培养期间,对细胞频繁的镜检会对细胞的生长产生有害作用,应尽量减少镜检次数。

(5) 继代培养

选取生长良好的由单细胞形成的细胞团,接种于愈伤组织诱导培养基上进行继代培养,可以获得由单细胞形成的细胞系。

2) 看护培养的方法

(1) 前期准备

制备固体的愈伤组织诱导培养基,灭菌后分装、备用。取出生长活跃的同种或其他物种的愈伤组织于无菌滤纸上,用镊子和手术刀将愈伤组织分割成 0.2~0.5 cm^3 的块状,接种在诱导培养基上。

(2) 放置滤纸

在愈伤组织块上方放置一片面积为 1 cm^2 的无菌滤纸,滤纸孔径小于原生质体的直径,以阻止下层细胞转移至上层。滤纸下方应紧贴愈伤组织,滤纸边缘要略高于培养基平面,放置 12 h。

(3) 接种细胞

借助于微型移液管或移液枪从细胞悬浮液中提取适量单细胞悬浮液,然后接种在无菌滤纸上,封口(如图 6-2 所示)。悬浮液细胞浓度调整为 1×100^2 个/mL。注意悬浮液液面不得高于滤纸边缘,避免下层的愈伤组织细胞与上层的细胞悬浮液混杂。

(4) 培养及继代培养

将上述接种后的培养物置于恒温黑暗培养箱中进行暗培养。待单细胞长至肉眼可见的小细胞团时,将在滤纸上由单细胞形成的细胞团转移到新鲜的固体培养基中进行继代培养,获得由单细胞形成的细胞系。

3) 微室培养的方法

(1) 将洁净的盖玻片和载玻片进行高压蒸汽灭菌。配制液体愈伤组织诱导培养基,高压蒸汽灭菌后备用。

(2) 借助于微型移液管或移液枪从细胞悬浮液中吸取适量单细胞悬浮液,置于一张无菌载玻片上。在这滴培养液四周与之隔一定距离加上一圈石蜡油,构成微室的“围墙”,在围墙左右两侧再各加一滴石蜡油,每滴之上置一张盖片作为微室的“支柱”。

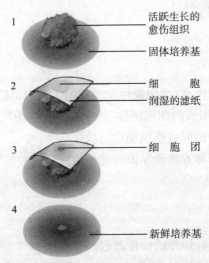

图 6-2　看护培养流程

(引自张永福,2013)

(3) 将第三张盖片架在两个"支柱"之间,构成微室"屋顶",使单细胞悬浮液在微室中(如图 6-3 所示)。

(4) 将载玻片放入培养皿中,置于培养室中培养。

(5) 当细胞团长到一定大小时,可置于显微镜下观察。揭掉盖片,把细胞团转移到新鲜培养基上培养。

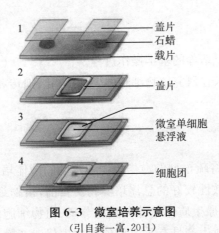

图 6-3　微室培养示意图

(引自龚一富,2011)

【注意事项】

(1) 植物细胞的生长繁殖需要一定浓度的生长调节物质,须选择适合单细胞培养的培养基。

(2) 如果在琼脂培养基或液体培养基中,植板细胞的初始密度较高时,植板后由相邻细胞形成的细胞群落常混在一起。如果降低细胞植板密度,则可避免这个问题。但是当

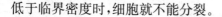

低于临界密度时,细胞就不能分裂。

【结果与分析】

(1) 单细胞培养一段时间后,待肉眼可见的细胞团长出,计算细胞植板率。

植板率＝(每个平板上形成的细胞团数/每个平板上接种的细胞总数)×100％

(2) 描述单细胞所诱导出的愈伤组织形态特征。

(3) 采用三种不同的培养方法诱导出的愈伤组织有何差异?

【作业】

(1) 简述植物单细胞平板培养的操作过程。

(2) 在进行植物单细胞培养时,细胞密度过大或过小会对培养结果产生什么影响?

(3) 采用愈伤组织看护培养是否有利于促进单细胞的生长? 愈伤组织在单细胞的生长繁殖中会产生哪些作用?

(4) 什么是微室培养? 微室培养有哪些优缺点?

实验2　植物细胞悬浮培养

【实验目的】

(1) 掌握植物细胞悬浮培养的基本操作过程。

(2) 了解悬浮培养技术在研究植物细胞的生理、生化、遗传和分化机理中的应用。

【实验原理】

植物细胞悬浮培养是将疏松型的愈伤组织在摇动的液体培养基里培养一段时间后,形成单细胞或小细胞团分散性较好的悬浮培养物。目前,植物细胞悬浮培养体系不仅可被用于诱发和筛选突变体、原生质体培养和细胞分离、植物细胞的生理生化的研究等,而且被广泛运用于工业化高效生产具有重要价值的次生代谢产物,传统提取次生代谢产物的方式均是从天然植物中获取,但天然植物生长周期长,其生长受地域和环境因素影响较大,利用植物细胞悬浮培养能够极大地弥补这些缺陷。

良好的悬浮培养物应具备以下特征:①主要由单细胞和小细胞团组成;②细胞具有旺盛的生长和分裂能力,增殖速度快;③大多数细胞在形态上应具有分生细胞的特征,多呈等径形,核质比率大,胞质浓厚,液泡化程度低。要建成细胞悬浮培养体系,首先需要有良好的起始培养物——迅速增殖的疏松型愈伤组织。然后经过培养基成分和培养条件的选择,并经多次继代培养才能达到。悬浮培养细胞经长期继代培养后,染色体常有变异现象,细胞的再生能力也有逐渐降低的趋势,然而对于生产有用的代谢产物为目的的规模化培养,这种再生能力的降低不一定有不良影响。

【仪器、用具及试剂】

(1) 仪器:超净工作台、高压蒸汽灭菌锅、旋转式摇床或恒温振荡培养箱、pH 计、恒温培养箱、水浴锅和倒置显微镜等。

(2) 用具:镊子、酒精灯、三角瓶、移液管、不锈钢滤网、血细胞计数板、漏斗、烧杯、量筒、容量瓶、玻璃棒和记号笔等。

(3) 试剂:MS 培养基、蔗糖、甘露醇、水解乳蛋白、2,4-D、三氧化铬(CrO_3)、氢氧化钠、盐酸、酚藏花红溶液或荧光双醋酸酯溶液等。

【实验材料】

疏松型的烟草或胡萝卜愈伤组织。

【实验方法】

1) 液体培养基的配制

以 MS 培养基为基本培养基,附加 2% 蔗糖、1% 甘露醇、500 mg/L 水解乳蛋白、1.5 mg/L 2,4-D,pH 调到 5.6~6.2。高压蒸汽灭菌后备用。

2) 实验过程

(1) 悬浮细胞的接种

将已诱导的愈伤组织转至超净工作台,用无菌的镊子夹取出生长旺盛的疏松型愈伤组织,放入无菌三角瓶中并轻轻夹碎。每 100 mL 三角瓶中加入 10~15 mL 无菌液体 MS 培养基。每瓶接种 1.0~1.5 g 愈伤组织,以保证最初悬浮培养物达到最低起始密度。接种后轻摇三角瓶,使愈伤组织能均匀分布在液体培养基中。

(2) 计算起始密度

摇匀三角瓶后,用无菌吸管吸取少量的细胞悬浮液,用血细胞计数板进行单位体积液体的细胞个数计算,得到悬浮细胞接种的起始密度值。

(3) 振荡悬浮培养

将已接种的三角瓶封口后,置于旋转式摇床或恒温振荡培养箱中,25~28 ℃条件下,在 100 r/min 转速下进行悬浮振荡培养。

(4) 继代培养

经 6~10 d 培养后,若细胞明显增殖,则可向培养瓶中加入新鲜液体培养基 10 mL,必要时可用大口移液管将培养物分装成两瓶,继续悬浮培养,可进行第一次继代培养。若细胞无明显增殖,则可能是起始密度值较小,应适当调整旺盛增殖期愈伤组织的起始密度,重新接种。

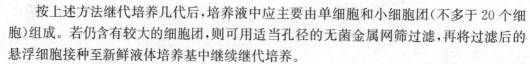

按上述方法继代培养几代后,培养液中应主要由单细胞和小细胞团(不多于 20 个细胞)组成。若仍含有较大的细胞团,则可用适当孔径的无菌金属网筛过滤,再将过滤后的悬浮细胞接种至新鲜液体培养基中继续继代培养。

(5)细胞计算

取一定体积的细胞悬浮液,加入 2 倍体积 8% 三氧化铬(CrO_3),置于 70 ℃水浴处理 15 min。冷却后,用移液管反复吹打细胞悬浮液,以使细胞充分分散;混匀后,取一滴悬浮液置入血细胞计数板上计数。

(6)制作细胞生长曲线

为了解悬浮培养细胞的生长动态,可用鲜重法和干重法绘制生长曲线图。

①鲜重法:在继代培养的不同时间,取一定体积的悬浮细胞培养物,离心收集后称量细胞的鲜重,以鲜重为纵坐标,以培养时间为横坐标,绘制鲜重增长曲线图。

②干重法:可在称量鲜重之后,将细胞进行烘干,再称量干重。以干重为纵坐标,培养时间为横坐标,绘制细胞干重生长曲线图。

上述两种方法均需每隔 2 d 取样 1 次,共取 7 次,每个样品重复 3 次,整个实验进行期间不再往培养瓶中换入新鲜培养液。

(7)细胞活力的检查

可在培养的不同阶段,吸取一滴细胞悬浮液,放在载玻片上,滴一滴 0.1% 酚藏花红溶液(用培养基配制)染色,在显微镜下观察。活细胞均不着色,而死细胞则很快被染成红色。也可用 0.1% 荧光双醋酸酯溶液染色,凡活细胞将在紫外光诱发下显示蓝色荧光。有经验的操作者则可根据细胞形态、胞质环流判别细胞的死活。

(8)细胞再生能力的鉴定

为了解悬浮培养的细胞是否仍具有再生能力,可将培养细胞转移到琼脂固化的培养基上,使其再形成愈伤组织,进而在分化培养基上诱导植株的分化。

【注意事项】

(1)细胞悬浮培养过程中,培养基、实验用具及器皿等均需要经高压蒸汽灭菌后方可使用。

(2)若培养液混浊或呈现乳白色,则表明已被污染,需要重新培养。

(3)每次继代培养时,应在倒置显微镜下观察培养物中是否出现各类细胞或其他残余物,可选择性地保留圆细胞,弃去长细胞。

【结果与分析】

(1)请计算接种后的起始密度值。

(2)根据细胞的干重和鲜种,请分别绘制鲜重和干重的生长曲线图。

(3)多次继代培养后,计算细胞的存活率。

【作业】

（1）举例说明悬浮培养技术在育种、快速繁殖、原生质体培养以及基因转化等方面的应用。

（2）简述细胞悬浮培养的过程。

（3）试分析细胞悬浮培养在次生代谢产物生产中的意义。

（4）请设计一个利用细胞悬浮培养技术生产次级代谢产物的实验方案。

实验 3　植物细胞活力的测定

【实验目的】

（1）了解植物细胞活力测定的方法，以便及时掌握悬浮培养时细胞的生长和活力状态。

（2）掌握伊文思蓝染色法的原理和操作过程。

（3）掌握血细胞计数板计数的方法及细胞活力的计算公式。

【实验原理】

伊文思蓝，分子式为 $C_{34}H_{24}N_6Na_4O_{14}S_4$，相对分子质量为 960.809，是细胞活性染料，一般使用浓度为 0.5%，常用于检测细胞膜的完整性和细胞是否存活。活细胞不会被染成蓝色，而死细胞会被染成淡蓝色。用伊文思蓝染色后，通过显微镜下直接计数或显微镜下拍照后计数，就可以对细胞存活率进行比较精确的定量。活细胞因有外排功能而无法被伊文思蓝染色（如图 6-4），因此可以通过此方法在显微镜下区分死细胞与活细胞，但无法区分死亡与坏死细胞。

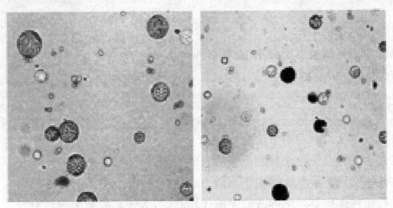

图 6-4　伊文思蓝染色观察细胞活力（引自 Danon et al. , 2005）

【仪器、用具及试剂】

(1) 仪器:组织匀浆机、离心机(冷冻离心机)、电子分析天平、显微镜和离心机等。

(2) 用具:微量移液枪、枪头、注射器、血细胞计数板、离心管、废液缸、一次性手套及染色缸和胶头滴管等。

(3) 试剂:0.5%伊文思蓝溶液。

【实验方法】

(1) 用移液枪吸取待检测的细胞悬浮液 100 μL,加入常规 1.5 mL 离心管内。再加入 100 μL 0.5%伊文思蓝溶液,轻轻混匀,染色 3 min。注:染色时间可适当延长,但不宜超过 10 min。若染色时间较长,有活力的细胞也有可能被染色,将影响统计的准确性。

(2) 吸取少量染色后的细胞液,滴至血细胞计数板,显微拍照或观察计数。如果要比较精确地进行定量,则每个细胞样品至少数 500 个细胞,数出蓝色细胞和细胞总数。细胞存活率计算公式如下:细胞存活率=(细胞总数－蓝色细胞数)/细胞总数×100%。

【注意事项】

(1) 伊文思蓝溶液对人体有轻微毒性,操作时须注意个人防护,如戴一次性橡胶手套和穿实验服。实验结束后应妥善回收废液。

(2) 细胞染色时,注意凋亡小体也有可能出现拒染现象,影响实验结果。

(3) 检测细胞活力还可以采用荧光素二乙酸酯法(FDA 法)、噻唑蓝法(MTT 法)、氯代三苯基四氮唑还原法(TTC 法)等,可选择某一种方法,也可同时采用几种活力测定方法,检测后再比对结果。

【结果与分析】

(1) 计算细胞存活率。

(2) 请绘制出显微镜下所观察的细胞形态。

【作业】

(1) 植物细胞活力测定的方法有哪些?

(2) 简述伊文思蓝染色法检测细胞活力的原理。

(3) 简述伊文思蓝染色法测定细胞活力的操作过程。

(4) 进行植物细胞悬浮培养或原生质体培养时,为何要检测细胞活力?

第七部分

原生质体培养

实验 1　植物原生质体的分离和培养

【实验目的】

（1）了解植物原生质体分离的基本原理。

（2）掌握原生质体分离和培养的操作过程。

（3）了解影响原生质体培养的主要因素。

【实验原理】

植物原生质体是除去细胞壁后被质膜所包围的、具有生命力和全能性的"裸露细胞"。原生质体没有细胞壁这种特殊的状态，使其更容易吸收外界遗传物质，也使得原生质体产生了广泛的应用价值。目前，原生质体系统已经被广泛应用于生理、生化、遗传、分子生物学、基因组学、蛋白质组学及代谢组学的研究中。同时，植物原生质体体系对育种和遗传转化方面也有重要作用。

植物原生质体培养方法起源于植物单细胞的培养方法。1954 年，植物单细胞培养才获得成功。米利尔（Millir）培养的万寿菊及烟草悬浮细胞植入到长有愈伤组织的培养基上得到了单细胞克隆，并建立了看护培养的方法；1960 年，琼斯（Jones）等建立了微室培养法。同年，科金（Cocking）应用酶法分离原生质体获得成功，从而在实验条件下获得了大量的原生质体。随着多种适用于原生质体分离的商品酶的出现，原生质体的培养方法也得到了不断改进，其中酶解法分离原生质体是一个常用的技术，其原理是基于植物细胞壁主要由纤维素、半纤维素和果胶质等组成，因而使用纤维素酶、半纤维素酶和果胶酶等能降解细胞壁成分，除去细胞壁，获得原生质体。原生质体的产率和活力与材料来源、生理状态、酶液以及原生质体收集方法等有关。酶液需要保持较高的渗透压和一定量的钙离子以维持原生质体的稳定性，以免膨胀破裂。渗透剂常用甘露醇、山梨醇、葡萄糖或蔗糖等。游离出来的原生质体可用过筛及低速离心法收集，用蔗糖漂浮法纯化，然后进行离体培养。

原生质体分离纯化后,在适当的培养基上选用合适的培养方法。原生质体能够再生出细胞壁,并启动细胞持续分裂,直至形成细胞团,长出愈伤组织或胚状体,再分化发育形成再生植株。植物原生质体有很多种培养方法,如固体培养、液体培养、固-液双层培养、琼脂糖包埋培养、看护培养等。固-液双层培养是先配制一层含有一定浓度琼脂的固体培养基,在其上加入一层薄的原生质体悬浮液。该方法是目前培养原生质体最常用的方法,液体层很薄,有利于通气,且下层固体培养基可以为原生质体持续提供营养,培养时产生的一些代谢废物对原生质体的生长是有害的,固体培养基还可以吸收这些代谢废物。琼脂糖包埋培养法是将纯化后的原生质体用液体培养基重悬,然后与等体积的低熔点琼脂糖混合,再加入液体培养基,保持湿润。该方法有利于定点观察原生质体的变化,追踪其发育过程,但是加入的琼脂糖温度不容易控制。

【仪器、用具及试剂】

(1) 仪器:离心机、高压蒸汽灭菌锅、超净工作台、天平、倒置显微镜、培养箱和振荡摇床等。

(2) 用具:三角瓶、离心管、烧杯、200 目滤网、解剖刀、镊子、培养皿、滤纸、0.2 μm 滤膜、注射器、培养瓶、血球计数板、移液枪和枪头等。

(3) 试剂:纤维素酶、果胶酶、2-N-吗啉乙烷磺酸(MES)、甘露醇、琼脂糖、2,4-D、KT、$CaCl_2$、蔗糖、酚藏花红溶液、KH_2PO_4、KNO_3、$CaCl_2 \cdot 2H_2O$、$MgSO_4$、KI 和 $CuSO_4$ 等。

【实验材料】

无菌苗的幼嫩叶片或愈伤组织。

【实验方法】

1) 溶液配制

(1) 酶解液成分:2%纤维素酶、1%果胶酶、0.6 mol/L 甘露醇、0.05 mol/L $CaCl_2$、0.1%MES,调整 pH 为 5.8~6.2。配制后,将酶解液过滤除菌后备用。

(2) CPW 洗液:27.2 mg/L KH_2PO_4、101.0 mg/L KNO_3、1 480.0 mg/L $CaCl_2 \cdot 2H_2O$、246.0 mg/L $MgSO_4$、0.16 mg/L KI、0.025 mg/L $CuSO_4$、13%甘露醇,pH 6.0,高压蒸汽灭菌后,冷却备用。

(3) 18%蔗糖溶液,过滤除菌后备用。

(4) 培养基:液体培养基 MS+2.5 mg/L 2,4-D+0.5 mg/L KT+0.4 mol/L 甘露醇+30 g/L 蔗糖。

2) 材料准备

选取种子消毒后,接种于固体培养基上,培养一段时间后获得无菌苗;或采用已制备的愈伤组织,愈伤组织多次继代培养,选取长势良好的疏松型愈伤组织为材料,备用。

3）原生质体分离

叶片或愈伤组织直接或预处理后,将叶片切成 0.5 cm×0.5 cm 小块,用镊子将愈伤组织捣碎。将上述材料置于已制备的无菌酶解液中,转至摇床上,转速为 60～70 r/min,26～28 ℃黑暗条件培养,酶解 5～7 h。

4）原生质体纯化

酶解后,用 200 目滤网过滤,除去未完全消化的残渣。此时可直接取过滤液进行显微镜下观察,其余的液体转至无菌离心管中,600～1 000 r/min 条件下离心 3～5 min(离心时转速不可过高,否则离心力较大有可能导致原生质体破裂),用移液管吸去上清液,弃上清。

将沉淀的原生质体用 CPW 溶液重悬,600～1 000 r/min 离心 3～5 min,弃上清,重复操作 2 次。将 2 mL 洗液加入上述离心管中,轻轻摇匀后用无菌的滴管将含有原生质体的上述液体吸出,再轻轻地均匀滴加于含有 18％蔗糖溶液的 10 mL 离心管中(提前将 6 mL 18％蔗糖溶液加入 10 mL 离心管)。1 000 r/min 离心 5～8 min,在离心力的作用下,原生质体将停留在蔗糖溶液和 CPW 洗液之间,而破碎的细胞残渣沉沉至管底。用移液枪轻轻地吸取中间界面的原生质体置于无菌的离心管中,不要吸取下层的蔗糖溶液。再加液体培养基洗涤 1 次,离心收集原生质体,加入适量的液体培养基重悬。

5）原生质体活力检测和计数

取出少量原生质体悬液于载玻片上,加一滴 0.1％酚藏花红溶液后,制片后置于显微镜下,观察原生质体的活力,统计原生质体的存活率。用血球计数板将原生质体密度调至 $1×10^5$ 个/mL。

6）原生质体培养

(1) 固-液浅层培养

将原生质体悬液平铺于固体愈伤组织诱导培养基上,置于温度为 25～26 ℃的培养箱中进行浅层培养。

(2) 琼脂糖包埋培养

将原生质体悬液迅速与融化的固体培养基(添加 1.2％琼脂糖)等比例混匀后平铺于培养皿中,凝固后封口,置于培养室中培养。

经过 1～2 个月培养,可分化出肉眼可见的细胞团,待细胞团长到 0.5～1 cm,选取生长致密、颜色淡黄的愈伤组织转接至分化培养基诱导芽的分化获得完整植株。

【注意事项】

(1) 原生质体的分离是原生质体培养的关键步骤,其材料一般以组织细胞较多、活力强及取材容易的幼嫩植物叶片或愈伤组织为主,愈伤组织因细胞易分散而运用较多。分离方法主要有机械法和酶解法两种,大多采用酶解的方式去除细胞壁。

(2) 凡是有活力的原生质体均呈圆球形,一般可在显微镜下观察到胞质环流运动,但叶肉细胞制备的原生质体中由于有叶绿体的阻挡,往往看不清胞质环流。

(3) 检测原生质体的活力时,滴加 0.1％酚藏花红溶液后,一般有生活力的原生质体

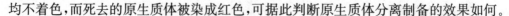

均不着色,而死去的原生质体被染成红色,可据此判断原生质体分离制备的效果如何。

（4）分离原生质体时,需要严格控制酶解时间及酶液浓度。在酶种类方面,除了最常用的纤维素酶和离析酶外,还要视情况加入果胶酶、崩溃酶等。此外,需要加入适量的甘露醇,以维持质膜的稳定性。

（5）纯化原生质体时,除了要选择合适的纯化方法,还需注意离心速率不能过高,也不能剧烈振荡。分离原生质体的整个过程中动作要尽量缓慢、轻柔。

（6）培养原生质体时,也要注意操作规范,避免污染。培养时所用的培养基、激素,以及采用的培养方法等可能影响到原生质体的生长。

【结果与分析】

（1）显微镜下观察分离纯化后的原生质体,并绘制原生质体的形态特征。

（2）观察并描述愈伤组织的形态特征。

【作业】

（1）如何分离纯化愈伤组织的原生质体?

（2）试分析影响原生质体培养的主要因素。

（3）原生质体制备和培养时需要注意哪些问题?

（4）简述原生质体的培养方法。

（5）试论述原生质体培养的意义。

实验 2　植物原生质体的细胞融合

【实验目的】

（1）了解植物原生质体的细胞融合的原理。

（2）熟悉原生质体细胞融合的操作过程。

（3）进一步掌握原生质体的培养方法。

【实验原理】

植物原生质体融合是指通过化学和物理方法诱导使两种异源原生质体进行融合,然后进行培养,使其再生成杂种植株的技术。该技术可以克服不同原生质体间的排斥力,使两种不同种属的原生质体间发生膜融合、胞质融合和核融合,进而形成具有含两种遗传物质的杂交细胞,克服远缘杂交的不亲和性和子代不育等障碍。另外,可转移优良的生物性状,实现基因重组而改良现有品种,因此在植物遗传工程和育种研究上具有广阔的应用前景。1972 年卡尔森(Carlson)等利用原生质体融合技术首次成功地获得烟草种间杂种,随后原生质体融合技术在小麦、水稻、油菜、茄子等多种农作物的应用被相继报道。

目前,聚乙二醇(PEG)和电融合法为诱导植物原生质体融合的主要方法,而聚乙二醇法的使用更为广泛。PEG 诱导融合的机理:PEG 为一种高分子化合物,有醚键且具负极性,与水、蛋白质和碳水化合物等一些正极化基团形成氢键,使原生质体高度脱水而凝集。当 PEG 分子足够长时,可作为邻近原生质体表面之间的分子桥而使之粘连。PEG 也能连接 Ca^{2+} 与原生质体表面的负电荷形成静电键,加强原生质体粘连和结合。在洗涤过程中,连接在原生质体膜上的 PEG 分子可被洗脱,引起电荷的紊乱和再分布,从而引起膜的变化和重排,原生质体膜局部融合,形成小的细胞质桥,完成两个原生质体的融合。高 Ca^{2+} 高 pH 增加了质膜的流动性,因而也大大提高了融合频率,洗涤时的渗透和冲击也可能促进融合。为了发挥 PEG 促进细胞融合的效力,必须采用较高浓度的 PEG 溶液,浓度过高会导致原生质体皱缩甚至受到毒害,融合子的存活率降低;PEG 浓度较低使原生质体融合率较低。该方法具有试剂制备容易、细胞活性稳定、不需特别的仪器设备、操作方便等优点。

原生质体分离纯化或融合后,在适当的培养基上应用合适的培养方法能够再生细胞壁,并启动细胞持续分裂,直至形成细胞团,长成愈伤组织或胚状体,再分化发育成苗。其中,选择合适的培养基及培养方法是原生质体培养中的关键环节。

【仪器、用具及试剂】

(1) 仪器:离心机、高压蒸汽灭菌锅、超净工作台、天平、显微镜、培养箱和振荡摇床等。

(2) 用具:三角瓶、离心管、烧杯、200 目滤网、解剖刀、镊子、培养皿、滤纸、0.2 μm 滤膜、注射器、培养瓶、移液枪和枪头等。

(3) 试剂:纤维素酶、果胶酶、2-N-吗啉乙烷磺酸(MES)、葡萄糖、聚乙二醇、甘露醇、$CaCl_2$、蔗糖、NAA、6-BA、琼脂、KH_2PO_4、KNO_3、$CaCl_2 \cdot 2H_2O$、$MgSO_4$、KI 和 $CuSO_4$ 等。

【实验材料】

成熟的黄瓜种子。

【实验方法】

1)溶液及培养基的配制

(1) 酶解液成分:1% 纤维素酶、1% 果胶酶、0.7 mol/L 甘露醇、0.7 mmol/L KH_2PO_4、10 mmol/L $CaCl_2 \cdot 2H_2O$,调整 pH 为 6.8~7.0。

(2) PEG 融合液:40% PEG、0.3 mol/L 葡萄糖、0.7 mmol/L KH_2PO_4、3.5 mmol/L

$CaCl_2 \cdot 2H_2O$。

（3）13%CPW 洗液：27.2 mg/L KH_2PO_4、101.0 mg/L KNO_3、1 480.0 mg/L $CaCl_2 \cdot 2H_2O$、246.0 mg/L $MgSO_4$、0.16 mg/L KI、0.025 mg/L $CuSO_4$、13%甘露醇，pH 6.0。

（4）20%蔗糖溶液。

（5）培养基

种子萌发培养基（固体）：1/2MS（注：MS 无机成分减半，0.2%蔗糖，0.7%琼脂）；原生质体形成愈伤组织培养基（固体和液体）：MS＋0.05 mg/L NAA＋1 mg/L 6-BA；原生质体愈伤组织分化培养基（固体）：MS＋5 mg/L NAA＋0.7%琼脂。

（6）无菌蒸馏水。

（7）0.1%氯化汞。

注：以上（1）～（4）溶液均要用孔径 0.2 μm 滤膜过滤除菌，（5）和（6）可采用高压蒸汽灭菌。

2）黄瓜无菌苗的培养

精选饱满的黄瓜种子，浸种 20～30 min 后，剥皮。用 0.1% $HgCl_2$ 消毒 8～10 min，用无菌水洗涤 3～4 次。将种子接种至 1/2 MS 培养基中。置于温度为 25±2℃、光照强度为 1 000 lx、光照时间为 14～16 h/d 条件下培养。培养时间约为 1 周。

3）原生质体的分离和纯化

取黄瓜无菌苗子叶，切成薄片后，置于酶解液中，放入摇床上（60～70 r/min），在 25～28 ℃黑暗条件下，酶解 5～7 h，用 200 目滤网过滤去除残渣。转至 10 mL 无菌离心管中，1 000 r/min 离心 5 min，弃上清。向离心管中加入 3～4 mL 13% CPW 洗液，离心 2～5 min，弃上清后，加 2 mL 洗液。将混有原生质体的洗液轻轻地均匀铺于 20%蔗糖溶液上（6 mL 20%蔗糖加入 10 mL 离心管中），1 000 r/min 离心 5～8 min。用移液枪轻轻吸取中间界面的原生质体，放入无菌离心管中。加入 4 mL CPW 洗液，1 000 r/min 离心后，弃上清。用血球计数板将原生质体密度调为 1×10^5～1×10^6 个/mL。

4）原生质体活力检测（略）

5）原生质体融合

将 1～2 滴原生质体混合物滴入小培养皿，静置 8～10 min。用相同方法加入 2 滴 PEG 溶液，静置 10 min，依次间隔 5 min 加入 0.5 mL、1 mL 和 2 mL 含 13%甘露醇的 CPW 洗液洗涤，注意在第二、三次洗液加入前，用移液枪轻轻吸走部分溶液，但不能吸干，否则原生质体会破碎死亡；最后用液体培养基洗 1～2 次即可进行培养。将两种原生质体加入 PEG 融合液后，只发生粘连，在洗涤过程中才发生膜融合，核融合通常在融合体第一次有丝分裂过程中发生。

6）培养

将融合体悬液铺于愈伤组织诱导培养基（固体）上进行浅层培养，在温度为 25±2 ℃、光照强度 1 000 lx，光照时间为 14～16 h/d 条件下培养，经 1～2 个月后在培养基上出现肉眼可见的细胞团。细胞团长到 0.5 cm 左右，即可转移到分化培养基上，诱导分化芽和根，长成小植株。

【注意事项】

(1) 融合时,注意两种原生质体的密度,其比例尽量接近 1∶1。

(2) 使用 PEG 时,注意使用浓度范围,一般选用分子量为 4 000～6 000、浓度为 30%～50% 的 PEG 进行原生质体融合。

【结果与分析】

(1) 观察记录原生质体融合过程和融合细胞的生长状况。

(2) 原生质体融合后,若未能诱导出愈伤组织,请分析实验结果。

【作业】

(1) 原生质体融合的方法主要有哪两种?

(2) 简述植物原生质体融合的实践意义。

(3) 简述原生质体融合的操作过程。

(4) 试分析哪些因素会影响原生质体融合?

(5) 请设计一组植物原生质体融合的实验方案。

实验 3　杂种细胞的筛选及鉴定

【实验目的】

(1) 本实验要求学生初步掌握植物杂种细胞核型观察(包括实验材料的选取、预处理、固定、离解、染色、压片和核型观察等)和染色体组型的分析方法。

(2) 掌握鉴定和筛选杂种细胞的方法。

【实验原理】

细胞融合后,融合产物(杂种细胞)的鉴定对于定量融合频率和监测融合产物是必要的。融合频率可能因原生质体数量或融合条件而异。融合产物的初步鉴定在显微镜下进行。显微鉴定是基于亲代细胞在着色、叶绿体存在、核染色、细胞质标记等方面的差异。一个成功融合的系统包括融合含有叶绿体的叶肉细胞的原生质体和来自缺乏叶绿体的原生质体。初始阶段,在光学显微镜水平下可以看到融合产物的一半含有叶绿体,另一半含有无色淀粉颗粒。因此,融合的细胞很容易与未融合的亲本原生质体区分开。同样,花瓣的原生质体通常是液泡状和着色的。因此,花瓣-叶肉或花瓣-细胞培养物原生质体之间的原生质体融合产物很容易鉴别。

如果两种类型的亲本原生质体看起来相似,即无色素或有色素,那么融合产物可以用核染色技术来区分,杂种细胞含有两个不同亲本原生质体的两个细胞核。

【仪器、用具及试剂】

(1) 仪器:显微镜。

(2) 用具:载玻片、盖玻片、酒精灯、解剖用具、刀片和一次性吸管等。

(3) 试剂:8-羟基喹啉、0.04%~0.2%秋水仙素水溶液、α-溴代萘饱和水溶液、对二氯苯饱和水溶液、乙醇溶液、醋酸、盐酸、纤维素酶、果胶酶、醋酸洋红或醋酸地衣红溶液等。

【实验材料】

经培养后的原生质体融合产物(杂种细胞)。

【实验方法】

1) 吸取少许的经过培养的原生质体融合产物(杂种细胞)。

2) 预处理杂种细胞

细胞分裂时由于纺锤体的牵引及染色体不一定都缩到最短,故在制片时染色体易相互缠绕、重叠,所以,材料在固定前必须预处理,目的是改变细胞质黏度,破坏或抑制纺锤体的形成,使染色体缩短,并促使染色体分散等。常用的药物浓度和处理过程如下:0.04%~0.2%秋水仙素水溶液处理 2~5 h;α-溴代萘饱和水溶液处理 0.5~4 h;对二氯苯饱和水溶液处理 2~4 h;0.002 mol/L 8 羟基喹啉 20 ℃条件下避光处理 4 h。上述处理在室温下即可进行,将处理液吸出,然后用蒸馏水漂洗。若低温处理则用蒸馏水在 1~4 ℃下处理 24 h。

这些药物对植物细胞都有不同程度的毒害作用,高温或长时间的处理往往会产生多倍体或使染色体发生黏结、聚缩和解体现象,因此处理时间一般以 4 h 以内为适宜。

3) 固定

将细胞迅速杀死,并使染色体的结构尽可能保持不变和便于染色。在固定前经预处理的材料,水洗几次后可固定。常用的固定液为法曼氏固定液(即 95%酒精溶液:醋酸=3∶1),固定 1~2 h。本实验用卡诺氏固定液(酒精∶醋酸=3∶1)4 ℃固定 24 h 以上,用蒸馏水漂洗。必要时,可放入低温冰箱中保存,也可换至 70%酒精溶液中保存。

4) 离解

细胞必须经分离和软化后方可压片,常用的试剂是盐酸,把固定过的材料装入盛有 1 mol/L 盐酸的小瓶中,在 60 ℃下离解 10~20 min,不超过 30 min。1 mol/L 盐酸是用蒸馏水将比重为 1.18 的盐酸 82.5 mL 稀释至 1 L 时即为 1 mol/L 盐酸(摩尔质量溶液),

也可用等量的 95％乙醇溶液和浓盐酸达到离解目的,处理时间同上。本实验用 2％纤维素酶和 2％果胶酶的混合液 37℃酶解 40～90 min。

5）染色

在洁净的载玻片上,滴上一滴醋酸洋红溶液,把选定的材料滴加在染色液内,盖上盖玻片。染液(醋酸洋红)的配制:45 mL 冰醋酸,55 mL 蒸馏水加热煮沸,加 2 g 洋红继续煮,使溶液达到饱和状态,再煮沸 1～5 min,并放入一个生锈的小铁钉至染色体液中,约 1 min 后取出,冷却过滤即可。

6）压片

盖上盖玻片后用数层吸水纸放在盖玻片上面,用左手手指按住,然后右手用铅笔的橡皮端对准细胞所在的位置轻轻敲击数下,移去吸水纸,将片子对光观看,成为均匀薄层即可进行镜检。

7）组型分析

对所获得染色体制片进行细致的观察,比如要测定一个物种的染色体组型,必须要在相当数量的个体上取材制片,以选择足够多的、分散良好的染色体图像。体细胞有丝分裂中期的染色体比较稳定,粗短、清晰,这一时期通常是染色体观察、计数的适宜时期。

染色体数目＝n_i(融合失败),染色体数目＝$n_1＋n_2$(融合成功)。

也可根据细胞核个数大致判断:只有一个细胞核(融合失败),有两个细胞核(融合成功),有两个以上细胞核(融合失败)。

【结果与分析】

观察并绘制杂种细胞的染色体。

【作业】

(1) 原生质体融合后,为什么要对杂种细胞进行鉴定?

(2) 简述杂种细胞鉴定的操作过程。

第八部分

脱毒苗的培养

实验 1　脱毒苗的指示植物鉴定

【实验目的】

通过指示植物的准备、汁液涂抹操作和防虫网室培育,使学生掌握草本指示植物汁液涂抹法鉴定脱毒苗的方法。

【实验原理】

指示植物又称"鉴定寄主",是对病毒敏感并能产生专一性枯斑症状的植物。有的病毒寄主范围很窄,如 S 病毒和卷叶病毒只能感染茄科的洋酸浆、毛曼陀罗等;有的病毒寄主范围很广,如 X 病毒,除茄科植物外,还能感染苋科的千日红、藜科的苋色藜等多种植物。故应根据鉴定病毒的种类选择合适的指示植物。

在 15～25 ℃的温室内培养选定的指示植物。系统发病的鉴定寄主一般用带有 3～5 片真叶的幼苗,局部发病的鉴定寄主一般用充分展开的叶片。每个病毒样品可接种 3 株,实验中须做好标记。汁液涂抹后应注意防虫,以免影响实验结果。

【仪器、用具及试剂】

(1) 用具:防虫网室、金刚砂、研钵、烧杯、纱布或专用过滤袋。
(2) 试剂:0.1 mol/L 磷酸缓冲液(pH 7.0)。

【实验材料】

待检测的鉴定植株。

【实验方法】

(1) 准备材料:待鉴定植株、指示植物。

(2) 将所需要的用具、试剂等移至安装防虫网的温室中。

(3) 从待鉴定植物上取 1~3 g 幼叶,在研钵中加 10 mL 蒸馏水及等量 0.1 mol/L 磷酸缓冲液(pH 7.0),研磨至匀浆,用双层纱布过滤,收集滤液,或使用专用的具过滤功能的塑料袋研磨过滤。

(4) 滤液中加入少量 500~600 目金刚砂,作为指示植物叶片的摩擦剂,使叶片表面造成小的伤口,而不破坏表层细胞。

(5) 在准备接种的指示植物叶片上用笔尖打一小孔作为标记,然后用棉花球蘸取少许加入金刚砂的滤液,在叶面上轻轻涂抹 2~3 次进行接种,静置 5 min 后用清水冲洗叶面。接种时可用手指、纱布垫、海绵蘸汁液涂抹,也可以将少量的金刚砂洒在指示植物的叶片上,用棉球或手指蘸取少许待鉴定植物汁液。在叶面上轻轻涂抹 2~3 次进行接种,静置 5 min 后用清水冲洗叶面。

(6) 接种后将鉴定植株移入防虫网室。应注意保温、防虫,一般温度保持在 15~25 ℃。

(7) 观察结果:2~6 d 后即可见症状出现。如无症状出现,则初步判断为无病毒植株,但必须进行多次反复鉴定。这是由于经过脱毒处理后,有的植株体内病毒浓度较低,但并未完全排除,因此必须在无虫温室内进行一定时间的栽种后再重复进行病毒鉴定。经重复鉴定确未发现病毒,这样的植株才能进一步扩大繁殖,供生产上利用。

【注意事项】

(1) 注意叶片消毒要彻底,并关注指示植物叶片的健康程度。

(2) 应将待测植株的叶片充分研磨成匀浆,使叶片细胞破损。

(3) 应在防虫网室内完成涂抹接种过程,并注意防止蚊虫进入防虫网室,以免影响实验鉴定结果。

(4) 涂抹过的指示植物应做好标记。

【结果与分析】

(1) 涂抹接种后,定期观察指示植物的接种叶片,描述被病毒感染后的叶片表面特征。

(2) 若指示植物的接种叶片未表现出症状,请分析原因。

(3) 若指示植物出现病斑,试分析病毒属于哪种类型。

【作业】

(1) 用指示植物鉴定法检测植物病毒时,为什么需要进行重复鉴定?

(2) 试阐述指示植物鉴定法检测植物病毒的操作过程。

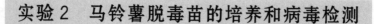

实验 2　马铃薯脱毒苗的培养和病毒检测

【实验目的】

(1) 熟悉马铃薯脱毒苗的培养方法和操作程序。

(2) 了解脱毒苗的病毒检测方法。

(3) 学会使用酶标仪,采用酶联免疫吸附法(DAS-ELISA)检测常见植物病毒的方法。

【实验原理】

植物病毒广泛存在于果树、蔬菜、花卉等植物中,病毒通过植物的无性繁殖在植物体内传递及积累,最终造成植物生长受到抑制,产量及品质下降。病毒感染是无性繁殖植物种质退化、产量和品质下降的主要原因。通过植物组培脱毒方法,可以脱除患病毒病植株的病毒,起到植株复壮、提高产量及质量的作用。植物组培脱毒技术现已在马铃薯、甘薯、草莓、部分观赏花卉及药用植物组培快繁中得到广泛研究及应用。

马铃薯是以营养器官繁殖的无性繁殖作物,在种植过程中容易感染病毒,病毒侵染马铃薯植株后会逐代传递并积累,最终导致马铃薯植株生长衰退、植株变矮、叶面皱缩、叶片出现黄绿相间的嵌斑,甚至叶脉坏死直至整个复叶脱落、块茎小或出现尖头龟裂,使产量降低,品质下降,这种现象称为马铃薯的退化。对侵染病毒的马铃薯进行茎尖脱毒是解决马铃薯的品种退化的有效途径。

马铃薯茎尖脱毒的机理是根据病毒在马铃薯植株体内分布的不均匀性,茎尖分生组织中维管系统还没有完全发育好,病毒转移只能依靠刚形成的少量胞间连丝进行,这样病毒的传播速度特别慢。同时,胞间连丝中的运动蛋白与病毒若不能形成特殊结构,则病毒亦不能转运。所以,越接近茎尖的部位病毒含量越低,培养后获得无毒苗的概率也较大。因此,在特定的环境下切取很小的分生组织,经过离体培养和病毒检测获得脱毒苗,利用无毒苗培育出脱毒种薯,最后再投入生产,可以有效地防止种薯退化,大幅度提高马铃薯的产量和品质。一般操作程序为:①选取被病毒侵染的马铃薯薯块,催芽;②芽的消毒处理;③剥出茎尖后接种;④茎尖培养获得完整植株;⑤病毒检验;⑥无毒苗的离体快繁,获得大量的无病毒植株。

在当前的马铃薯生产中,病毒发生普遍而严重,成为制约马铃薯产业发展的主要障碍,是生产上亟待解决的突出问题。目前,已报道的马铃薯病毒种类超过 35 种,其中,主要检测的马铃薯病毒有马铃薯 X 病毒(PVX)、马铃薯 Y 病毒(PVY)、马铃薯 S 病毒(PVS)、马铃薯 M 病毒(PVM)、马铃薯卷叶病毒(PLRV)及马铃薯纺锤块茎类病毒(PSTVd)。马铃薯病毒检测的常用方法有血清学检测法、分子检测法(包括 RT-PCR 检测技术、PCR 检测、核酸杂交检测等)、电子显微镜检测法等。血清学检测法具有灵敏度高、特异性强、可用于检测大量样品等优点。双抗体夹心法(Double antibody sandwich-

ELISA、DAS-ELISA)属于血清学检测法的一种,其原理是将抗原、抗体间的免疫反应和酶的高效催化反应进行有机结合,即用化学方法将在酶和保持抗体免疫活性的基础上结合形成酶标记抗体,酶遇到相应底物时降解底物而产生颜色反应。若抗原量少,则结合酶标记的抗体也少,酶降解底物量小而颜色浅;若抗原量多,则颜色深;若没有抗原,则基本没有颜色。

【仪器、用具及试剂】

(1) 仪器:超净工作台、解剖镜、高压蒸汽灭菌锅、冰箱、光照培养箱、蒸馏水器、天平、磁力搅拌器、酸度计、空调、体式显微镜、接种器械灭菌器和酶标仪等。

(2) 用具:培养皿、培养瓶、镊子、解剖针、手术刀、封口膜、移液枪、枪头和滤纸等。

(3) 试剂:MS 培养基、琼脂、蔗糖、乙醇、次氯酸钠、6 - BA、NAA、赤霉素、SPFMV 抗体、酶标抗体、DAS-ELISA 检测试剂盒和无菌水等。

【实验材料】

已发芽的马铃薯薯块。

【实验方法】

1) 配制培养基

诱导培养基 MS+30 g/L 蔗糖+8.25 g/L 琼脂+0.1 mg/L NAA+0.5 g/L 6 - BA,pH 5.8;MS+1.0 mg/L 6 - BA+0.05 mg/L NAA+30 g/L 蔗糖+7 g/L 琼脂,pH 5.8。

高压蒸汽灭菌锅中 121 ℃灭菌 20 min 后备用。

2) 取材

所用的材料选用在推广优良品种中选择健壮并具有本品种典型性状的单株,利用其所结的块茎为材料。挑选无病虫害和机械创伤、表面光滑的马铃薯薯块,埋在湿润的沙土中进行室内催芽,温度保持在 15~25 ℃,湿度保持在 50%~60%;如使用薯块,可先打破休眠做催芽处理(采用 20 mg/L 赤霉素浸种 20 min)。待腋芽长至 4~5 cm 且未充分展叶时,用手术刀将芽切下。

3) 茎尖消毒

先将芽的外面几层叶片剥除,然后将其放入烧杯,用纱布封口,在自来水下冲洗半个小时,吸干芽表面的水分,放到无菌室进行消毒。一般先用 75%酒精溶液浸泡 30 s,消除叶片茸毛的表面张力,用无菌水冲洗 2 次;再用 0.1%~0.2%升汞浸泡 8~10 min,消毒时轻轻晃动消毒瓶,使消毒剂与材料充分接触,最后用无菌水清洗 3~4 次。

4) 剥离与接种

将消毒后的芽转至无菌滤纸,再置于 40 倍解剖镜下进行茎尖分生组织剥离(图 8-1)。具体操作过程:在解剖镜下剥离茎尖分生组织,一手用镊子将芽按住,一手用无菌解剖针将幼嫩的叶片逐层剥掉,直至露出圆滑的生长点,用解剖刀切取带 1~2 个叶原基、大小为 0.1~0.3 mm 的茎尖,接种到培养基表面,保证切面接触到培养基。每瓶接种 1 个茎尖并做好编号,以便成苗后检查。注意:在剥离茎尖过程中,操作要敏捷准确,防止茎尖在空气中暴露时间长,因水分蒸发而使茎尖变干。

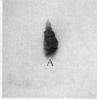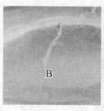

注:A. 显微镜下茎尖;B. 茎尖膨大;C. 茎尖脱毒获得脱毒苗。

图 8-1　马铃薯茎尖培养脱毒苗

(引自董越等,2012;李闯等,2019)

5)培养条件

接种后的茎尖放在培养室中培养。培养室的温度要保持在 25 ℃,第 1~7 d 适宜的光照强度为 2 000~2 500 lx,7 d 后光照强度为 3 000~5 000 lx,每天 16 h 光照。培养 14~28 d 后生长点变大开始伸长、变绿,叶原基形成可见小叶;经 30~40 d,茎尖可明显伸长,4 个月左右发育成 3~4 片叶的小苗,此时可将其在无菌条件下进行单节切段,并接种于带有培养基的三角瓶中,继续培养,小苗可形成根系。100 d 左右后发育成 3~4 个叶片的小植株,再将其按单节切段,进行扩繁,成苗后用于病毒检测。诱导培养应以茎尖直接发育成苗,无需经过愈伤组织途径。

6)酶联免疫吸附法(双抗体夹心法,DAS-ELISA)检测脱毒苗

通过上述方法获得的组培苗,继代培养后必须进行严格的病毒检测,保证获得的幼苗为脱毒苗。

(1)准备工作

实验前,在设计图表上注明各反应孔的位置,以避免出错。在密封塑料盒底部铺 1 张吸水纸,倒入适量蒸馏水使之刚好润湿,即为恒湿箱(孵育用)。微孔板为可拆卸,根据用量取出所需数量的微孔,未使用完的微孔密封好,于 4 ℃低温保存。

(2)样品的提取和稀释

将无菌幼苗的叶片作为 ELISA 实验的检测样品,采样后进行详细标记。使用通用样品提取缓冲液来碾磨稀释样品。若用研钵提取样品,在提取每份样品后彻底清洗研钵,以免造成样品间的相互污染。将样品与通用样品提取缓冲液以 1:10(样品重量:提取缓冲液体积)的比例研磨样品。每个反应孔需要 100 μL 的样品提取稀释液。

(3)点样

根据样品顺序排序,取 100 μL 样品提取稀释液加入各样品孔中,取 100 μL 阴性质控孔溶液到阴性对照孔中,取 100 μL 阳性质控孔溶液到阳性对照孔中。

(4)准备酶标结合物

检测抗体和酶标抗体均为浓缩液体,应根据标签上的稀释倍数用 ECM 缓冲液稀释。根据酶标记物标签上的稀释倍数将酶标记物和检测抗体(瓶 A 和瓶 B)加到 1 倍的 ECM

缓冲液中,混合均匀。1 μL 的检测抗体稀释液可供 8 个反应孔使用,10 μL 的酶标记物稀释液可供 96 个反应孔使用。

（5）洗板

孵育结束后,将反应孔中的试剂倒出,加入 250 μL 1 倍 PBST 缓冲液中,之后快速倒出,重复 7 次,将微孔板倒扣在吸水纸上以控干孔中的残留液体。

（6）加酶标结合物、孵育

在各反应孔中加入 100 μL 配制好的酶标结合物溶液。室温下（25℃）在恒湿箱中孵育 2 h。

（7）PNP 底物的制备

孵育结束前 15 min 制备 PNP 底物溶液。在室温下用 5 mL PNP 缓冲液溶解 1 片 PNP 底物片。每片 PNP 底物片可溶解成 5 mL 的底物溶液,溶解比例为 1 mg/mL,可供 40 个反应孔使用。在室温下用 5 mL PNP 缓冲液（1 倍浓度）溶解 1 片 PNP 底物片。

（8）洗板、加 PNP 底物溶液、孵育

洗板步骤同（5）操作,重复 8 次。在各反应孔中加入 100 μL PNP 底物溶液。在恒湿箱中孵育 60 min,避免阳光直射或强光照射。

（9）结果分析

直接用肉眼观察或用酶标仪在 405 nm 波长下测量结果。阳性结果:微孔中有明显的颜色变化;阴性结果:微孔中没有明显的颜色变化。只有在阳性质控孔得到阳性结果的时候,实验结果才是可靠的。结果可保持 1 h 左右（只要阴性质控孔不发生颜色变化）。

7）扩大繁殖培养

经过茎尖培养和检测取得的脱毒苗,首先按不同品种保存在培养瓶中。进行标记后,可进行继代繁殖,为生产微型薯准备脱毒苗种源。

采用单节切段繁殖的方式,对脱毒苗进行切段繁殖,繁殖试管苗一般都用 MS 培养基。在 100 mL 的三角瓶接种 4～6 节段,每节含一个叶片。培养的节段经过 3～5 d 即可生根,幼芽也从叶腋发出,10 d 左右可形成 2～3 片叶的幼苗。20 d 左右即长成 5～6 片叶的小植株。每隔 25 d 转接 1 次,增殖率一般为 3～5 倍,室内温度 18～25 ℃,光照强度为 2 000～3 000 lx,光照时间为 14～16 d。这些小植株又可按上述方法进行切段繁殖,扩大繁殖无病毒苗株的数量。

【注意事项】

（1）在茎尖脱毒前应选择不带类病毒的马铃薯,同时尽可能选择自身带马铃薯病毒较少的马铃薯块茎作为对象,通常在马铃薯原种或原种田块里选择长势特别健壮的马铃薯块茎作为茎尖剥离的材料,可以大幅度提高脱毒率。

（2）将田间采回有明显病毒携带特征或者经过检测携带病毒的块茎进行打破休眠后,将其转至人工气候箱内选择适宜的高温和时间进行热处理。不同温度、不同时间或不同热处理方法（如恒温 38℃ 或变温 32℃ 和 38℃）的预热或高温处理,可以显著地提高脱病毒的概率。

（3）马铃薯茎尖脱除病毒是否彻底，茎尖剥离的大小与能否顺利脱除病毒有直接关系，离体茎尖越小脱毒效果越好，但成活率越低，合适的离体茎尖应该是 0.1～0.3 mm、带 1～2 个叶原基，并且生长点附近的组织要尽量少，这样既保证了一定的成活率，又能排除大多数病毒。

（4）马铃薯茎尖培养通常选用 MS 培养基，在基本培养基中提高铵盐和钾盐的浓度，有利于茎尖的成活。植物生长调节剂的种类和浓度对茎尖生长发育影响很大，常用 6-BA、NAA 和 GA_3 来调控茎尖生长和发育。

（5）茎尖成苗后，应取幼苗进行病毒检测。

（6）经过茎尖培养和检测取得的脱毒苗，应标记后保存在瓶中，需要时可对脱毒苗进行切段繁殖。

（7）长期继代培养的脱毒苗有可能由于操作不当及当初植株病毒含量非常低，病毒检测不到，脱毒苗继代培养病毒逐渐积累而再次侵染病毒，原则上在下次扩繁之前需每年复检 1 次，必要时可再次茎尖脱毒才能进行更新复壮。

（8）脱毒苗在培养过程中如果室内温度过高、光照不足，易出现幼苗细弱、节间变长等徒长现象。存放时间较长、转接不及时可能会出现幼苗上部弯曲现象，为缓解这种现象，可在培养基中添加适量 CCC 壮苗，表现为节间短、茎粗壮、叶片浓绿、根系发达。

（9）当脱毒苗扩繁到一定数量时，可以进入微型薯生产阶段。目前广泛采用温室加装防虫网生产脱毒微型薯。

【结果与分析】

（1）计算茎尖的成活率、脱毒率和增殖系数。

（2）观察脱毒苗的形态特征。

【作业】

（1）简述马铃薯脱毒苗的培养过程。

（2）简述马铃薯脱毒的机理。

（3）举例说明马铃薯易被感染的病毒种类。

（4）试论述马铃薯脱病毒的意义。

（5）马铃薯无毒苗的检测方法有哪几种？

（6）为何要对马铃薯脱毒苗进行病毒检测？

实验 3　蝴蝶兰微茎尖脱毒培养

【实验目的】

(1) 了解蝴蝶兰脱毒培养的方法和程序。

(2) 熟悉植物组织培养在花卉脱毒培养中的外植体选择。

(3) 掌握蝴蝶兰茎尖剥离和外植体处理的方法。

【实验原理】

蝴蝶兰属热带或亚热带的气生兰,因其株型美观,花形奇特,形似蝴蝶,色彩艳丽,花期长久,素有"兰花皇后"之美称,在国际花卉市场上具有很高的经济价值。在生产中,蝴蝶兰叶片经常由于感染病毒而产生枯斑、褪绿、坏死现象,使植株矮化、畸形,花朵变色,严重影响蝴蝶兰产业发展。目前,在蝴蝶兰上分离到的病毒超过 25 种,其中危害最重、分布最广的是建兰花叶病毒和齿兰环斑病毒(*Odontoglossum ringspot virus*,ORSV)。CyMV 和 ORSV 病毒侵入寄主细胞复制增殖后,通过胞间连丝和维管束的转运可对寄主植物造成系统性侵染。

蝴蝶兰脱毒方法主要采用热处理、茎尖生长点组织培养、抗病毒化学药剂处理、愈伤组织培养、花药培养等方法。茎尖脱毒法利用病毒在寄主体内分布不均性,取最不易带病毒的茎尖生长点,利用组培技术诱导成无毒苗。建立高效的蝴蝶兰茎尖脱毒再生体系,能有效地提升蝴蝶兰脱毒苗的品质。

【仪器、用具及试剂】

(1) 仪器:超净工作台、解剖镜、高压蒸汽灭菌锅、冰箱、光照培养箱、纯水仪、天平、磁力搅拌器、酸度计、空调、体式显微镜、接种器械灭菌器、酶标仪和料理机等。

(2) 用具:培养瓶、镊子、手术刀、滤纸、培养器皿、脱脂棉、封口膜、检测试纸和防虫网等。

(3) 试剂:1/2 MS 培养基、MS 培养基、1/3 MS 培养基、6 - BA、NAA、IAA、绵白糖、琼脂粉、花宝 1 号、蔗糖和卡拉胶等。

【实验方法】

1) 配制培养基

诱导培养基:1/2 MS 培养基+1.0 mg/L 6 - BA ＋ 0.2 mg/L NAA,添加 15 g/L 绵白糖、7 g/L 琼脂;或添加 0.5 mg/L NAA 和 3.5 mg/L 6 - BA,蔗糖 20 g/L、卡拉胶 9 g/L。

增殖培养基:MS+5.0 mg/L 6-BA+0.2 mg/L NAA+20 g/L 蔗糖+100 mg/L 香蕉+7 g/L 琼脂;

生根培养基:1/3 MS+3.5 g/L 花宝 1 号+0.3 mg/L NAA+0.5 mg/L IAA+20 g/L 蔗糖。

上述培养基在灭菌前将 pH 调为 5.8~6.0,在 121℃(1 kg/cm^2)高温高压蒸汽灭菌锅中灭菌 20 min 后使用。

2) 蝴蝶兰生长点的剥离和脱毒

选择或购买蝴蝶兰无菌瓶苗,在 40 倍冷光源解剖镜下用解剖针和手术刀剥去生长点外围的幼叶,露出微凸、穿形、发亮的生长点(0.2~0.4 mm 带 1 个叶原基的茎尖生长点)。

切下生长点后,快速放在培养基表面。每瓶接种 3 个茎尖,每个组 5 瓶。接种后,暗处理 2 周,然后进行光照培养,光照强度为 800~1 500 lx,光照时间为 10 h/d,温度为 22~28 ℃。培养 40 d 后,统计茎尖的成活率、褐化率及死亡率。

成活率=(成活的茎尖数量/接种数量)×100%;褐化率=(褐化的茎尖数量/接种数量)×100%;死亡率=(茎尖死亡数量/接种数量)×100%。

3) 丛生芽的增殖和分化

花梗腋芽萌发丛生芽后,需将丛生芽转接到增殖培养基中进行增殖。按分切后芽体的个数和切叶比例,各设置其不同水平:双芽、三芽和切全叶。然后转入 MS+5.0 mg/L 6-BA+0.2 mg/L NAA+20 g/L 蔗糖+100 mg/L 香蕉的培养基上,香蕉需用料理机打碎。每个处理接种 5 瓶,重复 3 次。2 个月后观察并统计蝴蝶兰丛生芽的增殖个数、增殖倍数和生长情况,并对实验数据进行分析。

4) 丛生芽的壮苗生根

经过增殖培养后,可以得到一定量的蝴蝶兰无根苗。在无菌操作台上,将所获得的无根苗切成单苗,转入准备好的生根培养基中进行生根培养。生根培养基配方:1/3 MS+3.5 g/L 花宝 1 号+0.3 mg/L NAA+0.5 mg/L IAA+20 g/L 蔗糖。每组接 5 瓶,每瓶接种 3 个芽。60 d 后统计根的生长情况,统计数据为生根率、株高、叶片数等。

5) 生根苗的移栽

将生长健壮、根系发达的生根苗置于温棚内,自然环境下炼苗 7 d。棚内采取遮阴措施,温度保持在 25~35 ℃,空气湿度保持在 80%以上。

炼苗结束后,洗净生根苗根部的培养基,将试管苗置于 800 倍甲基托布津溶液中浸泡 5 min 后晾干。选择植株健壮、长势一致的生根苗移栽到预先高温消毒好的基质中。基质可选用水苔或椰糠。

移栽后管理:棚内温度控制在 18~28℃之间,湿度控制在 70%~80%之间,光照控制在 10 000 lx 左右。定期通风,浇水以见干见湿为宜。待移栽苗定植后,长出新根后再浇叶面肥,每周用 0.3%~0.5%磷酸二氢钾进行叶片施肥 1 次即可。

6) 病毒检测

检测幼苗中是否携带 CyMV 和 ORSV 病毒,检测用 ADGEN Phytodiagnostics 公司相对应病毒的 SPOT CHECK LF™(2 min 快速检测试纸条)。其工作原理是以硝酸纤维素膜为载体,利用微孔膜的毛细管作用,样品在膜上从一端向另一端的渗透移动过程中发生相应的抗原抗体反应,并通过颜色显示出来。

【注意事项】

(1) 应注意蝴蝶兰茎尖剥离的大小,蝴蝶兰茎尖大小介于 $0.2\sim0.4$ mm 且带 1 个叶原基时,有利于脱除 ORSV 病毒。

(2) 蝴蝶兰切割时,不要伤到生长点。

(3) 培养基的无机盐浓度对蝴蝶兰茎尖组织培养的存活率有重要的影响,无机盐浓度过高造成的培养基高渗透压逆境降低蝴蝶兰茎尖组织培养的存活率。高硝酸态氮的比例有助于提高茎尖组织的存活率和健壮生长;高钾浓度有助于茎尖外植体存活,但是过高会加剧茎尖组织褐化死亡。

(4) 过高或过低的激素配比均不利于茎尖的成活,激素配比过高容易导致茎尖发生变异死亡,过低又不利于诱导生长点启动。

【结果与分析】

(1) 蝴蝶兰茎尖接种后,注意观察茎尖的生长状态,根据数据统计成活率、死亡率和褐化率。

(2) 若实验失败,分析失败的原因。

【作业】

(1) 蝴蝶兰脱毒苗的培育常使用的外植体有哪些类型?

(2) 简述蝴蝶兰脱毒苗培育的意义。

(3) 简述蝴蝶兰茎尖脱毒的操作过程。

实验 4 大蒜高温脱毒培养

【实验目的】

(1) 熟悉大蒜脱毒培养的方法和程序。

(2) 掌握大蒜脱毒培养中的外植体选择。

(3) 掌握大蒜热处理结合茎尖培养、热处理结合气生鳞茎的组培方法。

【实验原理】

大蒜是百合科葱属的一、二年生的植物。大蒜不仅具有很高的营养价值,而且对多种致病性微生物及寄生虫有较强的抑制或杀灭作用,对心脏病、高血压和某些癌症也有预防作用。由于大蒜是一种无性繁殖的作物,在生产上通常采用鳞茎繁殖,病毒易从土壤侵入大蒜鳞茎,一旦进入植株,使得大蒜鳞茎母体也携带病毒,病毒则以垂直传播的方式传给后代鳞茎,这就导致了大蒜鳞茎体内的病毒浓度随着种植代数的增加而逐代增高,使得大蒜种性退化,产量逐年降低,大蒜鳞茎品质也越来越差,严重制约了大蒜的生产。

目前,大蒜脱毒主要使用大蒜茎尖离体培养技术进行脱毒,但是茎尖培养对剥取的茎尖大小要求较为严格,脱毒较为困难。采用热处理结合茎尖离体培养可以有效地提高脱毒概率。热处理,也称温热疗法,是植物脱除中应用最早和最普遍的方法之一。其原理是利用植物病毒与植物耐热性不同,将植物材料在高于正常温度的环境条件下处理一定时间,使植物体内的病毒钝化或暂时失去活性,而植物的生长受到较小的影响,或在高温条件下使植物的生长加快,病毒的增殖速度跟不上植物的生长速度,使植物的新生部分不带病毒。热处理常用方法有两种:温汤浸渍法和热空气处理法。温汤浸渍法是将带病毒的植物材料置于一定温度的热水中浸泡一定的时间直接使病毒钝化或失活。热空气处理法是将待脱毒的植物材料在热空气中暴露一定的时间,使病原钝化或病毒的增殖速度和扩散速度跟不上植物的生长速度而达到脱除病毒的目的。其次,还可采用高低温交替的方式进行处理,这样可以降低热处理对植物体的损害。本实验将热处理与茎尖培养结合起来,在高温环境下生长一段时间,再将茎尖分生组织进行离体培养,不仅可以提高脱毒效率,而且能降低大蒜鳞茎剥取茎尖的操作难度,缩短生产周期,提高繁殖效率。

【仪器、用具及试剂】

(1) 仪器:超净工作台、高压蒸汽灭菌锅、解剖镜、冰箱、光照培养箱、纯水仪、天平、磁力搅拌器、酸度计、空调、电子显微镜和接种器械灭菌器等。

(2) 用具:培养瓶、镊子、手术刀、滤纸、培养器皿、脱脂棉和封口膜等。

(3) 试剂:MS 培养基、6‐BA、NAA、IAA、琼脂粉和蔗糖等。

【实验材料】

大蒜气生鳞茎。

【实验方法】

1)配制培养基

分化培养基:MS+0.5 mg/L 6‐BA+0.1 mg/L NAA+30 g/L 蔗糖+7 g/L 琼脂,pH 调为 5.8~6.0 或 MS +1.0 mg/L 6‐BA + 0.1 mg/L NAA+30 g/L 蔗糖+7 g/L 琼脂,pH 5.8~6.0。

继代培养基:1/2 MS + 0.2 mg/L 6‐BA + 0.2 mg/L NAA+30 g/L 蔗糖+7 g/L 琼脂,pH 5.8~6.0。

生根培养基:1/2 MS+0.1 mg/L IAA(0.5 mg/L NAA)+60 g/L 蔗糖+7 g/L 琼脂,pH 5.8～6.0。

高压蒸汽灭菌锅中 121 ℃(1 kg/cm²)灭菌 20 min 后,分装备用。

2) 气生鳞茎的处理及消毒

在大蒜收获时选取生长健壮、无病虫害的大蒜蒜头,自然风干后于常温下贮藏 2～3 个月,使其度过自然休眠期。接种前先将种蒜在 37℃的恒温箱中进行高温钝化病毒处理,处理 30 d。处理结束后,将大蒜掰开成蒜瓣,然后挑选较大的蒜瓣,剥去外面鳞叶,在洗衣粉溶液中浸泡 10 min,用刷子清洗表面,然后用自来水冲洗 1 h。

接种前,先用 75％乙醇溶液消毒 20～30 s,用无菌水冲洗 3 次;接着用 0.1％升汞消毒 5～10 min,用无菌水冲洗 5 次,吸干表面水分。

3) 茎尖的剥离

将消毒后的蒜瓣转至无菌滤纸上,用解剖刀将短缩茎盘的外侧木栓化部分切下 0.3～0.5 mm,然后由此处向芽端移 2～3 mm 横切取下。借助解剖镜切开大蒜肉质鳞叶,分离出芽,去除茎尖外围的叶片,露出幼芽后切取带有一个叶原基的茎尖,长 0.3～0.5 mm,接种于上述培养基中(图 8-2)。每瓶接种 1 个茎尖。

4) 培养条件

将接种后的茎尖置于 1 500～2 500 lx 的光照条件下培养,光照时间为 16 h/d,温度为 25±1℃。培养 2～3 周长出绿色幼芽。苗长至 1～2 cm 高度时,转入快繁培养基扩大繁殖。增殖 2～3 代后再转移到生根培养基上生根。

5) 移栽

将生根后的脱毒苗分期分批次移栽到已灭菌的装有灭菌蛭石的营养钵内。为防治蚜虫传染的病毒病,营养钵应放置在防虫网室。

6) 大蒜病毒检测

取大蒜小苗叶片,将其捣碎、研磨,制成组织汁液。以磷酸盐为缓冲液按 3 000 r/min 速度离心 20 min,弃去残渣,取上清液。用 2％磷钨酸(pH 6.8)负染色 1～2 min。在电镜下观察,并以未脱毒样品做对照,确认病毒的基本形态和特征,观察待测样品是否有病毒。

【注意事项】

(1) 注意大蒜茎尖剥离的大小,注意切割好的茎尖在接种操作时的速度。

(2) 接种后及时观察,并及时调整第 2 次培养的继代时间。

(3) 在超净工作台中使用体式显微镜时,应注意无菌操作,并安排好开机前的消毒工作。

【结果与分析】

(1) 大蒜茎尖接种后,观察茎尖的生长情况,统计数据并计算芽的分化率。

（2）观察大蒜脱毒苗是否携带病毒，绘出病毒的外部形态特征。

【作业】

（1）简述热处理脱毒的基本原理。
（2）简述大蒜茎尖脱毒的过程。
（3）如何用电子显微镜对脱毒苗进行检测？
（4）请设计一个百合鳞茎脱毒的实验方案。
（5）论述培养大蒜脱病毒苗的意义。

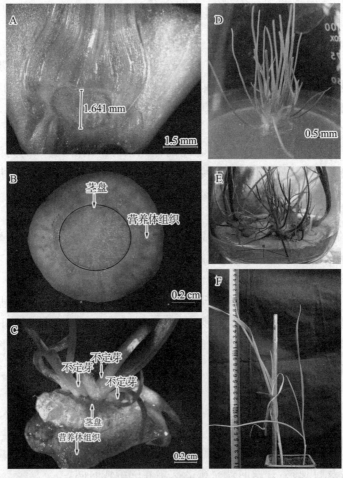

注：A. 大蒜鳞芽纵切面，图中黑色线段表示外植体切取部位；B. 茎盘外植体，由中心的圆形短缩茎盘和外侧的营养体组织构成；C. 接种后 21 d 的外植体，茎盘部分隆起并产生不定芽，外侧的营养体褐化；D. 第一次继代培养产生不定芽簇（接种后 32 d）；E. 在继代培养基上生根壮苗的待移栽试管苗（接种后 128 d）；F. 移栽成活的再生植株（接种后 180 d）。

图 8-2　大蒜茎尖脱毒的过程
（引自刘晓雪，2019）

实验 5　生姜茎尖脱毒苗培养

【实验目的】

（1）了解无性繁殖作物的特点、生姜病毒的种类和生姜茎尖脱毒苗被感染的原因。

（2）掌握利用茎尖分生组织培养技术生产生姜脱毒苗的方法。

【实验原理】

生姜属多年生宿根单子叶草本植物，其地下肥大的肉质块茎既可食用又可药用，所含活性成分不仅具有抗肿瘤、抗病毒和抗菌等活性，而且有明显的抗氧化及清除自由基的功效。生姜营养丰富、适应性强、产量高，因具有独特清香风味而成为主要调味品，可加工成多种食品，在我国作为一年生蔬菜而进行广泛栽培。

生姜是地下块茎作物，在生产上长期采用无性繁殖，极易感染多种病害（如姜枯萎病、姜瘟病、姜眼斑病、姜根腐病、姜腐烂病等），导致植物体内主效抗逆功能的超氧化歧化酶和过氧化物酶的活性下降，致使种性退化、生姜品质变劣、叶片皱缩、生长缓慢，减产幅度可达 30%～50%。感染生姜的主要病毒是烟草花叶病毒 TMV 和黄瓜花叶病毒 CMV。如利用热处理，分离茎尖分生组织（0.5 mm 大小）培养可脱除 TMV 和 CMV 病毒。生姜脱毒后，植株长势强，产量显著提高，抗病（特别是姜瘟病）性增强。

【仪器、用具及试剂】

（1）仪器：超净工作台、高压蒸汽灭菌锅、冰箱、光照培养箱、蒸馏水器、天平、磁力搅拌器、酸度计、空调、体式显微镜、接种器械灭菌器等。

（2）用具：各种培养器皿、实验器皿和器械等。

（3）试剂：MS 培养基、6 - BA、NAA、琼脂粉和蔗糖等。

【实验材料】

新鲜的生姜块茎。

【实验方法】

1）配制培养基

诱导生姜芽分化培养基：MS＋ 1.5～2 mg/L 6 - BA＋ 0.1 mg/L NAA＋7.5 g/L 琼脂＋30 g/L 蔗糖＋活性炭 2～4 g/L，pH 5.8，可一次诱导形成愈伤组织，并直接形成带根

幼苗。

生姜芽增殖培养基:MS+ 2.0~2.5 mg/L 6-BA+ 0.1 mg/L NAA + 1.0 mg/L KT+7.5 g/L 琼脂+30 g/L 蔗糖+2~4 g/L 活性炭,pH 5.8。经高压蒸汽灭菌 20 min 后备用。

2) 材料的选择和取材

(1) 生姜选材:①所选生姜的块茎应生长旺盛;②生姜茎必须是健康的、完整的,不能选择瘦弱、有病的或虫咬的;③生姜应做催芽处理,若茎芽太短则其中可能不带有茎尖,只是姜的叶鞘和幼叶。

(2) 生姜取材:精选块大、肉厚、皮色黄亮、无腐烂和病虫危害的健壮姜块作为材料,将姜块在流水下反复冲洗干净,晾干水分后放至消过毒的砂盘,用细砂覆盖,浇上少量的水。将砂盘放至 36~37℃ 的高温培养箱中培养催芽,定期浇水,使其发芽。待姜芽萌发至 2~3 cm 时,掰下姜芽。可先用手剥姜芽找出茎尖所在位置,当一层一层剥去姜的叶鞘和幼叶时,便发现淡黄色幼叶包裹下的茎尖,把幼茎与幼叶一起切下,长度约 2 cm,用自来水冲洗 1 h,作为接种材料外植体。

3) 生姜茎尖消毒和剥离

茎尖消毒:在超净工作台上,先把所准备的芽放入无菌瓶中,用 75% 酒精溶液浸泡 30 s;然后用 0.1% 的氯化汞溶液浸泡 8 min,最后用无菌水冲洗 3~4 遍。

茎尖剥离:在超净工作台上,将消毒后的茎芽置于双目解剖镜下,左手拿镊子夹住材料,右手拿解剖刀,轻轻地逐层剥去幼叶,直至观察到乳白色、半透明状圆锥体即为茎尖。用解剖刀轻轻从圆锥体基部切下大小为 0.3~0.4 mm 的茎尖,并迅速将其接种于培养基上(图 8-3)。

4) 条件控制培养

温度和光照条件要求与生姜生长期的温光自然条件大致相符。温度可控制在 26± 1℃,光照强度以 1 600~3 000 lx 为宜,每天光照 14~16 h。

5) 继代培养

生姜的茎尖经过培养 7 d 后即明显膨大,仍呈乳白色;20 d 以后即呈淡绿色。可转接至新鲜培养基继续培养,14 d 后即有白色根系生出。

6) 增殖培养

由于生姜是单子叶植物,姜茎即不能分枝,又没有腋芽发生,所以不能通过切段或切块来进行快速繁殖。增殖培养基中含有较高浓度的细胞分裂素 6-BA 可刺激生姜发生许多小侧芽,将侧芽培养至 2~3 cm 长后通过切侧芽可以进行快速繁殖,即把侧芽切成单芽转入增殖培养基中,每瓶 5~6 株,进行增殖培养,以后每 25 d 继代培养 1 次。

7) 试管苗出瓶移栽及管理

试管苗长成完整的小姜株,根长达到 2~3 cm 时即可移入温室中炼苗。移植到消毒过的营养土(腐殖质土:菜园土 = 1:1)中,移栽后对小苗进行细心管理。刚移栽后的几天,对小姜苗要进行遮阴保护以防晒死,且每 2~3 d 要浇 1 次水。待姜苗成活后伴有小芽长出,每 4~5 d 浇 1 次水。1 个月后株高可达 17~20 cm,基部开始膨大。

注：A. 15 d 组培苗；B. 30 d 组培苗；C. 60 d 组培苗；D. 90 d 组培苗；E. 110 d 组培苗；F. 移栽后组培苗。

图 8-3　小黄姜茎尖生长的过程

(引自杨松宸等，2017)

【注意事项】

　　(1) 生姜属于地下块茎植物，所携带的细菌和真菌较多，往往在茎尖的消毒灭菌过程中污染率很高。要想降低污染，应对生姜茎尖采用复合因子进行消毒处理，也可在培养基中添加一定浓度的抗生素抑制杂菌生长。

　　(2) 在生产中可将初代培养中所获得的芽进行脱毒鉴定，可采用目测法、指示植物检测法及 ELISEA 检测法。经鉴定无病毒后也可转接到诱导茎尖愈伤组织的培养基上，再经愈伤组织诱导产生丛生芽，达到快速繁殖的目的。

　　(3) 在生姜脱毒培养中，应考虑外植体大小、生姜基因型，再结合选用恰当的培养基，这样才能培养出高质量的脱毒生姜种苗，用于生姜生产。

【结果与分析】

　　(1) 统计茎尖的诱导率和成活率。

　　(2) 观察生姜茎尖成苗的过程。

【作业】

　　(1) 以生姜无性繁殖的块茎为材料，简述茎尖脱毒的过程。

　　(2) 请以甘薯块根为材料，设计一个甘薯培育脱毒苗的实验方案。

第九部分

植物离体快速繁殖

实验 1　百香果茎段离体快速繁殖

【实验目的】

(1) 掌握百香果茎段离体快繁的培养方法。

(2) 了解百香果离体快繁的意义。

【实验原理】

植物离体快速繁殖:是指在无菌条件下,利用植物体的一部分在人工控制的营养和环境下进行植物繁殖的一种方法。由于其繁殖速率快,称之为"快(速)繁(殖)"。该快速繁殖方法可以在最短的时间内生产出最多的优质种苗,要求既要缩短培养的周期,又要扩大种苗的繁殖系数,例如获得一定数量的组培苗后再进行增殖培养,扩大种苗数量。

植物离体快繁的培养过程是不同类型的外植体经过离体诱导,能够重新开始细胞分裂与器官分化,长出芽、根、花等器官,最终形成完整植株。植物离体快繁的器官形成方式主要包括短枝发生型、丛生芽发生型、不定芽发生型、胚状体发生型和原球茎发生型等。不同的植物种类、不同的外植体类型在含不同激素的培养基上形成完整小植株的器官形成方式不同,因此,培养周期和培养程序也略有差异。植物离体快繁的培养程序主要包括:无菌初代培养物的建立、快速繁殖培养阶段、生根培养阶段和驯化移栽阶段等。植物离体快速繁殖过程主要受植物材料和外植体类型、培养基成分、培养条件(温度、光照强度和光周期、通气状况、pH、继代次数)等因素的影响。

百香果,又名紫果西番莲、鸡蛋果,是西番莲科西番莲属多年生常绿攀缘草质藤本植物。原产于美洲,现广泛种植于热带、亚热带地区,在我国广西、广东、云南、贵州、福建和台湾等省均有种植。百香果富含维生素及矿质元素,含有酚类、黄酮苷类、三萜类、生物碱等化学成分,具有神经保护作用及抗氧化、抗菌活性等功效。百香果含有近百种香气成分,有"香料水果""果汁之王"的美誉,果实多用于果汁、果酒等饮品的加工。近年来随着我国消费者对百香果的认可,鲜食市场和加工市场对百香果的需求量持续攀升,从而推动百香果种植面积不断扩大。

黄百香果的繁殖方法主要有 3 种:用种子直接播种繁殖、用蔓条扦插繁殖、种子播种苗再嫁接高产无病毒母本。嫁接苗虽稳产,但成本高;常年的种子繁殖延长了劳作时间,增加了不必要的成本;扦插压条繁殖加快了品种的退化,且病害加剧;另外,扦插苗的寿命短于实生苗、分株苗、嫁接苗;扦插移栽苗的根系普遍较弱、生根浅,抗逆性弱。而通过植物离体快繁,可以利用各种培养条件,不受植物体本身的干扰,建立百香果组培苗快繁体系,不仅能保存百香果的优良性状,而且能使其在短期内大量繁殖,有便于集约化管理和工厂化生产的优点,以解决生产上的问题。本试验以小果型黄百香果茎段为试材,建立百香果离体快繁体系,为百香果组培苗繁育提供技术支撑。

【仪器、用具及试剂】

(1) 仪器:天平、高压蒸汽灭菌锅、超净工作台、烘箱和灭菌器等。

(2) 用具:枪型镊子、手术刀、酒精灯、75%酒精棉球、培养皿或培养瓶、烧杯、量筒、脱脂棉、移液管、接种盘、滤纸、记号笔、消毒瓶等。

(3) 试剂:MS 培养基母液、蔗糖、无菌水、琼脂粉、$HgCl_2$、多菌灵、吐温 80、抗坏血酸、谷氨酸、乙醇及植物生长调节物质 IBA 和 6 - BA 等。

【实验材料】

小果型黄百香果苗木 7~8 节位的幼嫩枝条。

【实验方法】

1) 配制培养基

茎芽诱导培养基:MS+0.3 mg/L 6 - BA+0.1 mg/L IBA+300 mg/L 抗坏血酸+3%蔗糖+0.5%琼脂粉,pH 5.8~6.0;继代增殖培养基:MS+0.2 mg/L 6 - BA+0.05 mg/L IBA+20 mg/L 谷氨酸+3%蔗糖+0.5%琼脂粉,pH 5.8~6.0;生根培养基:MS+0.5 mg/L IBA +3%蔗糖+0.5%琼脂粉,pH 5.8~6.0。高压蒸汽灭菌后,分装于培养瓶或三角瓶中备用。

2) 无菌培养体系建立

(1) 接种前准备:用 75%酒精棉球擦拭超净工作台台面,将所需物品放入超净工作台。打开紫外灯,照射 20~30 min;关闭紫外灯,打开风机及照明灯。

(2) 接种工具灭菌:用 75%酒精棉球消毒双手,点燃酒精灯。将镊子、手术刀于酒精灯火焰上灼烧,灼烧后放至搁置架上,冷却备用。

(3) 茎段外植体消毒:选择生长健壮的百香果植株,剪取无病虫害的当年生幼嫩枝条,剪掉叶片。在多菌灵 500 倍液中浸泡 10 min,用流水冲洗 30 min,洗去表面的灰尘。

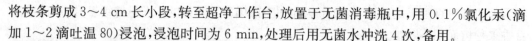

将枝条剪成 3~4 cm 长小段,转至超净工作台,放置于无菌消毒瓶中,用 0.1‰氯化汞(滴加 1~2 滴吐温 80)浸泡,浸泡时间为 6 min,处理后用无菌水冲洗 4 次,备用。

(4) 接种与初代芽诱导培养:切除茎段两端 0.2~0.3 cm,接入 MS 固体培养基中,每瓶接种茎段 5 个,培养 10 d 后统计污染率、褐化率、死亡率和成活率。

再将茎段转接到茎芽诱导培养基(以 MS+30 g/L 蔗糖+5 g/L 琼脂为基本培养基,添加浓度为 0.3 mg/L 6-BA、0.1 mg/L IBA、300 mg/L 的抗坏血酸)。每瓶接种茎段 5 个,培养 30 d 后统计芽诱导率。

3) 继代增殖培养

以 MS+30 g/L 蔗糖+5 g/L 琼脂为基本培养基,将 6-苄氨基腺嘌呤(6-BA)浓度设置为 0.2 mg/L,将吲哚丁酸浓度设置为 0.05 mg/L,两种植物生长调节剂组合处理。在配方中添加 20 mg/L 谷氨酸。将初代培养诱导出的不定芽转接至继代增殖培养基中,每瓶接种芽 6 个,培养 30 d 后统计芽的增殖率和芽增殖倍数,观察继代苗生长情况。

4) 生根培养及移栽

以 1/2 MS+30 g/L 蔗糖+5 g/L 琼脂为基本培养基,采用吲哚丁酸(IBA)处理,浓度设置为 0.5 mg/L。将继代培养获得的芽苗转接至生根培养基中,每瓶接种 4 株,培养 40 d 后统计生根率、根的生长情况。

5) 驯化移栽

芽苗生根后移栽至泥炭土:珍珠岩为 4:1 的育苗基质中,每组移栽 10 株,统计移栽成活率(图 9-1)。

6) 培养条件

培养基 pH 均为 5.8,培养室温度为 26±2 ℃,光照强度为 1 500~2 000 lx,光照时长为 12 h/d。

【注意事项】

(1) 不同培养基配方对黄百香果茎段芽诱导率存在较大影响,6-苄氨基嘌呤浓度对茎段芽诱导率的影响最大,吲哚丁酸浓度次之。

(2) 适宜浓度的谷氨酸不仅能促进植物生长,还能提高植物抗逆性。随着谷氨酸浓度升高,组培苗继代增殖倍数先升高后降低,组培苗的茎秆变粗壮,叶色由中绿色变为深绿色。谷氨酸 20 mg/L 时,增殖倍数最高。

(3) 抗坏血酸不仅对植物细胞生长与分裂、植物内源激素的生物合成等具有调节作用,还具有防止褐化的作用。

(4) 向黄百香果组培生根培养基中添加相同浓度的吲哚-3-乙酸,其生根率及生根数低于吲哚丁酸、α-萘乙酸,这可能是由于吲哚-3-乙酸的稳定性差,在培养基中极易被氧化分解,从而影响生根诱导效果。3 种植物生长调节剂诱导出的不定根形态存在差异,吲哚-3-乙酸诱导的不定根较长,α-萘乙酸诱导的不定根粗短,两种植物生长调节剂诱导的不定根须根均少。吲哚丁酸 0.5 mg/L 诱导的不定根粗长,且有大量须根。

【结果与分析】

(1) 茎段诱导后,统计污染率、芽诱导率、增殖倍数、生根率、移栽成活率。

污染率＝(污染茎段数/接种茎段数)×100％。

芽诱导率＝(出芽茎段数/接种茎段数)×100％。

增殖倍数＝新出茎段节数/接种茎段节数。

生根率＝(生根苗数/接种芽苗数)×100％。

移栽成活率＝(成活苗数/移栽苗数)×100％。

(2) 观察百香果茎段再生植株的形成过程。

【作业】

(1) 简述百香果茎段离体快繁的过程。

(2) 阐述影响百香果离体快繁的主要因素。

注:A. 黄百香果茎段芽诱导;B. 继代增殖培养;C. 芽苗生根;D. 组培苗移栽。

图 9-1　黄百香果茎段离体快繁过程

(引自刘洁云等,2023)

实验2　金线莲的离体快速繁殖

【实验目的】

(1) 掌握利用组织培养方法进行金线莲快速繁殖的技术。

(2) 了解影响金线莲快速繁殖的主要因素。

【实验原理】

金线莲为兰科开唇兰属多年生草本植物,又名金线兰、金丝草。金线莲属于典型的阴性药用植物,喜欢生长在潮湿、阴凉的环境中,温度一般在 20～28 ℃之间,喜散射光,最忌直射,常零星分布于植被完整、相对湿度高、杂草较少、腐殖质丰厚的林下地表层,如荫蔽阔叶林下肥沃的腐叶土中。因金线莲具有显著的清热解毒、祛风除湿、凉血平肝、固肾等功效,素有"金草""神药"等美称。

金线莲的种子小,种胚发育不全,自然状态下难以大量繁殖。长期以来,其有性繁殖未取得突破性进展。利用植物组培快繁技术,通过诱导金线莲的组织或器官脱分化和再分化形成不定芽和不定根,快速地培育出大量金线莲优质种苗,建立金线莲离体快速培养体系,大大缩短金线莲的成苗时间,显著提高培养效率,降低育苗成本。因此,应用植物组织快繁技术不仅能解决金线莲野生资源紧缺问题,也能对该物种的种质资源保护起到积极作用,为金线莲产业的健康、良性发展提供了保障。金线莲离体快繁程序主要为:外植体选择和处理、初代培养物建立、芽的诱导、丛生芽增殖、壮苗生根以及驯化移栽等过程。

【仪器、用具及试剂】

(1) 设备:电子天平、超净工作台、高压蒸汽灭菌锅、烘箱、纯水仪、冰箱、电磁炉和 pH 计等。

(2) 用具:托盘天平、烧杯(50 mL、100 mL、500 mL、1 000 mL)、量筒(1 000 mL、100 mL、25 mL)、容量瓶(1 000 mL、500 mL、100 mL)、药匙、称量纸、玻璃棒、滴管、移液枪、镊子、酒精灯、棉球、三角瓶和培养皿等。

(3) 试剂:MS 培养基各种母液、KT、6-BA、NAA、IAA、蔗糖、琼脂、酒精、氯化汞、活性炭、无菌水、香蕉和漂白粉等。

【实验材料】

金线莲种苗或试管苗。

【实验方法】

1) 培养基的配制

茎段诱导培养基:MS+2.0 mg/L 6-BA+0.5 mg/L NAA+100 g/L 香蕉汁;继代增殖培养基:MS+2.0 mg/L 6-BA+0.3 mg/L NAA+1.0 mg/L KT+0.2%活性炭+100 g/L 香蕉汁或添加 3.0 mg/L 6-BA + 0.5 mg/L NAA;生根培养基:1/2 MS+0.5 mg/L IBA+ 0.3 mg/L NAA+0.2%活性炭+100 g/L 香蕉汁。以上培养基中均添加 2.5%蔗糖和 0.7%琼脂粉,pH 为 5.8。

2) 茎段取材与诱导培养

将金线莲的幼嫩茎段剪成 2~3 cm 长度,去除叶片,用自来水冲洗茎段。置于饱和漂白粉上清液中浸泡 15 min,并用软毛刷轻轻刷洗,冲洗干净。在自来水下冲洗 1~2 h,用无菌水冲洗 2~3 次。置于超净工作台中用 75% 酒精溶液消毒 30 s,以 0.1%氯化汞溶液消毒 10~13 min,用无菌水冲洗 3~5 次。或以金线莲的无菌苗茎段为材料,无需以上消毒过程。

取出要接种的幼嫩茎段材料,放在灭菌的培养皿上。用手术刀切掉与氯化汞消毒剂接触的切口,再切割成 1 cm 长度的茎段,然后将其平放在茎段诱导培养基上进行诱导(图 9-2)。每瓶接种茎段 5 个,每隔一周观察污染情况和记录茎段的成活情况。30～50 d 后记录茎段的芽诱导率。

3) 丛生芽的增殖培养

将诱导产生的高 1.0～1.5 cm 的芽从培养瓶中取出,切去多余的叶片和茎段基部的褐化部位,转接到增殖培养基中。每瓶接种 3～5 个芽,每隔一周观察及记录增殖培养过程中丛生芽的增殖状况。50 d 后记录不定芽的个数,计算增殖倍数。

4) 生根培养

当丛生芽长至 1.5～3.0 cm 高、2～3 片叶时,将其分成单个植株,转接入生根培养基中诱导生根。每瓶培养基接种 5 株,每隔一周观察和记录芽的生根状况,30 d 后记录幼苗的生根数及每株幼苗的根数,并计算幼苗的生根率及平均生根数。

培养室温度为 23±1℃,培养光照强度为 2 000 lx,光照时间为 14 h/d。

5) 驯化移栽

待幼苗在生根培养基上培养 35～50 d 时,组培苗生长到 3～5 cm 高度,2～5 片叶,根长至 3～4 cm。将培养瓶移到室外,打开瓶盖炼苗 3～5 d。然后洗去小苗基部的残留培养基,种植于基质中,基地先铺一层 5 cm 厚的朽木,朽木上铺 1 层厚约 2 cm 的森林腐殖土(或采用珍珠岩、泥炭土、松树皮 3 种基质),并用 1‰～2‰ 多菌灵喷淋消毒。每天叶片喷雾 1 次,保持环境相对湿度在 80％～90％,温度在 20±2℃,光照强度为 500～1 000 lx。培养 25 d 后统计金线莲幼苗的存活率。

【注意事项】

(1) 金线莲属阴性植物,性喜温凉,在培养过程中室内温度在 23℃ 左右时长势很好,当温度超过 28 ℃ 或低于 18 ℃ 时,其生长会受抑制。

(2) 在不定芽诱导和继代增殖前期用微光培养,有利于金线莲芽的分化。在增殖后期可适当增强光照强度,这样会使芽体较粗壮,生根过程中加强光照能提高苗的质量。

(3) 在金线莲离体培养过程中,适当添加有机物质可为离体培养材料提供氨基酸、激素、酶等一些较为复杂的有机化合物,促进其细胞内含物的增加,这样有利于金线莲的增殖、壮苗生根。培养基中常添加了香蕉泥、椰子汁。

(4) 添加活性炭有利于金线莲的无根试管苗生根,幼苗发根快,发根率高,根系洁白,老化缓慢。

(5) 金线莲喜湿润、半阴的气候环境,移栽时应控制好湿度和光照强度。移栽基质应透气性好,选择比较疏松的木屑、树皮或腐殖土为基质,以利于幼苗的成活。

【结果与分析】

(1) 观察实验结果,计算芽诱导率、丛生芽增殖率、增殖倍数、试管苗生根率及平均生根数。

(2) 观察金线莲茎段再生植株的过程。

【作业】

(1) 阐述金线莲的组培快繁过程。

(2) 试论述金线莲离体快繁的意义。

注:A. 金线莲的茎段接种于培养基上;B. 培养 30 d,茎段诱导出芽;
C. 培养 3 个月后,金线莲再生植株;D. 再生植株的移栽。

图 9-2　金线莲茎段的离体快繁

实验 3　金钗石斛的离体快速繁殖

【实验目的】

(1) 掌握金钗石斛的离体快速繁殖技术。

(2) 观察兰科植物原球茎繁殖过程。

(3) 了解影响金钗石斛快速繁殖的主要因素。

【实验原理】

金钗石斛别名石斛、扁金钗、扁黄草、中黄草、扁草等,为兰科石斛属多年生常绿附生草本植物,生于海拔 480~1 700 m 的山地林中树干上或山谷岩石上。其花色鲜艳、花姿优美、清香宜人而具有较高的观赏价值。金钗石斛不仅含有多糖、倍半萜类、菲类、联苄类等,此外,肉质状肥厚的茎中含有生物碱,主要为石斛碱、石斛次碱和 6 -羟基石斛碱等,具有增强免疫、养胃生津、滋阴清热、润肺止咳和抗肿瘤等功效,主要用于治疗眼科、咽喉肿痛、大便秘结、口干烦渴、热病津伤、口疮、阴虚潮热和血栓等疾病,被誉为"民间仙草、植物黄金"。

金钗石斛生长缓慢且分布狭窄,由于在野外对其生长的环境要求苛刻、授粉率低、繁殖系数极低、种子既小又无胚乳等原因,其发芽成苗率在自然条件下也极低,有性繁殖力微弱。无性繁殖主要是分株繁殖,但是金钗石斛为合轴生长,故难以扩繁。金钗石斛的繁殖能力较低,难以满足市场需求。因此,生产上金钗石斛的繁殖主要以组织培养为主,快速、大量培育出优质组培苗,提升金钗石斛的产量,加快人工种苗的供给,不仅可以保障药材市场的需求,而且还可以使其野生资源受到保护,推动其产业可持续发展。

在金钗石斛离体快繁过程中,器官方式主要为原球茎发生型。选用蒴果的种子为材料,种子萌发时先是胚的膨大,种皮破裂,30 d 后肉眼可见浅黄色的、短缩的、圆球状的、胚性细胞、类似幼茎的器官,称为原球茎。原球茎还可以切割成若干小块,再增殖培养,形成新的若干原球茎丛;也可以分化形成幼苗,进而形成完整植株。培养过程为:种子萌发、原球茎诱导和增殖、原球茎分化成苗、幼苗生根和壮苗、驯化移栽等。

【仪器、用具及试剂】

(1) 仪器:电子天平、高压蒸汽灭菌锅、超净工作台、电磁炉、冰箱、pH 计和烘箱等。

(2) 用具:烧杯、量筒、容量瓶、药匙、称量纸、滤纸、玻璃棒、滴管、移液枪、镊子、手术刀、酒精灯、棉球、三角瓶、培养瓶和培养皿等。

(3) 试剂:MS 培养基各种母液、6 - BA、NAA、IBA、蛋白胨、蔗糖、琼脂、乙醇溶液、氯化汞、香蕉汁、活性炭、马铃薯和香蕉等。

【实验材料】

金钗石斛蒴果。

【实验方法】

1) 有机提取物的制备

香蕉汁:取熟香蕉,切成 0.5 cm 左右小丁,按照香蕉:蒸馏水为 1 g:1.5 mL 的比例,加蒸馏水煮沸后由小火煮至香蕉软烂。用纱布将上清液滤出,用蒸馏水定容至浓度为 1 g/mL。

马铃薯汁:取未长芽的马铃薯,切成细丝,按照马铃薯:蒸馏水为 1 g:1.5 mL 的比例加蒸馏水煮沸后,小火煮至马铃薯软烂,用纱布将上清液滤出,用蒸馏水定容至浓度为 1 g/mL。

2）培养基的制备

（1）种子萌发培养基：MS ＋30 mL/L 马铃薯汁＋3％蔗糖＋0.7％琼脂，pH 5.8 或 MS＋0.1 mg/L NAA＋6.5 g/L 琼脂＋25 g/L 蔗糖，pH 5.5～5.8。

（2）原球茎增殖和分化培养基：MS＋1 mg/L 6‐BA＋0.2 mg/L NAA＋60～80 mL/L 马铃薯汁＋3％蔗糖＋0.7％琼脂，pH 5.8；MS＋0.5 mg/L NAA＋2.0 g/L 蛋白胨＋60 g/L 马铃薯泥＋0.5 g/L 活性炭＋6.5 g/L 琼脂＋25 g/L 蔗糖，pH 5.5～5.8。

（3）生根培养基：MS＋1 mg/L NAA＋0.5 mg/L IBA＋60～100 mL/L 香蕉汁＋3％蔗糖＋0.7％琼脂，pH 5.8。

3）初代培养物的建立

（1）采集蒴果

采摘果皮没有开裂、果皮呈绿黄色的成熟金钗石斛蒴果。用自来水冲洗表面污垢，用手术刀轻轻刮去表面容易藏菌的部分。然后用洗洁精清洗蒴果表面，放在自来水下冲洗 30 min 左右。

（2）消毒蒴果

在超净工作台内，将金钗石斛蒴果用 75％酒精溶液进行表面消毒 30 s，用无菌水冲洗 1 次；再用 0.1％ HgCl₂ 溶液浸泡 10 min，用无菌水冲洗 4 次。在用 HgCl₂ 溶液浸泡的过程中，要用镊子常翻动果实，以便消毒剂和蒴果充分接触，杀菌彻底。用无菌水浸泡蒴果 30 min。

（3）种子接种与原球茎诱导培养

将消毒完毕的蒴果置于无菌滤纸上，吸干表面的水分。用解剖刀顺着蒴果的长边纵切，切出切口，用镊子夹住其中 1/2 部分，轻轻抖动果实使种子通过切口落入种子萌发培养基上，以此方法使整个培养基表面都铺有一层种子。盖上瓶盖，封口。放在培养架上培养，光照培养温度为 24～26 ℃，光照强度为 1 000 lx，培养时间为 14 h，暗培养时间为 10 h。观察和记录种子萌发、原球茎诱导和生长情况。

培养 14～20 d 后，种子开始萌发，种子膨大，慢慢由黄转绿，呈浅黄色或黄绿色。培养一个多月，开始产生原球茎，原球茎呈浅绿色或绿色，颗粒状膨大，生长快（图 9-3）。再培养 2 个月，原球茎长大成团状，每团有 7～10 粒原球茎。此时可转接并进入下一培养阶段。

4）原球茎的增殖和分化

选取生长良好的原球茎，用镊子分离成小团，平铺接种于原球茎增殖和分化培养基中。各团之间保持 1 cm 左右的间距，每瓶接 7～10 团。光照培养温度为 24～26 ℃，光照强度为 2 000 lx，光培养时间为 14 h，暗培养时间为 10 h。

培养 20 d 后分别观察记录原球茎的增殖效果及芽分化情况，统计原球茎增殖倍数。原球茎增殖倍数（倍）＝（第 20 d 原球茎的重量－接种时原球茎的重量）/接种时原球茎的重量。

3 个月后，原球茎分化成芽，长成 0.5～2 cm 高的小苗，用镊子分离成单株，接种于新鲜培养基继续壮苗培养，每瓶接 7～10 株。接种 15～20 d 左右，小苗开始产生新芽和新根。3 个月后,每株小苗长成苗高 3～4 cm 的丛生状中苗,每丛苗有侧枝 3～5 个,根 4～7 条,这些根朝上伸长而被暴露在培养基外面。培养 60 d 后,观察记录苗的生长状态和生根情况。扩繁系数＝扩繁后苗数/接种时苗数;生根率＝(生根幼苗数/接种幼苗总数)×100％。

原球茎在该阶段有增殖作用,增殖速度较快,增殖倍数可达 4～5 倍。同时,部分原球茎分化出芽,原球茎的增殖和分化同时进行。待芽数量较多时,将带有 2～3 片叶的中苗切下转入生根壮苗培养基上进行生根培养。

5) 生根培养

将苗丛的各株苗彼此分开,选 3～4 cm 高度的中苗,连苗带根转接到生根培养基上,每瓶接 7～10 株,同一培养瓶内的幼苗高度大小尽量一致。将剩余的少数小、弱苗又转接到培养基上述芽分化培养基中,使小苗继续生长,长高长壮,再用于生根培养。培养温度为 24～26 ℃,光照强度为 2 000 lx,光照时间为 14 h。培养 2 个月后进行幼苗及根系生长情况比较,统计根长、株高。

6) 移栽

将长势健壮、叶色浓绿、苗高 4 cm 左右、根长 2 cm 左右的幼苗移至温室中。打开瓶盖,让幼苗逐步从封闭环境向开放环境过渡,温度为 25℃、光照强度为 1 800 lx、光照时间为 16 h/d。炼苗 3 d 后进行移栽。移栽基质采用腐殖质土和松树树皮(1：1),栽植前先充分拌匀后浇透水。再用镊子将幼苗从培养瓶中轻轻取出,用自来水小心地将根部培养基清洗干净。移栽时,在基质上挖一个小坑,轻轻把金钗石斛根部放入小坑,然后用基质盖好,株行距为 4 cm×5 cm。移栽后浇足定根水,早晚对幼苗植株各喷水一次,保持一定湿度,直至幼苗长出新叶,30 d 后统计移栽成活率。

【注意事项】

(1) 若金钗石斛原球茎在固体培养基中增殖率较低时,也可采用液体悬浮培养,即 B_5 培养基＋1.0 mg/L NAA,蔗糖浓度为 3％,10％香蕉提取物上清液。但原球茎的分化诱导不易在液体培养基中进行。

(2) MS 培养基中添加的马铃薯汁、苹果汁、香蕉汁等天然添加物均对组培苗的生长和根系的发达有很好的促进作用,其中促进作用最显著的为香蕉汁。香蕉汁中富含有机质和糖类,能够给植物组织细胞的分裂分化提供能量,但过高浓度的香蕉汁也会使组培苗生长受到抑制。

(3) 据报道,水解酪蛋白既不利于原球茎的增殖也不利于原球茎的分化,所以在金钗石斛原球茎增殖中不宜添加水解酪蛋白。

【结果与分析】

(1) 请仔细观察种子萌发后分化成原球茎的过程,观察原球茎的形态特征,统计种子萌发率和原球茎的诱导率。

（2）观察原球茎的分化过程，统计原球茎增殖倍数、幼苗的分化率、生根率及平均生根数。

（3）统计幼苗移栽成活率。

【作业】

（1）阐述金钗石斛的离体快繁过程。

（2）请以金钗石斛茎段为材料，设计一个离体快繁的实验方案。

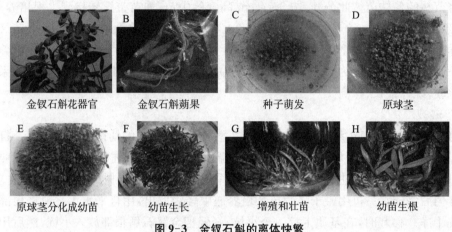

| A 金钗石斛花器官 | B 金钗石斛蒴果 | C 种子萌发 | D 原球茎 |
| E 原球茎分化成幼苗 | F 幼苗生长 | G 增殖和壮苗 | H 幼苗生根 |

图 9-3　金钗石斛的离体快繁

（引自李晓君等，2019）

实验 4　核桃茎段的离体快速繁殖

【实验目的】

（1）掌握核桃茎段快繁的培养方法。

（2）学会筛选最佳的核桃茎段快速繁殖培养基配方。

【实验原理】

核桃是胡桃科核桃属落叶乔木。首先，核桃是重要的坚果和木本油料树种，具有很高的经济价值，且位居世界四大干果之首。其次，核桃具有营养、保健、药用及生态等多方面的价值。随着核桃产业对核桃仁需求量的增加，规模化种植优良品种是必然趋势。而生产种植中往往面临种质变异率高、繁育系数低、核桃苗供给受季节限制性强等问题，严重影响了优质核桃苗木的生产。

植物组织培养技术在实现苗木快速繁殖的同时又能保证优良特性的稳定遗传。核桃组织培养的外植体一般选取叶片、合子胚、茎段等，不同类型外植体分化的器官形态各异。

本实验以核桃带腋芽茎段为试材,通过比较不同基本培养基和激素组合对茎段快繁技术体系的影响,筛选核桃茎段外植体的最适培养基,为核桃组培苗繁育技术提供依据。

【仪器、用具及试剂】

(1) 仪器:电子天平、高压蒸汽灭菌锅、超净工作台、电磁炉、冰箱、pH 计和烘箱等。

(2) 用具:烧杯、量筒、容量瓶、药匙、称量纸、滤纸、玻璃棒、滴管、移液枪、镊子、手术刀、酒精灯、棉球、三角瓶、培养瓶和培养皿等。

(3) 试剂:DKW、MS、WPM 培养基、6-BA、IBA、PVP 蔗糖、琼脂粉、乙醇溶液、次氯酸钠、H_2O_2、洗衣粉水溶液等。

【实验材料】

采集多年生核桃实生木的当年生带腋芽的幼嫩茎段。

【实验方法】

1) 材料的采集和消毒处理

选择晴朗的中午,选择生长健壮、没有病虫害的多年生核桃实生木,采集当年生新梢、半木质化的带腋芽茎段。特别注意枝上有饱满的腋芽,去掉顶部的嫩枝及枝上的叶子,将枝条剪成 3～4 cm 带芽的茎段。先用洗洁精水漂洗 10 min 左右,再用自来水冲洗茎段上残留的洗洁精,然后泡在无菌水中备用。

在超净工作台中,先用无菌水冲洗 2 次。用 75％酒精溶液消毒液浸泡 30 s,倒掉废液,再用无菌水冲洗 2 次;用 1.0％次氯酸钠溶液消毒 10～15 min,倒出消毒液,用无菌水冲洗 3～5 次,再用无菌滤纸吸去多余水分。

2) 筛选基本培养基

(1) 配制培养基

DKW、MS、WPM 培养基配方参考附录 4,配制母液后保存于 4℃低温,用于配制培养基。设置 3 种基本培养基配方为:①DKW+1.5 mg/L 6-BA +0.1 mg/L IBA+0.2 g/L PVP+7.0 g/L 琼脂+30.0 g/L 蔗糖,pH 5.8;②MS+1.5 mg/L 6-BA +0.1 mg/L IBA+0.2 g/L PVP+7.0 g/L 琼脂+30.0 g/L 蔗糖,pH 5.8;③WPM+1.5 mg/L 6-BA+0.1 mg/L IBA+0.2 g/L PVP+7.0 g/L 琼脂+30.0 g/L 蔗糖,pH 5.8。配制后经高压蒸汽灭菌,备用。

(2) 茎段外植体消毒和接种

将茎段消毒后接种到上述 3 种培养基(编号①、②、③)中,每个处理接种 10 个外植体,重复 3 次。培养室条件:温度为 25±2 ℃、光照强度为 2 000 lx、光照时间为 16 h/d。15 d 后统计茎段的褐化率、存活率和芽诱导率。可以观察到在 MS 培养基上,萌芽慢,幼苗长势一般,整体呈黄绿色;在 WPM 培养基上,虽然萌芽慢,但幼苗长势壮,呈绿色;在 DKW 培养基上,萌芽快,幼苗长势健壮,呈绿色。根据数据统计结果和芽的生长情况,筛选出最佳的基本培养基。

3) 筛选启动培养基配方

(1) 培养基配方

激素在调控离体器官发生中起着关键作用,其种类、浓度以及激素组合直接影响着不定芽的形成。培养基中 6-BA 主要用于刺激腋芽不断分化、生长和诱导不定芽的产生,IBA 主要促进腋芽生长。

设置 4 种启动培养基配方为:④DKW＋1.5 mg/L 6-BA＋0.1 mg/L IBA＋0.2 g/L PVP＋7.0 g/L 琼脂＋30.0 g/L 蔗糖,pH 5.8;⑤DKW＋1.5 mg/L 6-BA＋0.01 mg/L IBA＋0.2 g/L PVP＋7.0 g/L 琼脂＋30.0 g/L 蔗糖,pH 5.8;⑥DKW＋2.0 mg/L 6-BA＋0.1 mg/L IBA＋0.2 g/L PVP＋7.0 g/L 琼脂＋30.0 g/L 蔗糖,pH 5.8;⑦DKW＋2.0 mg/L 6-BA＋0.01 mg/L IBA＋0.2 g/L PVP＋7.0 g/L 琼脂＋30.0 g/L 蔗糖,pH 5.8。配制后经经高压蒸汽灭菌备用。

(2) 启动培养

将消毒后的带腋芽茎段接种于上述含有不同浓度生长调节剂的 4 种培养基上(编号④、⑤、⑥、⑦)进行启动培养,每种处理接种 10 个,重复 3 次。培养 20 d,观察幼苗的发育情况并统计腋芽萌发率、成苗率。筛选最佳启动诱导培养基配方。

4) 筛选增殖培养基配方

(1) 设置增殖培养基配方

设置 3 种增殖培养基配方为:⑧DKW＋1.0 mg/L 6-BA＋0.01 mg/L IBA＋0.2 g/L PVP＋7.0 g/L 琼脂＋30.0 g/L 蔗糖,pH 5.8;⑨DKW＋2.0 mg/L 6-BA＋0.01 mg/L IBA＋0.2 g/L PVP＋7.0 g/L 琼脂＋30.0 g/L 蔗糖,pH 5.8;⑩DKW＋1.0 mg/L 6-BA＋0.1 mg/L IBA＋0.2 g/L PVP＋7.0 g/L 琼脂＋30.0 g/L 蔗糖,pH 5.8。配制后经高压蒸汽灭菌备用。

(2) 芽的增殖培养

将启动培养后获得的萌芽接入上述增殖培养基中(编号⑧、⑨、⑩)进行增殖培养。增殖培养基以 DKW 为基本培养基,试验不同浓度 6-BA 和 IBA 对核桃增殖的影响,每种处理接种 10 个,重复 3 次。培养 30 d 后观察不定芽的生长情况,根据芽的增殖率、增殖系数及芽的生长状况,筛选出适合的增殖培养基配方,研究不同浓度的 6-BA 和 IBA 对芽增殖的影响。

5) 壮苗培养

增殖后得到的核桃小植株较弱,将小植株从母株上切下,转入壮苗培养基上进行壮苗培养。壮苗培养基为 DKW 基本培养基,7.0 g/L 琼脂,30.0 g/L 蔗糖,pH 为 5.8,添加 0.5 mg/L 6-BA 与 0.05 mg/L IBA。第 30 d 时更换相同培养基,培养 60 d 后观察幼苗生长情况。

将经过壮苗后的核桃植株进行生根培养。生根培养基:1/2 DKW＋1.0 mg/L IBA＋7.0 g/L 琼脂＋30.0 g/L 蔗糖,pH 5.8。

【注意事项】

(1) 核桃是多年生木本树种,易出现外植体消毒难、初代培养污染率高、酚类物质褐变严重的现象,因此,应挑选幼嫩程度适宜的茎段为材料,如半木质化茎段,其茎段污染率、褐化率较低,有利于腋芽的启动培养。

(2) 核桃中含有较多的酚类物质易被氧化褐变,向培养基中添加吸附剂 PVP、AC 有利于抑制褐化现象。

(3) 带腋芽茎段在 MS、WPM、DKW 培养基上均能萌发,但萌芽率和成苗率表现为DKW＞WPM＞MS,在 DKW 培养基上萌芽快,幼苗长势健壮,呈绿色,比较适合核桃的培养。

【结果与分析】

实验结束后,根据数据分析,筛选出最佳基本培养基、启动诱导培养基、增殖培养基等,建立核桃茎段的离体快繁体系。

【作业】

(1) 阐述核桃茎段离体快繁的程序。
(2) 试分析影响核桃离体快繁的主要因素。

实验5　香茅草的离体快速繁殖

【实验目的】

(1) 掌握香茅草离体快速繁殖的操作技术。
(2) 了解影响香茅草离体快速繁殖的主要因素。

【实验原理】

香茅草为禾本科香茅属多年生草本植物,因其茎叶具有柠檬香气,故又称柠檬草、柠檬香茅、柠檬茅,是一种重要的草本香料,也可从茎叶中提取精油。首先,香茅草不仅具有观赏价值,可以用来绿化、香化家居,而且还具有消毒、杀菌、平喘、止咳及治疗神经痛、肌肉痛等功效。其次,香茅草近年来被开发为茶饮,能提高消化机能,健胃消脂。香茅草在少数民族地区还被用作调味料,用来烤鱼、烤鸡、炖羊肉、炖牛肉。近年来,广西防城港地区与广西林科院合作,开展香茅草良种选育工作,推广香茅草的规模种植。种植的香茅草先用于提炼柠檬醛精油,提炼精油后的香茅草废料还可用于动物饲料。虽然香茅草的经济价值高,种植前景较好,但受制于种苗供应的不足,香茅草产业的发展受到了制约。

香茅草不能繁殖种子,一般采用分株繁殖,繁殖效率很低,长期分株无性繁殖容易导致病毒的传播和积累,会导致种源抗性降低,品质下降,无法满足生产与市场的需要。采用植物组织培养技术,既可以保持品种的优良品性,又可以使繁殖速度大大增加,对于其大规模推广和生产具有重要意义。本实验以香茅草无性系根状茎为材料,通过对外植体消毒、初始芽诱导、继代增殖培养、生根培养和炼苗移栽等技术环节培育优质种苗,建立离体快繁体系。

【仪器、用具及试剂】

(1) 仪器:电子天平、电炉、冰箱、pH 计、高压蒸汽灭菌锅、纯水仪、灭菌器和超净工作台等。

(2) 用具:烧杯、量筒、容量瓶、药匙、称量纸、玻璃棒、滴管、移液枪、镊子、酒精灯、棉球、三角瓶、培养皿、移液管、玻璃棒、手术剪、接种切盘、手术刀和计时器等。

(3) 试剂:MS 培养基各种母液、IBA、6 - BA、NAA、IAA、蔗糖、琼脂粉、氯化汞、肌醇、甘氨酸、盐酸吡哆醇、盐酸硫胺素、烟酸、洗衣粉、75%酒精溶液、高锰酸钾、琼脂、蔗糖、盐酸、$NaOH$、NH_4NO_3、KNO_3 和 KH_2PO_4 等。

【实验材料】

挖取生长健壮的香茅草(柠檬草)植株,切除叶片和根部,洗净后剥掉根状茎大部分叶鞘作为外植体材料。

【实验方法】

1) 培养基配制

基本培养基包括:MS 基本培养基、WPM 基本培养基、B_5 基本培养基、1/2 WPM 培养基(培养基中矿质元素为 WPM 培养基的一半)。在配制培养基之前,将基本培养基的大量元素、微量元素、有机物元素、铁盐分别进行称量,用蒸馏水溶解,分别配制成母液,冷藏于4℃低温条件下。

6 - BA 和 NAA 母液配制:分别称取 0.1 g 6 - BA 和 NAA,用少量 1 mol/L NaOH 或无水乙醇溶解,待全部溶解后,用蒸馏水定容至 100 mL,配制成 1 mg/mL 母液,放在4℃低温贮存备用。配制不同浓度激素的培养基时,按照培养基中激素浓度大小吸取相应量稀释即可。

香茅草芽诱导的培养基为:WPM ＋ 1.0 mg/L 6 - BA＋ 0.1 mg/L NAA＋3%蔗糖＋0.5%琼脂粉,pH 5.8～6.2。

芽增殖培养基为:WPM ＋ 2.5 mg/L 6 - BA ＋ 0.4 mg/L NAA＋3％蔗糖＋0.5％琼脂粉,pH 5.8～6.2。

生根培养基为:1/2 WPM ＋ 0.5 mg/L IBA ＋ 1.0 mg/L IAA ＋ 1.5％蔗糖＋0.5％琼脂粉,pH 5.8。

2) 外植体选择与预处理

取材时间选择 4～5 月,选择晴天的上午采样,挖取生长健壮的香茅草植株带回实验室。1 年生、长势好、无病虫害的地下茎段为外植体。用手术刀切除叶片、根部,洗净后剥掉根状茎大部分叶鞘。放于 0.5％洗涤剂溶液中浸泡 5 min 后,用小软刷刷洗干净,再用自来水冲洗 1 h。将嫩茎剪成 2～3 cm 的茎段(带 1 个芽以上)。

3) 外植体消毒

将材料转入超净工作台上。按木质化程度分类置于无菌消毒瓶内,在超净工作台上用 75％乙醇溶液消毒 30 s,用无菌水冲洗 2～3 次,再浸入 0.1％氯化汞溶液消毒 10 min,用无菌水清洗 5～6 次,用无菌滤纸吸干茎段表面水分后接种到培养基中培养。

4) 接种和芽诱导培养

将消毒过的茎段外植体接种于(WPM＋1.0 mg/L 6 - BA＋0.1 mg/L NAA＋3％蔗糖＋0.5％琼脂粉,pH 5.8～6.2)培养基上,进行初芽诱导。每瓶接种 5 个外植体,重复3 次。光照强度为 1 500～2 000 lx,光照时间为 10～12 h/d,温度为 25 ℃。培养 5～7 d茎段的芽点开始萌动,10～15 d 芽体慢慢膨大长出绿色小芽,20 d 芽长至 1～2 cm 高(图9-4)。培养 15 d 后统计其诱导率和污染率、褐化率。培养 30 d,观察记录芽的形态特征,统计外植体萌芽率。

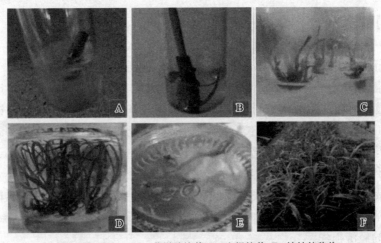

注:A、B. 芽诱导;C、D. 芽增殖培养;E. 生根培养;F. 植株的移栽。

图 9-4 香茅草茎段的离体快繁
(引自魏秋兰等,2022;覃玉凤,2019)

5) 继代增殖培养研究

待初始芽长至 3～4 cm 高时,在无菌条件下,剪切掉上部叶片,保持初始芽的高度为2.5～3 cm,接种到以 WPM 为基本培养基,分别添加不同浓度的 6 - BA(2.5mg/L)和NAA(0.4 mg/L)配比的增殖培养基上。其他成分为 30 g/L 蔗糖,5 g/L 琼脂,pH 5.8～

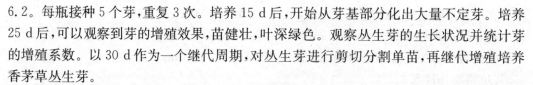

6.2。每瓶接种 5 个芽,重复 3 次。培养 15 d 后,开始从芽基部分化出大量不定芽。培养 25 d 后,可以观察到芽的增殖效果,苗健壮,叶深绿色。观察丛生芽的生长状况并统计芽的增殖系数。以 30 d 作为一个继代周期,对丛生芽进行剪切分割单苗,再继代增殖培养香茅草丛生芽。

6) 生根培养研究

选取继代增殖培养后长至 3~4 cm 高度的健壮的芽作为生根培养的试验材料。剪切掉上部的叶片,保持芽体高度为 2.5~3 cm,接种于生根培养基上。生根培养基以 WPM 为基本培养基,同时添加不同梯度浓度的 IBA(0.5 mg/L)、IAA(1.0 mg/L),1.5%蔗糖和 0.5%琼脂粉,pH 5.8,进行生根培养。每瓶接种 5 个芽,重复 3 次。光照强度为 1 500~2 000 lx,光照时间为 10~12 h/d,温度为 25 ℃。培养 8 d 后,便可观察到根系;培养 25 d 后,根系质量较好,主根健壮,须根分明,生根条数较多,根部产生的愈伤组织非常少。统计生根率、生根条数和根系状况。

7) 炼苗移栽技术研究

将根长约 1 cm 的组培苗转移到室外自然光下炼苗。炼苗环境应尽量干净,为避免正午太阳光直晒,可用遮阳网遮阳,炼苗环境应与移栽环境大体一致。将培养瓶打开瓶盖后炼苗,将组培苗小心地从瓶中取出,用清水洗净根部培养基并注意避免对根部的伤害。然后移栽至经过 0.1%高锰酸钾(KMnO$_4$)溶液消毒后的基质中。移栽基质选用椰糠,移栽后幼苗的根系发达、苗健壮、叶深绿色,这可能与椰糠疏松透气性强,并含有苗生长所需的丰富养分有直接关系。移栽后采用常规育苗方式进行管理。移栽 30 d 后统计成活率和苗高。

【注意事项】

(1) 香茅草地下带芽茎段有较强的细胞分裂能力,是最佳的外植体材料。

(2) 据报道,适合香茅草芽诱导和增殖的基本培养基为 WPM。含高浓度无机盐的 MS 培养基最不适合香茅草培养,原因可能是 MS 培养基中的硝酸盐、钾和铵的含量较高,尤其铵和硝酸盐对培养物的生长有抑制作用,而含低浓度无机盐的 WPM 基本培养基较适合香茅草芽诱导和继代增殖培养,1/2 WPM 是最佳的诱导生根培养基,说明低浓度无机盐更有利于香茅草的组织培养。

(3) 移栽是植物组织培养至关重要的环节,苗的根系质量以及移栽前炼苗和基质选择对移栽成活率有很大的影响。如果不注意以上关键环节,很可能导致成活率急剧下降,造成不必要的经济损失。

【结果与分析】

(1) 香茅草地下带芽茎段接种后,观察芽的诱导过程和芽的形态特征,观察是否有愈伤组织形成,统计芽的诱导率、褐化率、增殖系数等。

褐化率=(褐化外植体数/总外植体数)×100%。

诱导率＝(萌芽外植体数/总外植体数)×100%。

出愈率＝(长出愈伤组织的外植体数/总外植体数)×100%。

增殖系数＝芽的总数/接种时单芽总数。

(2)生根培养时,观察根的形态特征,计算根的诱导率、根长和移栽成活率等。

生根率＝(生根芽数/接种芽数)×100%。

成活率＝(成活苗数/移栽苗数)×100%。

【作业】

(1)简述香茅草的离体快繁过程。

(2)请阐述香茅草组织培养的意义。

实验6　山苍子的离体快速繁殖

【实验目的】

(1)掌握山苍子离体快速繁殖的操作技术。

(2)了解影响山苍子快速繁殖的主要因素。

【实验原理】

山苍子也叫山姜子、山鸡椒、木姜子、豆豉姜,为樟科木姜子属落叶灌木或小乔木,喜温湿的环境,主要生长在阳坡、采伐迹地、火烧迹地、荒山灌丛和稀疏林中。高3~10 m,幼树树皮为黄绿色,老时变成灰褐色,有白色斑点,全树具有芳香气味。果实为近球形的核果,有短柄,无毛,果实蒸馏得到挥发性芳香油称为山苍子油,富含柠檬醛,可作为原料制造紫罗兰酮、甲基紫罗兰酮及维生素A,用来配制食品香精、化妆品、皂用香精。山苍子油具有广谱抑菌性,对黄盐霉、桔青霉、总状毛霉、米根霉等多种霉菌均有较强的抗菌作用,可以直接消除稻谷中的黄曲霉,能防止粮食发霉。山苍子的根、茎、叶均可入药,有祛风散寒、温肾健胃、消肿止疼等功效。山苍子具有适应性广、耐瘠薄、截水围土性能好等特点,是退耕还林及还草工程、石漠化治理工程实施中既能保持生态平衡又能创收的树种。因此山苍子有较大的栽培意义。

传统上山苍子主要依靠种子繁殖,但种子成熟度差异大,发芽参差不齐,种子发芽率低,且山苍子雌雄异株,实生苗幼年时雌雄植株不易辨别,导致雌雄种植比例搭配和布局不合理,造成苗木浪费。采用无性繁殖技术可以快速获得整齐一致的优良苗木,实现一次成苗,建立雌雄配比合理的苗林。因此,建立山苍子经济、高效的种苗繁殖技术具有重要的意义。

【仪器、用具及试剂】

(1) 仪器：电子天平、pH 计、高压蒸汽灭菌锅、超净工作台、烘箱和冰箱等。

(2) 用具：烧杯、量筒、容量瓶、药匙、称量纸、玻璃棒、滴管、移液枪、镊子、酒精灯、棉球、三角瓶、手术刀、培养瓶和培养皿等。

(3) 试剂：MS 培养基各种母液、IBA、6 - BA、NAA、维生素 C、蔗糖、卡拉胶、乙醇溶液、氯化汞和活性炭等。

【实验材料】

山苍子当年生的枝条茎段。

【实验方法】

1) 培养基配制

芽诱导培养基：MS ＋ 2.0 mg/L 6 - BA＋ 0.5 mg/L IBA＋3％蔗糖＋0.5 g/L 活性炭＋0.65％卡拉胶，pH 5.8～6.0。

芽增殖培养基：MS ＋ 2.5 mg/L 6 - BA ＋ 0.1 mg/L IBA＋3％蔗糖＋0.65％琼脂粉＋1 mg/L 维生素 C，pH 5.8～6.0 或 MS ＋ 2.0 mg/L 6 - BA＋ 0.3 mg/L IBA＋3％蔗糖＋0.65％卡拉胶＋1 mg/L 维生素 C，pH 5.8～6.0。

生根培养基：1/2 MS＋0.5 mg/L IBA＋0.3 mg/L NAA＋2.0％蔗糖＋0.65％卡拉胶＋0.5 g/L 活性炭，pH 5.8～6.0。

2) 取材和预处理

采集时间选择在连续 5 d 以上晴朗干燥日的上午 9：00～11：00，以避免雨露尘土残留而影响消毒效果，防止在烈日采集，以免材料失水影响腋芽萌动。分别采摘生长健壮、无病虫害雌、雄株优良单株的当年生半木质化嫩枝条。将采集的枝条剪去叶片，保留 2～3 mm 叶柄，将带腋芽茎段剪成 3～5 cm 长度且带 2～3 个腋芽，用干净的湿纱布包扎后放入 5 ℃低温保湿，预处理 2 d，备用。

将茎段用饱和洗涤液浸泡 60 min，用软毛刷轻轻刷洗枝条表面，以去除表面的泥土及其他污物，叶腋擦洗时需顺着芽生长方向进行，避免伤芽。放入烧杯中，用流水冲洗 2～3 h，吸干表面水分。

3) 消毒处理和芽诱导培养

选取顶芽以下 2～5 个芽的茎段为材料，置于超净工作台上。用 75％酒精溶液浸泡 30 s 左右，用无菌水冲洗 1～2 次；再用 0.1％氯化汞浸泡 10 min，用无菌水冲洗 5～6 次。

将带侧芽的茎段切割为 1～2 cm 长度，插入芽诱导培养基中培养。每瓶接种 5～6 个茎段，接种 3 瓶。接种后转入温度为 25＋2 ℃的黑暗条件下培养，诱导培养 7 d 后转入光照培养，培养条件为 23～25 ℃、2 000～2 500 lx，光照时间 12 h/d。观察芽启动分化的时间。第 8 d 时，腋芽开始出现萌动生长现象，每一腋芽抽出 1～2 个小叶，且生长正常。30 d 后观察、统计丛芽生长情况及增殖系数。增殖系数＝有效增殖芽的数量/接种芽的数量。

4）芽增殖培养

启动培养成活的芽苗长到 1.5 cm 左右，选择长势良好整齐度一致的芽苗，转接到新鲜 MS 芽增殖培养基中进行增殖培养。培养 7 d 左右有芽苗出现芽生长萌动现象，多数芽苗在 15 d 左右生长状况发生明显变化。芽苗长出 2～5 个芽或 1～5 个腋芽，继而形成试管苗幼苗。30 d 左右试管苗长势良好，但需要继续进行继代增殖培养。如未及时转接，部分试管苗生长状况变差，40 d 开始出现褐变现象，停止增殖并逐渐死亡。在增殖培养过程中选择 MS 为基本培养基，在增殖培养阶段添加 6 - BA 和 IBA 对山苍子丛芽增殖能起到促进的作用。随着 6 - BA 增多，增殖率会提高。若 6 - BA 超过一定量，芽生丛过密，长势差，有效芽少，整齐度较差。随着 IBA 增多，芽的生长从纤细变为绿色健壮，但 IBA 过多，丛芽出现徒长现象。因此，6 - BA 和 IBA 的比值需维持在一定范围内，若超过范围，丛芽增殖会受影响。

5）生根培养

选取苗高 2～3 cm、带 2～3 片真叶的半木质化山苍子丛生芽，将丛生芽切割成单芽，接种在生根培养基中进行诱导生根试验。IBA 低时，生根少、状况差，随着 IBA 的增多，生根率提高，但 IBA 超过一定量，生根过密且长势较差。培养 7 d 后，有苗茎基部愈伤组织出现萌动现象，随后露出白色小点；10 d 后，部分瓶苗开始出现白色根尖，进而生长成根。平均每株生根 3 条左右，且幼苗茎干粗壮、叶色浓绿，此种类型的幼苗移栽成活率高。

6）炼苗与移栽

挑选生长健壮和根系粗壮的再生植株，先拧松组培瓶的瓶盖，炼苗 1～2 d，随后以瓶盖半开状态再炼苗 1 d，置于盛有水的玻璃瓶中，完全打开瓶盖炼苗 2 d，最后取出幼苗。炼苗完成后，洗净根系上附着的培养基后将其移栽于基质中（红壤土：营养土：珍珠岩＝1：1：1 的基质）。移栽后放置于湿度为 60%～70% 的人工气候室，覆盖一层保鲜膜保湿培养 2 d 后揭取。移栽 28 d 后，统计移栽成活率。

【注意事项】

（1）晴天采样比阴雨天好，特别是暴露在强烈阳光下的枝条，污染较轻。

（2）不同发育时期的外植体，其生理状态不同，成熟度不同，内含物积累程度不同，其褐化程度也不同。山苍子诱导以当年 3 月萌生半木质化上部带腋芽为外植体诱导效果最好，易于诱导丛生芽，且不易褐化。山苍子也可通过愈伤组织途径产生试管苗，但易产生遗传变异，可能导致山苍子药用成分及有效含量会发生变化，因此，选用"以芽繁芽"的繁殖途径诱导丛生芽较好。

（3）山苍子在组培快繁过程中，外植体褐化较严重。据报道，山苍子的褐变问题是由于芳香油的渗出和被氧化，逐渐转化产生酚类及饱和酯类，易使外植体严重褐化。低温预处理外植体、诱导培养基中添加褐变抑制剂 PVP 能有效抑制外植体褐变。这是因为低温

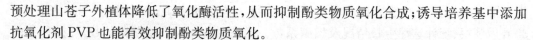

预处理山苍子外植体降低了氧化酶活性,从而抑制酚类物质氧化合成;诱导培养基中添加抗氧化剂 PVP 也能有效抑制酚类物质氧化。

(4) 山苍子繁殖系数的高低主要取决于 6 - BA 和 IBA 的用量。随着 6 - BA 浓度(0.8 mg/L 以上)增加,繁殖系数逐步提高,但苗较弱,叶黄,茎细,无效苗的比例逐渐增大。若培养基中再添加生长素 IBA,则能有效提高繁殖系数,缩短继代周期,提高芽苗质量。

(5) NAA 浓度直接影响生根,浓度低时,根细长,数量少;浓度高时,苗基部产生愈伤组织,根从愈伤组织上长出。在 NAA 基础上添加少量 IBA,根粗壮且根毛发达。

【结果与分析】

(1) 实验结束后,统计数据,计算公式如下:

诱导率＝(长芽外植体数/成活外植体数)×100%。

增殖系数＝继代培养后芽苗数/继代培养前芽苗数。

生根率＝(生根株数/诱导株数)×100%。

(2) 观察芽的形成过程和形态特征。

【作业】

(1) 阐述山苍子的离体快繁过程。

(2) 简述山苍子离体快繁的主要影响因素。

实验 7 银丝竹的离体快速繁殖

【实验目的】

(1) 掌握银丝竹快速繁殖的组织培养技术。

(2) 了解影响银丝竹快速繁殖的主要因素。

【实验原理】

银丝竹是禾本科簕竹属孝顺竹的栽培种。银丝竹为灌木或乔木状竹类植物,是一种观赏且性状优良的彩叶丛生小径竹。株高可达 5～6 m,丛生,叶片多为深绿色,竿下部的节间以及箨鞘和少数叶片等皆为绿色而具白色纵条纹,具有较高的观赏价值、生态价值、药用价值、经济价值。目前对银丝竹的研究主要为观赏价值、药用价值、经济价值、生态特性和不同叶色表型的光合生理等方面的研究。

植物离体快速繁殖技术能够在短时间内快速繁殖并获取大量的完整植株,繁殖率高。

该技术能够有效地解决银丝竹大量繁殖的问题,也避免了传统繁殖技术(移竹、埋鞭、侧枝扦插和高空压条)母竹使用过多、运输成本高、劳动量大和繁殖系数较低等问题,为银丝竹有效快速繁殖提供了一条新的途径。本实验以银丝竹侧芽为外植体,对银丝竹进行组织培养大量繁殖,为今后科学化和规模化繁殖提供理论基础和技术支撑。

【仪器、用具及试剂】

(1) 仪器:电子天平、pH 计、高压蒸汽灭菌锅、超净工作台、烘箱、冰箱和纯水仪等。

(2) 用具:烧杯、量筒、药匙、称量纸、玻璃棒、容量瓶、镊子、酒精灯、棉球、三角瓶、手术刀、培养瓶和培养皿等。

(3) 试剂:MS 培养基、IBA、KT、6 - BA、NAA、噻苯隆(TDZ)、蔗糖、琼脂粉、乙醇溶液、氯化汞和活性炭等。

【实验材料】

外植体为银丝竹当年生、生长良好且饱满的侧芽。

【实验方法】

1) 外植体选取与预处理

银丝竹的采样选择在天气晴朗的上午 10:00～11:00。选择银丝竹当年生且无病虫害、生长饱满的侧芽为外植体,材料采集后装入无菌采样袋中,放入冰盒内,暂时低温保存,带回实验室。

将采集的幼嫩枝条剪成 3～5 cm 长度的小段,每段均带有 1 个侧芽,侧芽茎段的节上和节下各留 0.5～1.0 cm 长度。将修剪后的枝条放入烧杯中,加入洗衣粉泡沫水,浸泡 20～30 min,清洗干净。剥去枝条上的箨叶,在自来水下冲洗 2～3 h,再用无菌水冲洗 3～5 次。

2) 侧芽的消毒处理

将预处理好的侧芽放进超净工作台内进行消毒处理。将截取好的带芽茎段转入无菌瓶中,用 75%酒精溶液处理 30 s,用无菌水冲洗 2～3 遍;用 0.1%氯化汞浸泡 7 min,用无菌水冲洗 3～5 次,备用。

3) 外植体芽诱导正交试验

将消毒后的带芽茎段接种于不同浓度配比的细胞分裂素和生长素的芽诱导培养基上,培养一段时间后,根据芽的诱导率和芽的生长情况筛选出最佳的芽诱导培养基配方。具体操作过程:① 不同浓度配比的细胞分裂素 6 - BA(1 mg/L、3 mg/L)、TDZ(0.001 mg/L、0.003 mg/L)和生长素 NAA(0.5 mg/L、1.5 mg/L)三因素正交试验设计,MS 基本培养基,添加 30 g/L 蔗糖和 7 g/L 的琼脂,用 1.0 mol/L NaOH 将培养基的 pH 调至 5.8～6.0。② 将消毒的带芽茎段分别接种于上述 6 种培养基中,每瓶接种 5 个茎段,每种培养基接种 10 个茎段,设置 3 次重复试验。③ 接种后放置在光照强度为 1 500～2 000 lx、光周期为 14 h/d、温度为 25±2℃环境下培养。④ 培养 30 d 后统计侧芽死亡率、侧芽诱导率、丛生芽的诱导个数,观察丛生芽的生长状况。一般生长为叶片深绿、茎枝粗壮的丛生芽,则表明生长情况良好。

4)芽增殖正交试验

将上述培养的芽接种于不同浓度配比的细胞分裂素和生长素的芽增殖培养基上,培养一段时间后,根据芽的增殖率、增殖系数和丛生芽的生长情况,筛选出最佳的芽增殖培养基配方。具体操作过程:①不同浓度配比的细胞分裂素 6 - BA(1 mg/L、3 mg/L)、KT(0.1 mg/L、1 mg/L)和生长素 NAA(0.1 mg/L、1.0 mg/L)三因素正交试验设计,MS 基本培养基,添加 30 g/L 蔗糖和 7 g/L 琼脂粉,pH 调至 5.8～6.0。②以生长良好的一组丛生芽为外植体,将其切割剪成单芽茎段,挑选生长大小一致的芽,接种于上述芽增殖筛选培养基上进行增殖培养,每个处理接种 10 个材料,每瓶接种 5 个外植体,重复 3 次。③在光照强度为 1 500～2 000 lx、光周期为 14 h/d、温度为 25±2 ℃环境下培养。④以 15 d 为一个周期,统计芽增殖率、增殖系数和丛生芽生长情况。丛生芽生长情况较好的表现为:茎枝粗壮,叶色浓绿,增殖系数较高。

5)生根诱导正交试验

以无菌且生长良好的丛芽为外植体,将其切割剪成 2～3 个芽茎段,进行生根培养。基本培养基 1/2 MS,仅添加生长素 NAA,将浓度梯度设置为 1.0 mg/L、2.0 mg/L、3.0 mg/L 三个梯度,蔗糖浓度为 30 g/L,每种培养基添加体积分数为 0.3% 活性炭,进行单因素筛选试验。每个处理接种 2 瓶,每瓶接种 5 个外植体,重复 3 次。放置光照强度为 1 000 lx、光周期为 14 h/d、温度为 25±2 ℃的组培室中培养,30 d 后统计生根率。

6)炼苗和移栽

挑选生长良好、根系发育健康的组培苗移栽。首先将培养瓶放置在常温下炼苗。7 d 后打开瓶盖,继续炼苗 3～5 d。取出组培苗,用清水将根系上残留培养基的成分洗掉,移栽于基质中,基质比例为珍珠岩:粗腐殖质=1:5。移栽后浇水,确保根系固定住,30 d 后统计移栽苗成活率及生长状况,一般成活率达到 90%,且生根苗长势良好,叶片绿色。

【注意事项】

(1) 竹类植物的竹节中空,易存留污水和消毒液,导致消毒不彻底或者产生毒害,因此选择合适的消毒剂种类和消毒时间对竹类植物无菌外植体的获取至关重要。

(2) 生长素与细胞分裂素在调节器官分化的过程中都起着重要的作用,在合适的浓度比例下可以极大促进芽诱导和芽生长。据报道,最佳丛生芽诱导培养基为 MS＋3.0 mg/L 6 - BA＋1.5 mg/L NAA＋0.003 mg/L TDZ。最适丛生芽增殖培养基为 MS＋3.0 mg/L 6 - BA＋1.0 mg/L KT＋1.0 mg/L NAA。

(3) 组培苗生根培养时通常需要降低矿物质浓度,提高培养基中生长素的浓度。据报道,对银丝竹组培苗生根的主导因子是 NAA,其次是基本培养基,蔗糖对生根几乎无影响,银丝竹生根诱导的最优培养基为 1/2 MS＋30 g/L 蔗糖＋1.0 mg/L NAA＋7 g/L 琼脂+0.3%活性炭。

（4）优良的移栽基质不仅要为植物生长提供充足的养分，还要能够保持基质水分和拥有良好的透气性。

【结果与分析】

（1）观察银丝竹的幼苗生长状况，分别统计诱导率、成活率、芽增殖率、增殖系数和生根率，并进行数据分析。

（2）根据上述数据统计，筛选出最佳的银丝竹芽诱导培养基、芽增殖培养基和生根培养基配方，建立起银丝竹的离体快繁体系。

【作业】

（1）阐述银丝竹的离体快繁程序。

（2）请设计一个筛选银丝竹最佳移栽方法的实验方案（温度、光照和栽培基质等三因素正交方案）。

实验8　苦木的离体快速繁殖

【实验目的】

掌握苦木的离体快速繁殖的操作技术。

了解影响苦木离体快速繁殖的主要因素。

【实验原理】

苦木是苦木科苦木属的落叶乔木，常生长于海拔 1 600～2 400 m 的山地杂木林中，喜光、耐旱、耐阴，在贫瘠土地上也可以生长。在世界范围内具有广泛的分布，在我国主要分布在中部地区、南部地区和东部地区。苦木高达 10 m，其树皮、根皮、枝、叶和果实都是极为苦涩的，故称为苦木。首先，苦木作为中国的传统药材，以干燥的枝和叶入药，含有以生物碱类为主的化学成分，具有清热解毒、祛湿、杀菌效果良好等功效，主治风热感冒、咽喉肿痛、湿热泻痢、湿疹、疮疖、蛇虫咬伤等疾病，具有较高的临床药用价值。其次，苦木的木材也可用于制作家具。苦木经济价值高，市场需求量大，急需开展苦木的人工栽培。

苦木扦插生根困难，嫁接成本高且易受季节的限制，生产上多采用播种方式繁殖，但苦木种子的发芽率不高，通过实生繁殖较困难，在短期内无法提供大量苗木。采用植物组织培养方法，不受时间、地点的限制，能较快速地获得苗木。因此，以苦木优良单株的幼嫩带腋芽茎段为实验材料，对其最佳外植体进行消毒处理，利用 6-苄氨基腺嘌呤、萘乙酸和

3-吲哚丁酸进行诱导,通过初代培养、增殖培养和生根培养获得大量幼苗,为苦木规模化生产,培育苦木优良品系,为其持续稳定提供优质种苗。

【仪器、用具及试剂】

(1) 仪器:电子天平、pH 计、高压蒸汽灭菌锅、超净工作台、烘箱和冰箱等。

(2) 用具:烧杯、量筒、容量瓶、药匙、称量纸、玻璃棒、滴管、移液管、镊子、酒精灯、棉球、三角瓶、手术刀、培养瓶和培养皿等。

(3) 试剂:DKW 培养基各种母液、IBA、6-BA、NAA、蔗糖、琼脂粉、乙醇溶液、升汞等。

【实验材料】

以苦木优良单株的幼嫩、带腋芽茎段为实验材料。

【实验方法】

1) 培养基配制

初代培养基:DKW+2.5%蔗糖+0.8%琼脂+1.0 mg/L 6-BA+0.1 mg/L NAA;

增殖培养基:DKW+2.5%蔗糖+0.6%琼脂+3.0 mg/L 6-BA+0.1 mg/L NAA;

生根培养基:DKW+2.5%蔗糖+0.8%琼脂+1.0 mg/L IBA+1.0 mg/L NAA。

2) 无菌材料的取材和消毒处理

选取母株的树龄为 7~8 年,树高 6.5~7 m,取材时间为 7~9 月。于晴天采集苦木母株的上部幼嫩、带腋芽茎段作为外植体。先在倒有洗衣粉的水中浸泡 2 min,清洗表面的灰尘,然后放到流水下冲洗 2 h。

把冲洗好的幼嫩、带腋芽的茎段浸在 70%酒精溶液中消毒 30 s;再用无菌水对茎段冲洗 2 次,每次持续 30 s;又用 0.1%氯化汞进行消毒处理,消毒 6.5 min,消毒完立即用无菌水冲洗 4 次,每次冲洗 30 s,确保茎段表面没有试剂残留。

3) 初代培养

用无菌滤纸吸干消毒后的带腋芽茎段表面水分,切除茎段上已经褐化的部位,最后切成长 3 cm 的带腋芽茎段,接种到初代培养基上,以 DKW 为基本培养基,添加 2.5%蔗糖和 0.8%琼脂,1.0 mg/L 6-BA,0.1 mg/L NAA。每瓶培养基接种 5 个外植体,每种培养基接种 3 瓶。接种后,将材料置于培养室内培养,光照强度为 1 500~2 000 lx,光照时间为 16 h/d。接种 20 d 后,统计外植体的污染率、褐化率和腋芽萌发率。在初代培养基上接种 5~7 d 后,腋芽开始慢慢膨大,腋芽萌发 9~15 d 后,芽生长速度加快,萌发的幼芽生长健壮,叶色嫩绿(图 9-5)。

4) 增殖培养

以初代培养中萌发的腋芽为实验材料,待芽高度为 1~2 cm 时,将其接种到芽增殖培

注:A. 芽的初代培养;B. 增殖培养 35 d 后,不添加激素的对照;C. 增殖培养 35 d 后;
D. 生根培养 30 d 后,不添加激素的对照;E. 生根培养;F. 植株的移栽。

图 9-5 苦木茎段的离体快繁
(引自洪聪慧等,2023)

养基中。以 DKW 培养基为基础培养基,添加 2.5% 蔗糖和 0.60% 琼脂,3.0 mg/L 6-BA,0.1 mg/L NAA。接种后,将材料置于培养室内培养,光照强度为 1 500～2 000 lx,光照时间为 16 h/d。接种 35 d 后,观察芽的增殖情况和生长状况,统计增殖系数,以高于 1 cm 的芽记为有效芽。

5)生根培养

以高于 2 cm 的试管苗为实验材料,将其接种于生根培养基中进行生根实验。以 DKW 培养基为基础,分别加入 2.5% 蔗糖、0.8% 琼脂、1.0 mg/L IBA 和 1.0 mg/L NAA。接种 30 d 后,统计生根率、根系数量和根系长度。

6)试管苗移栽

生根苗培养 30 d 后,打开瓶盖,对组培苗进行为期 7 d 的驯化。选择生长良好的组培苗,将其移栽于营养土与沙体积比为 1:1 的方形营养钵中(尺寸为 11 cm×11 cm),覆塑料杯保湿。每个营养钵中培养 1 株,15 d 后移去塑料杯,40 d 后统计移栽成活率并记录幼苗的生长状况。移栽后的幼苗生长健壮,叶片舒展翠绿。

【注意事项】

(1)以苦木幼嫩带芽茎段为实验材料,0.1% 氯化汞消毒时间不同,导致外植体的消毒效果显著不同,6.5 min 的消毒效果最好;消毒时间缩短为 5 min,则污染率有所提高;消毒时间延长至 8 min,褐化率随之上升。

(2)以 DKW 为基本培养基,6-BA 和 NAA 组合对苦木腋芽萌发的促进作用相对较好。

(3)增殖培养是影响组织培养速度的关键因素,直接影响组织培养的效率。在增殖培养中,常用外源激素种类为 6‐BA 和 NAA,激素浓度过高或过低均无益于植物的生长,只有适宜的浓度配比才能最大限度地促进植物增殖。

（4）外源激素 IBA 和 NAA 显著促进了苦木茎段的生根率、生根数量与根长度。NAA 效果明显优于 IBA,且随着 NAA 质量浓度的提高,生根率和生根数也随之提高。苦木生根需要的外源激素浓度较高,可能是由于其体内的生长激素含量较低,导致在组织培养中较难生根,因此需要较高浓度的外源激素来诱导其不定根分化。

【结果与分析】

（1）观察实验结果,统计污染率、褐化率、腋芽萌发率、增殖系数、生根率和移栽成活率。

污染率＝(污染外植体数量/接种时外植体总数)×100%。

褐化率＝(褐化的外植体数量/接种时外植体总数)×100%。

腋芽萌发率＝(萌芽外植体数量/接种时外植体总数)×100%。

增殖系数＝(培养 35 d 时的有效芽数/接种时的总芽数)×100%。

生根率＝(培养 30 d 时的生根苗数/接种时的总苗数)×100%。

移栽成活率＝(成活苗数/移栽苗数)×100%。

（2）观察苦木的器官形态发生过程。

【作业】

（1）阐述苦木腋芽茎段的离体快繁的操作过程。

（2）请设计一个苦木叶片离体繁殖的实验方案。

实验 9 万寿菊的离体快速繁殖

【实验目的】

（1）掌握万寿菊离体快速繁殖的操作技术。

（2）了解影响万寿菊离体快速繁殖的主要因素。

【实验原理】

万寿菊又名臭芙蓉、金盏花、万盏灯,是菊科万寿菊属一年生草本植物,有着健康长寿的寓意。万寿菊原产于墨西哥,目前在我国主要分布于内蒙古、吉林、山东、辽宁和湖北等地。万寿菊的花中主要含有叶黄素、黄酮类化合物、类胡萝卜素、氨基酸、维生素和精油成分等营养物质,其抗性强、适应性广、耐移栽,是园林绿化的主要花材之一。依据用途可分为色素型万寿菊和观赏型万寿菊。色素型万寿菊花瓣是提取叶黄素的优质材料,该色素是纯绿色产品,不含任何有害物质,是工业生产中最理想的色素,主要作为着色剂应用于饲料中以提高禽蛋的色泽和营养品质,并作为抗氧化剂在医药、食品、保健品及化妆品领域应用。因此,加强万寿菊的快速繁殖,能够为其开发利用提供充足的资源。

　　传统的万寿菊繁殖主要采用扦插和播种的方式,其繁殖周期长。植物组织培养技术可以不受生长季节限制,繁殖速度快,繁殖系数大,基本能保持原有品种的优良性状等特点。万寿菊的组织培养从 1998 年贝斯帕霍克(Bespalhok)和哈托利(Hattori)以万寿菊子叶为外植体获得胚状体及再生植株开始。苏福才等以万寿菊腋芽或带腋芽茎段为外植体,建立了万寿菊离体扩繁体系。此后,研究者建立了万寿菊雄性不育系植株的再生体系,采用万寿菊花药获得了单倍体再生植株。本实验通过组织培养的方法,以万寿菊为材料,建立了万寿菊离体快繁的无性快繁体系,提高了繁殖系数,进行万寿菊优良品种的繁育。

【仪器、用具及试剂】

　　(1) 仪器:电子天平、pH 计、高压蒸汽灭菌锅、超净工作台、烘箱和冰箱等。
　　(2) 用具:烧杯、量筒、容量瓶、药匙、称量纸、玻璃棒、胶头滴管、移液管、镊子、酒精灯、棉球、三角瓶、手术刀、培养瓶和培养皿等。
　　(3) 试剂:MS 培养基各种母液、6-BA、NAA、IBA、蔗糖、琼脂粉、乙醇溶液、氯化汞等。

【实验材料】

　　以万寿菊种子播种获得的实生幼苗为材料。

【实验方法】

　　1) 培养基的配制
　　芽诱导培养基:MS+3%蔗糖+0.7%琼脂+0.3 mg/L 6-BA+0.1 mg/L NAA,pH 为 5.8~6.0。
　　丛生芽增殖培养基:MS+3%蔗糖+0.7%琼脂+0.5 mg/L 6-BA+0.1 mg/L NAA,pH 为 5.8~6.0。
　　生根培养基:1/2 MS+3%蔗糖+0.7%琼脂+0.1 mg/L IBA 或 1/2 MS+0.5 mg/L NAA,pH 为 5.8~6.0。
　　2) 种苗培育
　　选取饱满、无病虫害的万寿菊种子,均匀地撒在装有蛭石的苗钵中,浇透水,再用细土覆盖,以不露种子为宜,待其长成幼苗,备用。温度保持在 25~30 ℃,光照强度为 1 500~2 000 lx。

3）取材

待幼苗生长到 30～50 d,剪取健壮、无病害植株的万寿菊幼嫩腋芽茎段,放入采样袋内,经自来水冲洗 30 min。

4）外植体灭菌接种

将幼嫩的腋芽茎段放置在超净工作台上,用 75% 乙醇溶液消毒 30 s,用无菌水冲洗 1 次;用 0.1% 的升汞浸泡 7～8 min,用无菌水冲洗 5～6 次。将带 1 个腋芽的嫩茎切成 1～2 cm 的小段,接种于芽诱导培养基上进行培养。以 MS 为基本培养基,0.3 mg/L 6 - BA、0.1 mg/L NAA,添加蔗糖 30 g/L,琼脂 7 g/L,光照强度为 1 500～2 000 lx,将 pH 调到 5.8～6.0。

5）丛生芽的增殖诱导

将处理好的茎段接种于以 MS 为基本培养基、添加植物生长调节剂 0.5 mg/L 6 - BA 和 0.1 mg/L NAA 配比的培养基中,进行芽增殖培养。30 d 后观察记录芽接种数量、分化数量、褐变数量和丛生芽数量。

6）生根培养

将继代增殖培养的植株转接到以 1/2 MS 为基本培养基,附加 0.1 mg/L IBA 或 0.5 mg/L NAA 的培养基上诱导生根,30 d 后观察生根情况。

7）幼苗移栽

待植株根系生长到 5 cm 左右,基本铺满瓶底时。打开瓶口,炼苗 3～4 d,取出组培苗,将根部冲洗干净。将洗净的幼苗移栽到灭菌的蛭石中,并罩上塑料薄膜,以保持湿度。温度为 25±2℃,3～4 d 后解除塑料薄膜。待幼苗开始正常生长,统计移栽成活率。

【结果与分析】

在万寿菊腋芽茎段的离体快繁过程中,统计芽诱导率、增殖系数、生根率及移栽成活率。

芽诱导率=(出芽数/外植体总数)×100%。

芽增殖系数=出芽总数/接种芽的总数。

生根率=(生根株数/接种总株数)×100%。

移栽成活率=(移栽成活株数/总移栽株数)×100%。

【作业】

（1）阐述万寿菊茎段离体快繁的主要程序。

（2）请设计一个万寿菊叶片组织培养的实验方案。

实验 10　双腺藤的离体快速繁殖

【实验目的】

(1) 掌握双腺藤离体快速繁殖的技术。
(2) 了解影响双腺藤快速繁殖的主要因素。

【实验原理】

双腺藤又名飘香藤，为夹竹桃科双腺藤属多年生常绿藤本植物。原产于中美洲和南美洲，喜阳光充足、高温，最适生长温度为 18 ℃至 35 ℃，蔓生性很强，素有"热带藤本皇后"的美称。如果生长环境温度低于 10 ℃，双腺藤有可能呈半休眠状态，低于 5 ℃会有冻伤风险。双腺藤叶片呈椭圆形，硕大，革质，叶色浓绿，有光泽，四季常青。花冠呈漏斗形，花色艳丽而丰富，包括白、粉、红、杏、珊瑚色等，从初春到深秋花开不断，花枝优美独特，枝条柔软，既可做室内盆栽，置于阳台、窗台、走廊、台阶等处装饰家居，又适合在篱垣、棚架、天台以及小型庭院美化，具有极高的观赏价值。此外，双腺藤花中提取的天然精油可以提神醒脑和调节情绪；双腺藤属的植物含有的生物活性物质可用于治疗炎症和其他疾病，在医治心血管疾病方面有巨大潜力。因此，双腺藤是一种极具市场潜力的观赏和药用植物。

双腺藤常用扦插法繁殖，正常水肥条件下 3 个月左右才会出苗。这种繁殖方法不仅繁殖系数低、生产周期长，还会因为季节限制、病虫害侵袭等原因不能满足市场对种苗的需求。因此，建立一套完善的双腺藤组培快繁体系对双腺藤的规模化生产具有重要意义。本实验以双腺藤带侧芽茎段为外植体，进行诱导芽分化和生根培养获得完整植株，可为双腺藤的规模化生产提供技术支持。

【仪器、用具及试剂】

(1) 仪器：电子天平、pH 计、高压蒸汽灭菌锅、超净工作台、烘箱和冰箱等。
(2) 用具：烧杯、量筒、容量瓶、药匙、称量纸、玻璃棒、滴管、镊子、酒精灯、棉球、三角瓶、手术刀、培养瓶和培养皿等。
(3) 试剂：MS 培养基各种母液、6 - BA、NAA、矮壮素、蔗糖、琼脂、乙醇溶液、氯化汞等。

【实验材料】

采用双腺藤的幼嫩带腋芽茎段作为实验材料。

【实验方法】

1）培养基的配制

启动培养基：MS＋3％蔗糖＋0.7％琼脂＋4 mg/L 6-BA＋0.1 mg/L NAA,pH 为5.8；

继代增殖培养基：MS＋3％蔗糖＋0.7％琼脂＋2 mg/L 6-BA＋0.1 mg/L NAA,pH 为5.8；

壮苗培养基：MS＋4％蔗糖＋0.7％琼脂＋1～2 mg/L 矮壮素＋2 mg/L 6-BA＋0.1 mg/L NAA,pH 为5.8；

生根培养基：1/2 MS＋2％蔗糖＋0.7％琼脂＋0.1 mg/L NAA,pH 为5.8。

2）外植体的获得

取2～3 cm生长旺盛的双腺藤带腋芽茎段。先用洗洁精溶液浸泡10 min,用自来水冲洗30 min,再用蒸馏水冲洗3次。

在超净工作台上,将带腋芽茎段用75％酒精溶液浸泡1 min,用无菌水冲洗1次；再用0.1％浓度的氯化汞溶液处理3 min,用无菌水冲洗4次。

3）启动培养

启动培养选用带腋芽茎段作为外植体。将消毒后的茎段切成1 cm的长度,按照自然生长方向插入启动培养基中。启动培养基以MS为基本培养基,添加3％蔗糖和0.7％琼脂,加入6-BA浓度为4 mg/L和NAA浓度为0.1 mg/L时,外植体萌动率最高。接种后置于温度为25±2 ℃、光照强度为1 000～2 000 lx、光照12 h/黑暗12 h的条件下培养。记录外植体萌动情况,30 d后统计萌动的芽数。茎段腋芽在接种7 d左右开始萌动,15 d左右时腋芽伸长约1 cm。随着腋芽生长,茎段下部有浅绿色愈伤组织产生。组培苗生长30 d后可见明显节间,即可进行继代增殖培养。若不添加任何植物生长调节物质,则外植体约15 d才有腋芽萌动迹象,萌动后长势较弱(图9-6)。

4）继代增殖培养

当启动培养基接种的外植体的苗长至2 cm左右时进行切割,选择生长状态相对一致的芽苗,接种于继代增殖培养基上。培养基配方为MS＋3％蔗糖＋0.7％琼脂＋2 mg/L 6-BA＋0.1 mg/L NAA,pH 为5.8。接种后置于适当的环境条件下培养,接种30 d后观察萌发苗数,同时观察生长状态。随着6-BA浓度逐渐增加,生长阶段会出现苗底部愈伤组织影响上部苗增殖生长的现象。若MS培养基中不添加激素时,组培苗长势最弱,则生长过程中会由于营养缺乏而出现落叶、枯萎的现象；而添加2 mg/L 6-BA和0.1 mg/L NAA,芽苗生长状态较好。

5）壮苗培养

壮苗培养基以MS为基本的培养基,添加了2 mg/L 6-BA和0.1 mg/L NAA,再加入40 g/L蔗糖以及1～2 mg/L矮壮素。壮苗培养后,双腺藤稍细弱的幼苗生长明显。添加矮壮素和加大蔗糖浓度培养一段时间后,幼苗节间明显,生长健壮、叶平展、茎增粗,部分苗有2～3条根系的产生。壮苗培养后,观察细弱组培苗的复壮情况。

6) 生根培养

选择复壮后苗高 3 cm 左右的幼苗,叶色浓绿,茎粗壮。选择生长状态相对一致的组培苗,接入生根培养基中(1/2 MS＋2％蔗糖＋0.7％琼脂＋0.1 mg/L NAA,pH 为 5.8)。接种后培养,培养 7 d 左右根部开始形成。培养 35 d 后,平均生根条数达到 6.3 条。观察根的生长状态。

7) 炼苗与移栽

生根培养 40 d 左右后,苗的高度达到 4～5 cm。将幼苗放于温室苗床,保持光照强度约 5 000 lx,环境温度为 23～25 ℃,过渡锻炼 2 周左右,以增强幼苗对环境的适应能力。出瓶前 1 周将瓶口盖子逐步打开,进行开瓶锻炼,即先松开瓶盖 1～2 d,然后部分开盖 1～2 d,最后再完全去掉瓶盖,让幼苗逐步适应外界光照和湿度。出瓶后,用清水洗掉根部培养基,再用 800 倍多菌灵浸泡根系 10 min,稍微晾干根部水分后栽入蛭石：泥炭：珍珠岩为 3：1：1 的混合基质中,生长过程中保持适当通风,移栽苗生长健壮。

【注意事项】

(1) 外植体自身带菌产生的污染可以从不同方面入手最大限度地降低污染率,如外植体的取材季节、时间、部位以及不同消毒剂的应用等。

(2) 在双腺藤继代增殖培养时,6 - BA 更适合双腺藤增殖培养。不同生长素的浓度同样也影响着增殖系数,当 NAA 浓度较高时,易出现愈伤组织生长阻碍试管苗生长的现象。

(3) 蔗糖添加量较低时(10～20 g/L)组培苗生长弱小。当蔗糖添加量较高时(浓度为 50 g/L)幼苗的叶柄及颈部有发红的现象。当蔗糖添加量在 30～40 g/L 之间,幼苗生长加快,逐渐生长正常,节间明显。

(4) 矮壮素可以使植株矮化,使细弱苗生长状态得到改善。

【结果与分析】

(1) 实验结束后,请统计污染率、萌芽率、增殖系数、生根率、平均生根条数和根长。

污染率＝(污染外植体数/接种外植体总数)×100％。

萌芽率＝(萌芽外植体数/外植体总数)×100％。

增殖系数＝增殖周期结束时的芽苗总数/增殖周期起始时的芽苗总数。

生根率＝(生根苗数/接种总苗数)×100％。

平均生根条数＝外植体生根总数/接种苗数。

平均根长＝生根总长/生根苗数。

(2) 观察双腺藤幼苗的形成过程。

【作业】

(1) 阐述双腺藤的离体快繁过程。

(2) 阐述影响双腺藤组织培养的主要因素。

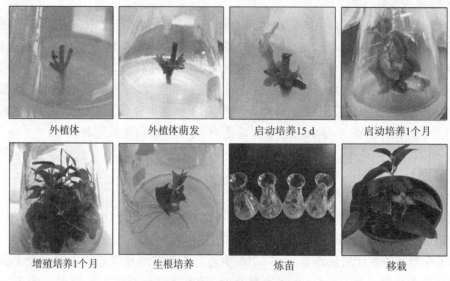

| 外植体 | 外植体萌发 | 启动培养15 d | 启动培养1个月 |
| 增殖培养1个月 | 生根培养 | 炼苗 | 移栽 |

图9-6 双腺藤的离体快繁

(引自张悦圆等,2021)

实验 11 香蕉的离体快速繁殖

【实验目的】

(1) 掌握香蕉快速繁殖技术。

(2) 了解影响香蕉快速繁殖的主要因素。

【实验原理】

香蕉是芭蕉目芭蕉科芭蕉属的常绿多年生亚热带单子叶大型草本植物。香蕉主要起源于印度及东南亚的印度尼西亚、马来西亚、泰国等地。可食用的无籽香蕉在这些地方产生后,被人类以吸芽的形式传播到世界各地,通过自然突变、人工选育等逐步演化为今天的香蕉。香蕉由于具有非常高的食用价值和营养价值而被广大民众喜爱。成熟的香蕉果实中含有人体所需的各种维生素以及钙、锌、硒等微量元素,且其糖分含量低,可以有效预防心血管疾病和糖尿病。

在组培技术出现之前,香蕉的主要培育品种为三倍体,由于染色体在有丝分裂时无法配对,因此三倍体高度不育,无法产生种子。因此,以往香蕉的主要繁殖方式为吸芽分株繁殖,但这种生产方式容易造成病毒、虫害积累或者传播,同时繁殖的成功率也比较低,培育的后代有可能会发生种性退化现象或是果实质量下降。在香蕉离体快繁过程中,人们首先需要从进行培养的植物中分离出组织,并将其放置于固体或者液体培养基中进行培养获得再生植株。与传统吸芽繁殖相比,香蕉快速繁殖具有能够迅速推广优良品种、繁殖系数高、周期短、整齐、收获期一致、有利于集约化经营和商品化生产等优点。

【仪器、用具及试剂】

(1) 仪器:电子天平、pH 计、高压蒸汽灭菌锅、超净工作台、烘箱、冰箱等。
(2) 用具:烧杯、量筒、容量瓶、药匙、称量纸、玻璃棒、滴管、容量瓶、镊子、酒精灯、棉球、三角瓶、手术刀、培养瓶、培养皿等。
(3) 试剂:MS 培养基各种母液、6 - BA、NAA、蔗糖、琼脂粉、乙醇溶液、氯化汞等。

【实验材料】

以香蕉吸芽为离体快繁材料。

【实验方法】

1) 培养基的配制
初代诱导培养基:MS+3%蔗糖+0.55%琼脂+5 mg/L 6 - BA+0.02 mg/L NAA,pH 为 5.8~6.0。
继代增殖培养基:MS+3%蔗糖+0.55%琼脂+4 mg/L 6 - BA+0.1 mg/L NAA,pH 为 5.8~6.0。
生根培养基:1/2 MS+2%蔗糖+0.55%琼脂+0.02 mg/L 6 - BA+0.8 mg/L NAA,pH 为 5.8~6.0。
2) 选取母株
选取植株表型良好、生长健壮、优质高产、没有病虫害的香蕉作为母体,这样后代才可能会有更好的生长优势。选好合适的香蕉母株之后,选取其暴露在地面的吸芽为外植体材料。
3) 吸芽处理
将挖取的吸芽清洗干净,将香蕉吸芽外表面的叶鞘剥除,去掉根和老组织,并用蒸馏水冲洗干净。用利刀切取生长点 5 cm 范围的组织(茎和叶鞘各半),于洗涤剂溶液中浸泡 10 min,而后修整成直径约 1.5 cm、高约 2 cm 的柱形体(茎和叶鞘各半)。
在无菌条件下使用 75%酒精溶液对香蕉吸芽进行消毒,消毒时长为 30 s;然后使用 0.1%氯化汞溶液持续消毒 20 min,之后用蒸馏水冲洗 7~8 次,以去除吸芽表面的乙醇溶液和氯化汞残留。

4）初代诱导培养

把消毒灭菌后的柱形体（外植体）修整成直径和高度约 1 cm 的柱形体（茎和叶鞘各半）。用手术刀沿柱形体圆心的生长点将柱形体切成两等份或四等份，每块大小约 3 cm³。然后接种到事先准备好的诱导培养基（MS＋3％蔗糖＋0.55％琼脂＋5 mg/L 6-BA＋0.02 mg/L NAA，pH 为 5.8～6.0）中。每瓶培养基接种 1 个吸芽，置于温度为 28±2 ℃、光照强度为 1 500 lx、每天连续光照 10 h 的条件下培养。40～50 d 后，长出不定芽。观察苗的生长状况，统计芽分化情况。

5）丛生芽增殖培养

吸芽诱导后，转入丛生芽的增殖培养基（MS＋3％蔗糖＋0.55％琼脂＋4 mg/L 6-BA＋0.1 mg/L NAA，pH 为 5.8～6.0）。保持光照强度为 1 500 lx，培养温度依然为 28～30 ℃，每天连续光照 10 h 的条件下培养。丛生芽增殖的速度要高于初代培养，20 d 左右即可增殖一次。注意：在对组培苗进行培养时保证光照强度和充足的光照时间，每天应不少于 8 h。光照是植物光合作用不可或缺的因素，如果没有光照或者光照时间不够，植物的光合作用就会受到影响，叶柄和假茎部分的绿色就会淡化，从而影响整体的增殖率。

6）生根培养

经过数次的增殖培养后，香蕉组培苗会充分生长。当丛生芽的叶有 3～4 片，且芽高为 3 cm 时，可以转入生根培养基（1/2 MS＋2％蔗糖＋0.55％琼脂＋0.02 mg/L 6-BA＋0.8 mg/L NAA，pH 为 5.8～6.0）中。生根培养时的光照强度要高于丛生芽增殖培养时的光照强度，为 3 000 lx，培养温度为 28～30 ℃。

7）假植苗培育

香蕉吸芽经过诱导、增殖培养及生根培养后，就可进入假植苗栽培阶段。在脱离培养基进入大棚培育之后，要注意在四周覆盖防虫网，以避免过于强烈的紫外线对幼苗造成伤害。同时培育假植苗的大棚和外部环境之间还应设置一个缓冲空间。香蕉组培苗生长过程中对水分要求比较严格，尤其在刚刚移入大棚之后的 7 d 内，一定要保持空气相对湿度在 95％左右。为了加快生根和生长速度，可以在组培苗上部加一个小拱棚，以减少水分散失从而保证湿度稳定。在生长时如果遇到高温和干燥天气，应及时打开棚门进行通风，必要时通过喷水进行降温，避免高温灼烧幼苗。香蕉组培苗在生长早期阶段对肥料的要求并不高，因此施肥时可进行少量施肥或者后期进行叶面追肥。为了减少病虫害的影响，每隔一段时间要定期喷防治药剂以提高成活率。待香蕉组培苗生长至 20 cm 左右，且叶片数为 5～7 片时，即可移出大棚进行种植。在种植前可以将遮阳网和薄膜掀开，炼苗 3～5 d，以提高其对环境的适应能力，从而保证较高的成活率。

【注意事项】

（1）在香蕉继代培养中，除了要提高芽增殖率外，还要降低影响后续培养的带叶鞘芽的比例，这样才能提高用于进一步继代或进入生根培养的有效芽数，保证生根苗的数量和一致性。

(2) 培养过程中往往会产生许多带叶鞘的叶鞘芽,解剖发现这些叶鞘芽多数没有生长点,极不利于后续增殖培养,影响组培工厂化生产的正常进行。

(3) 不同品种的香蕉对不同种类植物生长调节剂的敏感度有差异,应选择合适的培养基进行诱导。

【结果与分析】

观察实验结果,统计侧芽诱导率、丛生芽增殖倍数、试管苗生根率及平均生根数。

【作业】

(1) 阐述香蕉离体快繁的操作过程。
(2) 试论述香蕉离体快繁的主要意义。

实验 12　附子的离体快速繁殖

【实验目的】

(1) 掌握附子离体快速繁殖的操作技术。
(2) 了解影响附子快速繁殖的主要因素。

【实验原理】

附子是毛茛科植物乌头的子根的加工品,味辛、甘,性大热,不仅具有回阳救逆、补火救阳、散寒止痛等功效,而且还有强心、抗心律失常、抗炎、镇痛、增强免疫、抗衰老等作用,被誉为"回阳救逆第一药"。据报道,附子的年需求量高达 3 000 吨,市场上附子产品供不应求。附子繁殖需要每年在高山留种换种,长期以来依靠无性繁殖容易积累病虫害,造成连作障碍,最终导致产量和品质降低。因此,无性繁殖导致的种性退化是制约附子高产、高效的瓶颈,严重制约附子的产业化发展。利用植物组织培养实现附子种苗复壮及扩大繁殖可以有效解决种性退化问题。

外植体的选择对附子组织培养的成功有着关键作用,常见的外植体有种子、茎段、带腋芽茎段、茎尖、叶片、叶柄和须根等。附子组织培养研究不仅可以通过愈伤组织途径实现(愈伤组织分化形成大量植株,繁殖系数大),而且还可以利用带腋芽茎段进行离体快繁,即从原有的芽萌发到叶生长,并经生根培养形成完整植株,这也是种苗快速繁殖的有效途径之一。带腋芽茎段成功诱导出芽可以避免由愈伤组织诱导带来遗传稳定性差、多次继代培养后再生能力下降的问题。因此,本实验利用带腋芽茎段进行芽诱导和增殖具有重要意义。

【仪器、用具及试剂】

(1) 仪器设备:电子天平、pH计、高压蒸汽灭菌锅、超净工作台、烘箱和冰箱等。

(2) 用具:烧杯、量筒、容量瓶、药匙、称量纸、玻璃棒、滴管、移液枪、镊子、酒精灯、棉球、三角瓶、手术刀、培养瓶、培养皿等。

(3) 试剂:MS培养基各种母液、6-BA、TDZ、NAA、蔗糖、琼脂粉、乙醇溶液、氯化汞等。

【实验材料】

实验材料为附子,采样部位为一年生植株的带腋芽茎段(顶芽下第2个腋芽)。

【实验方法】

1) 培养基的配制

初代诱导培养基:MS+3%蔗糖+0.65%琼脂+2 mg/L 6-BA+0.3 mg/L NAA,pH 6.2。

继代增殖培养基:MS+3%蔗糖+0.65%琼脂+2 mg/L TDZ+0.3 mg/L NAA,pH 6.2。

生根培养基:1/2 MS+3%蔗糖+0.65%琼脂+0.5 mg/L IBA,pH 6.2。

2) 外植体消毒

将附子带腋芽茎段的表面污垢清除干净,在流水下冲洗4 h。选取顶芽下第2个腋芽,截取带有腋芽的茎段,在超净工作台上用75%酒精溶液对外植体进行消毒处理30 s,用无菌水换洗2次;用0.1%氯化汞灭菌10 min,用无菌水冲洗9次,每次不少于3 min。附子茎段经消毒处理后接种于初代培养基上。

3) 接种

将消毒后带有2个腋芽的附子茎段转至无菌滤纸上,接种于初代诱导培养基。初代诱导培养基选取2种植物生长调节剂6-BA和NAA对腋芽启动诱导最有效,其配方为:MS+3%蔗糖+0.65%琼脂+2 mg/L 6-BA+0.3 mg/L NAA,pH 6.2。每瓶接种5个茎段,接种3瓶。

4) 启动初代培养

接种后转至培养室中培养,培养条件为光照周期12 h/d,培养温度为20±1 ℃,光照强度在3 000~4 000 lx。培养5 d后,腋芽开始萌发(图9-7)。培养一段时间后,芽长1.95 cm,植株茎干粗壮,叶片翠绿,且生长良好。第8 d统计外植体的成活率、死亡率和褐化率。第30 d和第60 d分别统计诱导率和芽长,记录芽的生长状态。

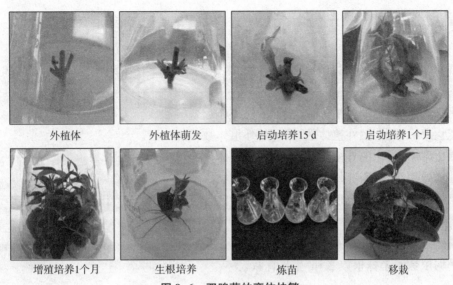

外植体　　　　外植体萌发　　　　启动培养15 d　　　　启动培养1个月

增殖培养1个月　　　生根培养　　　　炼苗　　　　移栽

图9-6　双腺藤的离体快繁

(引自张悦圆等,2021)

5) 继代增殖培养

将不定芽切割下来后,将单芽转接到继代增殖培养基(MS+3%蔗糖+0.65%琼脂+2 mg/L TDZ+0.3 mg/L NAA,pH 6.2)中,接种5瓶,每瓶3个芽。每15 d更换1次培养基,61 d调查增殖率和增殖系数,记录生长状态。平均苗高在2.9 cm左右,苗粗壮,叶片浓绿,生长较好,与培养基接触部分有愈伤组织。

6) 生根培养

增殖苗剪成单芽,分别转接到添加1 mg/L IBA的1/2 MS生根培养基(3%蔗糖和0.65%琼脂)上,接种5瓶,每瓶3个芽。培养条件为光照周期12 h/d,培养温度为20±1℃,光照强度为4 000 lx。第15 d调查生根率、平均根数和根长,记录根的生长情况。培养15 d,根短粗,有黄色绒毛,且叶色翠绿,生长旺盛。

7) 移栽

蛭石、珍珠岩是常用的组培苗移栽无机基质,有利于排水、透气、保水保肥,配合泥炭等有机基质使用,效果较好。幼苗移栽基质比例以蛭石:珍珠岩:泥炭为1:1:1,可以满足良好通透性、保水保肥的要求,是附子幼苗移栽基质的较好配方。移栽后,早期叶片持绿期长,老叶片萎蔫速度慢,新叶萌芽、伸长速度快。

【注意事项】

(1) 附子离体快繁时,不宜采用顶芽为外植体材料,褐化现象比较严重,死亡率较高,可能是因为附子顶芽附近体内酚类物质含量较高,切割后很容易氧化为醌类物质。而第2个腋芽的诱导效果较好。

(2) TDZ活性相当于普通腺嘌呤类细胞分裂素活性的10倍,同时兼有一定的生长素作用。TDZ在芽增殖方面的效果显著。

【结果与分析】

观察实验结果,统计芽诱导率、污染率、褐化率、丛生芽增殖率、增殖倍数、幼苗生根率及平均生根数。

污染率=(污染的外植体数/接种的外植体数)×100%。

死亡率=(死亡的外植体数/接种的外植体数)×100%。

褐化率=(褐化的外植体数/接种的外植体数)×100%。

芽诱导率=(已萌芽外植体数/接种的外植体数)×100%。

生根率=(长出不定根的外植体数/接种的外植体总数)×100%。

增殖率=(增殖苗数/接种外植体总数)×100%。

增殖系数=增殖的丛生芽数/接种的外植体芽数。

平均根数=单株根数之和/生根株数。

【作业】

(1) 请简述附子的离体快繁过程。

(2) 请设计一个附子愈伤组织诱导获得完整植株的实验方案。

实验 13　黄精的离体快速繁殖

【实验目的】

(1) 掌握黄精的离体快速繁殖的技术。

(2) 了解影响黄精离体快速繁殖的主要因素。

【实验原理】

黄精为百合科黄精属多年生草本植物,主要分布于河南、安徽、浙江、江西、湖南和贵州等省,多生长于林下、灌丛或山坡阴处。其根茎中含丰富的糖类、甾体皂苷、强心苷、生物碱、黄酮及蒽醌类化合物及木脂素、维生素、氨基酸及微量元素等多种化学成分,具有润肺滋阴、补中益气、益肾填精、健脾、抑制肿瘤细胞生长等作用,能治疗体虚乏力、心悸气短、肺燥干咳、病后体虚、风湿疼痛、糖尿病等疾病。黄精不仅可以作为药物,还可以作为保健食品。自古以来,人们就认为黄精是延年益寿的最佳产品,因此对黄精的需求量很大。

目前,黄精繁殖技术主要有种子繁殖、根茎繁殖和组培繁殖 3 种。由于黄精种子采集困难,种子发芽率低,种子繁殖和出苗时间长,大大增加了黄精的栽培成本,不利于黄精的大规模栽培。因此,在目前的人工栽培中主要依靠根茎繁殖,但这种方法繁殖系数低、需要根茎量大,不经济,而且限制了黄精的产量潜力,不利于种植管理和推广,因此阻碍了种植面积的扩大。而组织培养技术能有效解决黄精种苗繁育难、繁育慢等问题,既丰富了繁殖方式,又满足了种苗供应需求。

目前,有关黄精的组织培养和快速繁殖研究主要集中在芽的分化诱导和生根培养等方面。在黄精离体快繁过程中,获得芽器官后还要进行芽增殖培养,同时伴随芽的分化与生长,最后繁殖成苗。本实验以黄精带芽根茎为材料,建立黄精组培快繁体系,以期为黄精工厂化育苗提供技术支持。

【仪器、用具及试剂】

(1) 仪器:电子天平、pH 计、高压蒸汽灭菌锅、超净工作台、烘箱和冰箱等。

(2) 用具:烧杯、量筒、容量瓶、药匙、称量纸、玻璃棒、滴管、镊子、酒精灯、棉球、三角瓶、手术刀、培养瓶和培养皿等。

(3) 试剂:MS 培养基各种母液、6 - BA、NAA、IBA、花宝 1 号、多菌灵、蔗糖、琼脂、乙醇溶液和氯化汞等。

【实验材料】

以黄精种苗的带芽根茎为实验材料。

【实验方法】

1) 培养基的配制

初代诱导培养基:MS+3‰蔗糖+0.5‰琼脂+1 mg/L 6 - BA+0.2 mg/L NAA+0.2 mg/L IBA,pH 5.8~6.0;

继代增殖培养基:MS+3‰蔗糖+0.5‰琼脂+3 mg/L 6 - BA +1 mg/L 花宝 1 号+0.5 mg/L IBA,pH 5.8~6.0;

生根培养基:1/2 MS+3‰蔗糖+0.5‰琼脂+0.8 mg/L NAA,pH 5.8~6.0。

2) 外植体的选择与消毒

选取新鲜、无病虫害的完整植株,剥去叶片,剪去下部的须状根。根状茎由于表面附着泥土,可以先用软毛刷刷去表面泥土后再用多菌灵水浸泡 30 min 左右进行表面清洗,然后置于流水下冲洗 2 h。

将带芽根茎表面的水擦干后将其放在超净工作台上,用 75%酒精溶液浸泡 30 s,用无菌水冲洗 3~4 次,每次 3 min;再用 0.1%的氯化汞溶液浸泡 15 min,然后用无菌水冲洗5~6 次,每次 3 min。

3）芽诱导培养

用无菌滤纸吸干消毒后的材料上的水分。再次剥去外包的叶片,保留基部包含生长点的幼芽,将里面的嫩芽接种到制备好的芽诱导培养基上(如图9-8),每瓶接种5个芽,接种3瓶。培养条件为室温23～25℃,光照强度为2 000 lx左右,光照12 h/d。15 d后统计生长情况。

外植体　　　　芽诱导　　　　丛生芽　　　　芽增殖　　　　生根

图9-8　黄精的离体快繁
(引自邓少华等,2023)

4）增殖、生根培养

选取大小一致、生长健壮、没有污染的黄精不定芽种球为增殖材料,切成直径0.5 cm大小,接种于不定芽的增殖培养基上。每瓶接种3个芽,每隔10 d观察芽的生长情况,30 d后观察黄精不定芽的增殖情况。

5）生根培养

将得到的粗壮无根苗及带芽根茎切下,接于生根培养基中培养,每瓶接种1个单芽。接种后置于培养室中培养,培养条件为室温23～25 ℃,光照强度为2 000 lx左右,光照12 h/d。培养30 d后观察记录生根情况。

6）移栽

选取根数达3～4条,根长大于1 cm且长势良好的黄精组培苗进行炼苗。移栽前将组培苗在大棚室内炼苗7 d。前4 d紧闭瓶盖,后3 d逐渐松盖,提高幼苗的适应性。将小苗根部的培养基清洗干净用于移栽。移栽基质比例为黄心土：泥炭土＝1：1。挖一个1.5～2.0 cm深的洞,洞的大小适合放块茎,洞的深度以适合展开组培苗的根系为准,最好用土壤覆盖块茎,不要压实。用0.1%多菌灵溶液喷洒基质进行消毒,放入温室中培养。适度遮阴,每隔2 d浇水1次,湿度保持在80%以上,待移栽幼苗的新叶展开和新根长出后即可按常规管理。40 d后统计成活率。成活率＝(成活株数/移栽株数)×100%。

【注意事项】

(1)黄精外植体在组织培养过程中,不同取材时间的外植体内源激素含量存在差异,外植体内源激素也会影响植物组织的发生和形成。黄精外植体的春季萌发能力和长势均较好。

(2)在增殖培养阶段,仍需要将细胞分裂素与生长素配合使用,以建立优良的无性繁殖体系。

(3) 黄精增殖培养一段时间后,不定芽达到了一定数量后就进入生根阶段。试管苗生根是保证黄精组培苗工厂化生产的关键因素之一,试管苗的生根质量是影响黄精移栽成活的重要因素。

【结果与分析】

观察实验结果,统计芽诱导率、褐化率、丛生芽增殖率、增殖倍数、试管苗生根率及平均生根数。

【作业】

(1) 阐述黄精的组织培养过程。
(2) 试论述黄精组织培养的主要意义。

实验 14　钻喙兰的离体快速繁殖

【实验目的】

(1) 掌握钻喙兰离体快速繁殖的技术操作。
(2) 了解影响钻喙兰离体快速繁殖的主要因素。

【实验原理】

钻喙兰为兰科钻喙兰属的多年生草本植物。株型紧凑,花期在 5～6 月,花序纤长,花瓣和花萼片多为白色,常具不规则排列的紫红色斑点,唇瓣肉质(多呈紫红色),两侧压扁,底端钝圆。因钻喙兰的花繁色艳,花序悬垂,芳香怡人,花朵较小,唇尖不裂且向上翘起,具有较高的观赏价值。

自然条件下,钻喙兰的种子不容易萌发,常用的繁殖方法是通过分株繁殖。但常规方法繁殖效率较低,成为限制钻喙兰规模化生产的瓶颈。通过繁殖系数较高、繁殖速度较快的组培离体快繁技术可以获得较高的繁殖效率,是解决钻喙兰生产中种苗繁育效率问题的有效举措。本实验采用钻喙兰未成熟的种子为外植体,构建钻喙兰的离体快繁技术,提高诱导率和增殖率,以期为钻喙兰的工厂化育苗和规模化栽培生产提供必要的技术支持。

【仪器、用具及试剂】

(1) 仪器:电子天平、pH 计、高压蒸汽灭菌锅、超净工作台、烘箱和冰箱等。
(2) 用具:烧杯、量筒、容量瓶、药匙、称量纸、玻璃棒、滴管、镊子、酒精灯、棉球、三角瓶、手术刀、培养瓶和培养皿等。

（3）试剂：MS培养基各种母液、6-苄氨基腺嘌呤（6-BA）、α-萘乙酸、蔗糖、琼脂、乙醇溶液和氯化汞等。

【实验材料】

以授粉后95 d未成熟的钻喙兰蒴果为实验材料。

【实验方法】

1）培养基

种子诱导培养：1/2 MS培养基＋0.9 mg/L 6-BA＋0.1 mg/L NAA＋3％蔗糖＋0.5％琼脂，pH 5.8。

继代培养基：1/2 MS＋2.5 mg/L 6-BA＋1.4 mg/L NAA＋3％蔗糖＋0.5％琼脂粉，pH 5.8。

生根培养基：1/2 MS＋1.6 mg/L NAA＋3％蔗糖＋0.5％琼脂粉，pH 5.8。

2）初代培养

将浅黄绿色的蒴果置于清水中冲洗，将清洗后的蒴果擦干后用75％乙醇擦拭蒴果表面。用75％乙醇消毒3～5次，待乙醇挥发后，剖开蒴果取出种子作为外植体进行初代培养。取100粒种子接种到种子诱导培养基上，诱导愈伤组织。在室温25℃条件下，每天12 h光照，光照强度为1 000～1 500 lx。培养60 d，统计钻喙兰种子分化出愈伤组织的诱导率。

3）继代培养

将易培养获得的胚状体（类原球茎）接种到1/2 MS继代培养基（6-BA浓度为2.5 mg/L，NAA浓度为1.4 mg/L）中。接种后置于培养室，温度为25℃，光照强度为2 000 lx，光照时间为12 h/d。培养60 d后计算诱导率。

4）生根培养

将胚状体转移至生根培养基上，生根培养基为1/2 MS培养基＋1.6 mg/L NAA。培养62 d后统计组培苗的生根率。

5）移苗锻炼

将叶片长约2 cm，有2～3条粗壮、1 cm长的根，且生长较为健壮的完整植株转移至阴凉处炼苗。7 d后将幼苗转移至砂床（粗椰糠∶河沙为1∶1）上。保持砂床湿度为80％～90％。在不同遮阴条件下培养14 d，统计移栽成活率。

【结果与分析】

观察实验结果，统计芽诱导率、褐化率、丛生芽增殖率、增殖倍数、试管苗生根率及平均生根数。

【作业】

(1) 请简述钻喙兰离体快繁的操作过程。
(2) 试论述钻喙兰离体快繁的主要意义。

实验 15　石仙桃的离体快速繁殖

【实验目的】

(1) 掌握石仙桃离体快速繁殖的操作技术。
(2) 了解影响石仙桃离体快速繁殖的主要因素。

【实验原理】

石仙桃又名石上莲、石橄榄(广州)、石穿盘(广西)、石萸肉(福建)、果上叶、千年矮(文山)、大吊兰、浮石斛等,是兰科石仙桃属多年生草本植物,生长于海拔 $1\,000\sim2\,700$ m,喜阴凉,忌闷热,忌阳光直射,夏、秋季要适当遮阴,生长适温为 $20\sim28$ ℃,冬季低于 5 ℃时要保温,以确保其生长良好。根茎粗壮,匍匐,假鳞茎卵形、圆柱形或狭圆锥形;叶椭圆形或倒披针形;花葶从被鳞片包住的假鳞茎顶端抽出;总状花序直立或下垂;蒴果倒卵形,种子粉末状。石仙桃以假鳞茎或全草入药,其味甘、微苦,性凉,归肺、肾经,具有清热养阴、化痰止咳、利湿、消瘀的功效。石仙桃的假鳞茎硕大似桃,青翠犹玉,叶色鲜亮,是一种雅致的室内观赏植物。

石仙桃作为药食同源植物,广泛应用于民间日常餐饮(煲汤),具有较大的市场需求量。由于石仙桃一般都是野生资源,过度采伐会导致石仙桃资源严重短缺。因此,完善石仙桃离体快繁技术体系具有重要意义,可解决石仙桃资源短缺的问题。本实验利用石仙桃假鳞茎为实验材料,采用不同浓度的植物生长调节物质筛选出最佳的诱导培养基、增殖培养基和生根培养基,建立离体快繁体系。

【仪器、用具及试剂】

(1) 仪器:电子天平、pH 计、高压蒸汽灭菌锅、超净工作台、烘箱和冰箱等。
(2) 用具:烧杯、量筒、容量瓶、药匙、称量纸、玻璃棒、滴管、移液枪、镊子、酒精灯、棉球、三角瓶、手术刀、培养瓶和培养皿等。
(3) 试剂:MS 培养基各种母液、6 - BA、IBA、NAA、蔗糖、卡拉胶、乙醇溶液、活性炭和氯化汞等。

【实验材料】

以石仙桃的假鳞茎为实验材料。

【实验方法】

1）筛选培养基配方

（1）诱导培养基：MS 为基本培养基，添加不同浓度 6 - BA(0.5 mg/L、1.0 mg/L、2.0 mg/L)和 IBA(0.5 mg/L、1.0 mg/L)，设计正交实验，共 6 种培养基。

（2）增殖培养基：MS 为基本培养基，添加不同浓度 6 - BA(1.0 mg/L、1.5 mg/L、2.0 mg/L)和 IBA(0.5 mg/L、1.0 mg/L)，设计正交实验，共 6 种培养基。

（3）生根培养基：以 1/2 MS 为基本培养基，添加 1.5 g/L 活性炭。添加植物生长调节剂 IBA(1.0 mg/L)和 NAA(0.1 mg/L、0.5 mg/L、1.0 mg/L)，共 3 种培养基。

以上培养基均添加 5 g/L 卡拉胶，30 g/L 蔗糖，20 g/L 香蕉果泥，培养基的 pH 调节至 5.8。

2）材料采集和消毒处理

以假鳞茎为植物材料。将采集的假鳞茎带回实验室，使用自来水清洗干净。先用 5％洗衣粉水溶液浸泡 3 min，其间不断地摇动，再用清水清洗干净。

将假鳞茎转入超净工作台，用 0.1％氯化汞溶液消毒 8～10 min，接着用无菌水冲洗干净，再用无菌滤纸吸干假鳞茎表面的水分。

3）探索最佳假鳞茎诱导培养基配方

将消毒后的假鳞茎使用手术刀剥去包裹的外层皮，露出新鲜组织，分切成茎段后将其分别水平放入添加了不同浓度 6 - BA(1.0 mg/L、1.5 mg/L、2.0 mg/L)和 IBA (0.5 mg/L、1.0 mg/L)的 6 种培养基中，每瓶接种 5 个，接种 5 瓶，重复 3 次。接种后置于培养室培养(温度 25 ℃左右，光照强度 1 500 lx 左右，每天光照时间 10 h)。经过 50 d 培养诱导后，对植物萌芽数量和接种数量进行数据统计。探索同一种植物材料使用不同浓度的植物生长调节剂对假鳞茎萌芽诱导的影响。

4）探索最佳的石仙桃芽增殖培养基配方

根据上述实验结果选择较为合适的植物生长调节剂，保证生长调节剂的浓度以及种类符合石仙桃的培养需求，这样才能够开展继代培养，诱导丛生芽不断增殖。将生长大小一致的芽接种于添加了不同浓度 6 - BA(1.0 mg/L、1.5 mg/L、2.0 mg/L)和 IBA (0.5 mg/L、1.0 mg/L)的芽增殖培养基中，共 6 种培养基，每瓶接种 3 个芽，接种 5 瓶，重复 3 次。增殖培养以 30 d 为培养周期，培养 30 d 后记录增殖的芽苗数量，计算增殖率和增值系数，观察芽苗的形态特征。根据数据统计情况和芽苗的生长情况，筛选出最佳的芽增殖培养基配方。

5）探索最佳的生根培养基配方

选择已长至 2～3 cm 大小的芽，将其分别接种于不同浓度的 IBA(1.0 mg/L)和

NAA(0.1 mg/L、0.5 mg/L、1.0 mg/L)生根培养基,向培养基中添加活性炭。每瓶接种1个芽苗,接种10瓶,重复3次。接种后置于培养室内培养,培养40 d后开始记录石仙桃的生根株数以及根数量,计算生根率、平均根长,观察根的生长情况。根据以上数据,筛选出最佳的生根培养基配方。

6）生根苗的移栽

将生长健壮的生根幼苗转移至室外常温处,炼苗10~15 d。取出已生根的幼苗植株,将根部培养基清洗干净,放于阴凉处。提前准备好移栽基质,基质使用透气性较好的营养土。移栽后,要在幼苗根部喷洒定根水,并保持种植区域阴凉,遮阴,遮光度75%~90%,覆膜保湿一周左右。然后每天定时揭膜透气,逐步增加透气时间,经遮阴管理一个月后转入常规管理。小苗在移栽10~15 d后开始生长,总体移栽成活率达到85%以上。

【结果与分析】

（1）观察实验结果,统计芽诱导率、丛生芽增殖率、增殖倍数、试管苗生根率、平均生根数、苗高和根长,观察幼苗的生长情况和生根情况。

（2）根据上述实验数据,筛选出最佳的诱导培养基、增殖培养基和生根培养基配方,获得石仙桃的离体快繁体系。

【思考题】

（1）请阐述石仙桃的离体快繁过程。

（2）请设计一种兰科植物离体快繁的实验方案。

第十部分

植物遗传转化

实验 1　农杆菌介导的烟草遗传转化

【实验目的】

(1) 了解根瘤农杆菌介导的遗传转化的基本原理和主要影响因素。

(2) 掌握根瘤农杆菌介导的遗传转化的基本操作过程。

(3) 进一步掌握无菌操作技术。

【实验原理】

　　植物遗传转化方法主要有农杆菌介导法、花粉管通道法、基因枪法、显微注射法、PEG 介导法、激光微刺穿孔法等方法,其中农杆菌介导法为最普遍使用的方法。农杆菌介导的遗传转化法是植物转基因研究中最常用的转化方法,农杆菌是一类革兰氏阴性菌,常用农杆菌主要有 2 种,分别为带 Ti 质粒的根瘤农杆菌($Agrobacterium\ tumefaciens$)和带 Ri 质粒的发根农杆菌($Agrobacterium\ rhizogenes$)。根瘤农杆菌是一种能诱发植物产生瘤状的细菌,根瘤农杆菌中含有诱导植物产生瘤状的质粒,简称为 Ti 质粒。农杆菌的 Ti 质粒含有两个区域,一个是 T-DNA 区,另一个是毒性区(Vir 区),在 T-DNA 的切割、转移与整合过程中起作用。农杆菌介导的遗传转化机理:当植物受伤时,受损植物可以产生一些刺激物质,这类物质不仅能使农杆菌通过侵染植物伤口进入细胞,而且可以引导 Ti 质粒的 Vir 基因的表达,将农杆菌的 T-DNA 剪切后转入植物细胞中,嵌入植株细胞的基因组中,使得其所携带的基因可以直接在植株上表现,稳定遗传到下一代。

　　农杆菌介导遗传转化的一般操作流程:将目的基因插入经过改造的 T-DNA 区,借助农杆菌的感染实现外源基因向植物细胞的转移与整合,然后通过细胞和组织培养技术,再生出转基因植株。常用于农杆菌介导的遗传转化的受体材料为幼嫩的叶片、子叶节、子叶、胚轴、嫩茎、幼胚、茎尖、花药、愈伤组织和胚性愈伤组织等。农杆菌介导的遗传转化方法的优点是操作简单、重复性高及实验成本低等。农杆菌介导的遗传转化方法受多种因素制约,除受高频再生体系、基因型和外植体类型的影响外,还受到农杆菌侵染条件的影响,其中包括菌株的类型、菌液的浓度和共培养时间等。

自 Horseh 等首次以烟草为材料获得转基因植株以来,越来越多不同品种的烟草(如普通烟草、本氏烟草)用于遗传转化研究,常用为模式植物,为基因功能分析提供了有效途径。

【仪器、用具及试剂】

(1) 仪器:摇床、恒温培养箱、高压蒸汽灭菌锅、超净工作台、冰箱、离心机、分光光度计等。

(2) 用具:移液枪、枪头、镊子、手术刀、酒精灯、棉球、培养皿、三角瓶、滤纸、牛皮纸、牙签、离心管、封口膜、滤头和注射器等。

(3) 试剂:MS 培养基母液、NaCl、酵母提取物、水解酪蛋白、琼脂粉、蔗糖、卡那霉素(Kan)、头孢霉素(Cef)、6 - BA、IAA、NAA、乙酰丁香酮(AS)、二甲基亚砜等。

(4) 培养基:① MS 液体培养基＋3％蔗糖＋50 mg/L AS;② 预培养基 MS＋0.2 mg/L NAA＋1.0 mg/L 6 - BA＋3％蔗糖＋0.7％琼脂;③ 共培养基 MS＋1 mg/L 6 - BA＋0.2 mg/L NAA＋50 mg/L AS＋3％蔗糖＋0.7％琼脂;④ 筛选培养基(芽分化培养基)MS＋1 mg/L 6 - BA＋0.2 mg/L NAA＋50 mg/L Kan＋250 mg/L Cef＋3％蔗糖＋0.7％琼脂;⑤ 生根培养基 1/2 MS＋0.3 mg/L IAA＋50 mg/L Kan＋250 mg/L Cef＋2％蔗糖＋0.7％琼脂,以上培养基的 pH 均为 5.8。

【实验材料】

烟草无菌苗、LBA4404 菌株。

【实验方法】

1) 实验材料

提前制备烟草无菌苗:① 适量烟草种子放入 1.5 mL 离心管中,用无菌水泡洗一次,用 75％乙醇溶液消毒 20 s,用无菌水清洗 3 次,然后用 15％ H_2O_2 浸泡 8 min,再用无菌水清洗 3 遍,最后加入 300 μL 蒸馏水,倒在滤纸上晾干。② 用灭菌的牙签点播在 1/2 MS 培养基上,置于人工气候培养箱中培养。待苗长至十字期时(播种后大约 3 周)移至装有 MS 固体培养基的组培瓶中,在人工气候培养箱中继续培养 30~45 d,待苗长至 6~8 cm 高度,备用。

提前构建 LBA4404 菌株质粒载体为 pBi121,并导入农杆菌 LBA4404 中,按 50％甘油:菌液为 1:1 的比例加入离心管中,保存于－80 ℃冰箱,备用。

2) 农杆菌菌液的活化

(1) 将保存在－80 ℃冰箱的农杆菌甘油菌种取出,用接种环蘸取少量菌液,采用划线法接种在 YEP 固体培养基上。YEP 固体培养基的成分为每 100 mL 含 0.5 g NaCl、1 g 酵母提取物、1 g 水解酪蛋白、1.5 g 琼脂、50 mg/L 卡那霉素,pH 7.0。接种后置于 28℃ 培养箱中,倒置培养 24～48 h,待长出菌落后摇菌。

(2) 配制 YEP 液体培养基(成分同上,不添加琼脂粉),高压灭菌后添加无菌的卡那霉素 50 mg/L,分装于三角瓶中,每瓶加入 50 mL 的液体培养基,封口后高压灭菌,待用。

(3) 摇菌。用灭菌的牙签或者枪头等挑出单菌落,一起放入上述 YEP 液体培养基中,然后置于 28 ℃摇床上摇菌 16～18 h,转速为 180 r/min。

3) 农杆菌菌液的侵染

(1) 制备侵染液。振荡培养结束后,取培养液 1 mL,利用分光光度计测 $OD_{600}=0.5～0.6$。用 50 mL 离心机,以 3 600 r/min 转速离心 10 min,取出后倒出上清液,保留沉淀。用添加 50 mg/L 乙酰丁香酮的 YEP 液体培养基(或 MS 液体培养)将沉淀的菌体重悬,即为侵染液。将侵染液转入三角瓶中,振荡培养 1～1.5 h,用分光光度计测定侵染液的 OD_{600} 值,侵染液的浓度为 $OD_{600}=0.5～0.6$。

(2) 预培养

采用叶盘法转化烟草叶片。取出烟草无菌苗,将其置于无菌滤纸上,用镊子和剪刀将无菌苗的叶片剪成 0.5 cm^2 的大小。将叶片接种到预培养基(MS＋0.2 mg/L NAA＋1.0 mg/L 6‐BA＋3％蔗糖＋0.7％琼脂)上。黑暗条件下,预培养 2 d,材料切口刚刚开始膨大时即可进行侵染。

(3) 侵染与共培养

将制备好的侵染液转至超净工作台,从培养皿中取出预培养的烟草叶片材料,放入侵染液中,按 150～180 r/min 侵染 10 min。侵染后取出叶片,置于无菌滤纸上,用吸水纸吸去附着的菌液。

在共培养基(MS＋1 mg/L 6‐BA＋0.2 mg/L NAA＋50 mg/L AS＋3％蔗糖＋0.7％琼脂)上铺一张无菌的滤纸后,再将侵染过的叶片接种到无菌滤纸上,在 22℃、黑暗培养条件下共培养 2 d。

4) 筛选分化培养

将经过共培养的外植体转移到筛选培养基(MS＋1 mg/L 6‐BA＋0.2 mg/L NAA＋50 mg/L Kan＋250 mg/L Cef＋3％蔗糖＋0.7％琼脂)上诱导愈伤组织(如图 10-1)。在光照为 2 000 lx、25 ℃条件下进行筛选培养。

筛选培养 2～3 周后,外植体将产生抗性愈伤组织。将这些抗性材料转入相同的筛选培养基中进行继代培养,两周后分化出芽,叶片表面可分化出带有 1～2 个叶片的小芽。

5) 生根培养

当再生芽长至 2～3 cm 时,从基部将芽切下,转至含有筛选压的生根培养基(1/2 MS＋0.3 mg/L IAA＋50 mg/L Kan＋250 mg/L Cef＋2％蔗糖＋0.7％琼脂)上,诱导生根。

6) 驯化移栽

将生根后的植株移入温室内驯化栽培。将根长 2～3 cm、株高 3～4 cm、叶片鲜绿的再生植株移到温室中。选择光照适中的区域打开瓶盖,进行 2～3 d 光适应。然后将根洗

注：A. 叶片侵染后接种于筛选培养基上；B. 接种后 30 d，叶片边缘长出愈伤组织；
C. 愈伤组织分化培养 30 d，形成不定芽；D. 诱导生根培养获得抗性植株；E. 抗性幼苗的移栽。

图 10-1　烟草叶片的遗传转化
（引自苏龙，2022）

净移栽于装有基质的小钵中，基质全部用清水浸湿，第 1 次浇水浇透之后每隔 2~3 d 浇水 1 次，至新根新叶发出即移栽成活。

7）转基因植株的分子鉴定

采用 CTAB 法提取转基因烟草的总 DNA，用上游引物和下游引物进行 PCR 扩增。对扩增产物进行琼脂糖凝胶电泳检测分析。设置供试质粒为阳性对照，未转基因烟草为阴性对照，检测转基因植株是否携带目的基因。

【注意事项】

（1）不同植物对农杆菌的敏感性各不相同，不同的菌株对外植体的浸染能力也存在差异，进而影响转化效率，常用的菌株为 LBA4404、GV3101。

（2）剪切烟草叶片时，应注意保湿，避免叶片萎蔫。

（3）根瘤农杆菌的最佳侵染浓度是要考虑的重要参数，因为菌液浓度较低不利于 DNA 的转移；而浓度较高，农杆菌细胞内部就会产生相互拮抗使其无法生长转化，一般菌液浓度 OD_{600} 值为 0.5 和 0.6。

（4）Vir 蛋白的表达需要酚类化合物的诱导，而植物本身产生的酚类化合物的诱导作用较微小，因此在侵染时需要加入酚类化合物乙酰丁香酮。在共培养基中添加乙酰丁香酮可以提高基因转移效率。

(5) 进行农杆菌介导转化时,侵染时间长短直接影响转化效率。侵染时间过短则导致农杆菌还未充分接种到外植体的伤口部位,转化效率会有所降低;侵染时间过长,则造成农杆菌对外植体的毒害作用较大,共培养时农杆菌过度的繁殖会对后期除菌带来很大的麻烦。因此,掌握适宜的侵染时间非常重要。

(6) 共培养时间在农杆菌转化过程中非常关键。农杆菌附着后不能立即转化,只有在创伤部位生存 16 h 之后的菌体才能诱发肿瘤,这一段时间称为"细胞调节期"。因此,共培养时间对转化效率有很大影响,而且由于物种和受体材料不同,农杆菌的最佳共培养时间也不同,一般共培养时间为 2~3 d。外植体与农杆菌共培养的时间过短或过长都不利于获得较高的转化率。尤其是当外植体与农杆菌共培养时间过长,温度较高时,诱发农杆菌过度生长,外植体将受到过度感染,褐化和软腐现象严重,再生困难,且后继培养中抑菌困难,转化率大大降低。

(7) 在筛选培养中,如果筛选剂浓度太低,则无法抑制或杀死未转化细胞,从而导致假阳性植株数量过多,进而干扰转化的植株的筛选和鉴定等工作;若筛选浓度太高,则会杀死已经转化的细胞或抑制其增殖发育,从而难以获得已转化植株。

(8) 移入生根培养基时,芽基部的愈伤组织要切除干净,否则影响生根。

【结果与分析】

(1) 烟草叶片遗传转化时,统计芽的诱导率、平均芽数和生根率。

不定芽诱导率=(再生不定芽的外植体总数/接种外植体总数)×100%。

平均芽数=外植体再生不定芽总数/再生不定芽外植体总数。

不定根诱导率=(不定根的外植体总数/接种外植体总数)×100%。

(2) 统计烟草遗传转化率。

转化率=(转基因植株总数/再生植株总数)×100%。

【作业】

(1) 简述农杆菌介导植物遗传转化的机理。

(2) 卡那霉素在培养过程中起什么作用?

(3) 简述烟草叶片的遗传转化方法。

(4) 请设计一个农杆菌介导植物遗传转化的实验方案。

实验 2　农杆菌介导的油菜遗传转化

【实验目的】

(1) 了解根瘤农杆菌介导法的基本原理和操作步骤。
(2) 掌握油菜遗传转化的基本操作技术。

【实验原理】

油菜属于十字花科芸薹属植物,主要包括甘蓝型油菜、芥菜型油菜和白菜型油菜。油菜是四大油料作物之一,位居全球五大经济作物之列,是食用植物油和蛋白的重要来源。自 1985 年首次利用农杆菌介导法获得转基因甘蓝型油菜以来,油菜的转基因研究得到了迅速发展,国内已先后培育出高油酸、抗虫、抗病、抗除草剂及品质改良的转基因油菜。

不同的外植体类型对于油菜遗传转化体系的建立具有很大的差异,子叶、子叶柄和下胚轴因其非常易于再生而被视为最理想的转化受体。主要过程包括种子萌发为幼苗、预培养、农杆菌侵染、共培养、诱导愈伤组织、芽的再分化和生根培养等步骤。

【仪器、用具及试剂】

(1) 仪器:摇床、恒温培养箱、超净工作台、冰箱、纯水仪、离心机、天平、高压蒸汽灭菌锅、振荡培养箱和分光光度计等。

(2) 用具:移液枪、枪头、比色皿、镊子、手术刀、酒精灯、棉球、培养皿、三角瓶、滤纸、牙签、离心管、封口膜、0.22 μm 滤头、注射器等。

(3) 试剂:MS 培养基母液、NaCl、酵母提取物、蛋白胨、琼脂、蔗糖、卡那霉素(Kan)、头孢霉素(Cef)、羧苄西林(Carb)、头孢霉素(Cef)、$AgNO_3$、6 - BA、2,4 - D、NAA、乙酰丁香酮(AS)、二甲基亚砜等。

【实验材料】

油菜种子。

【实验方法】

1) 试剂的配制方法

(1) 乙酰丁香酮(AS):溶解于二甲基亚砜(DMSO),母液浓度为 100 mmol/mL,

0.22 μm 滤膜过滤除菌,分装保存于无菌小管中,4 ℃低温保存。

(2) AgNO₃:称取 5 g 溶于无菌蒸馏水,定容至 100 mL。用无菌注射器和 0.22 μm 滤膜过滤除菌,分装于无菌小管中,标记后置于 4 ℃保存。

(3) Kan(卡那霉素):称取 5 g Kan(卡那霉素)溶于无菌蒸馏水,定容至 100 mL。过滤除菌后,分装于无菌小管中,标记后置于 −20 ℃保存。

(4) Carb(羧苄青霉素):称取 5 g Carb(羧苄青霉素)溶于无菌蒸馏水,定容至 100 mL。过滤除菌后,分装于无菌小管中,标记后置于 −20 ℃保存。

(5) Cef(头孢霉素):称取 5 g Cef(头孢霉素)溶于无菌蒸馏水,定容至 100 mL。过滤除菌后,分装于无菌小管中,标记后置于 −20 ℃保存。

(6) 培养基:

LB 液体培养基:10 g 胰蛋白胨+5 g 酵母提取物+10 g NaCl +50 mg/L Kan。

LB 固体培养基:10 g 胰蛋白胨+5 g 酵母提取物+10 g NaCl +12 g 琼脂粉+50 mg/L Kan。

无菌苗培养基:1/2 MS+10 g/L 蔗糖+0.7%琼脂,pH 5.8。

预培养基:MS+30 g/L 蔗糖+0.7%琼脂+1 mg/L 6-BA+1 mg/L 2,4-D,pH 5.8。

MS 液体培养基:MS+100 μmol/L AS,pH 5.8。

共培养基:MS+30 g/L 蔗糖+0.7%琼脂+1 mg/L 6-BA+1 mg/L 2,4-D+100 μmol/L AS,pH 5.8。

筛选培养基:MS+30 g/L 蔗糖+0.7%琼脂+3～4 mg/L 6-BA+0.05～0.10 mg/L NAA+5 mg/L AgNO₃+500 mg/L Carb,pH 5.8。

筛选分化培养基:MS +30 g/L 蔗糖+ 0.7%琼脂+3～4 mg/L 6-BA+0.05～0.1 mg/L NAA+5 mg/L AgNO₃+10 mg/L Kan+500 mg/L Carb,pH 5.8。

生根培养基:1/2 MS+30 g/L 蔗糖+0.9%琼脂+0.2 mg/L NAA+500 mg/L Cef。

2) 受体材料的准备

选取饱满、粒大、颜色较深的油菜种子,用 75%酒精溶液浸泡 1 min,用无菌水冲洗;然后在 0.1%氯化汞中灭菌 10～15 min,用无菌水冲洗 4～5 次。用无菌滤纸吸干多余的水分,接种于 1/2 MS(添加 10 g/L 蔗糖,0.7 % 琼脂,pH 5.8)培养基上。在 25～28 ℃下暗培养,待种子萌发后再移至光照下培养,光照 16 h/d,光照强度为 2 000 lx 左右。

3) 受体材料的预处理

取 4～6 d 的无菌苗子叶作为转化受体。用解剖刀切下完整的子叶(带 1～2 mm 子叶柄)或下胚轴(5～10 mm),将切下的外植体置于预培养基(MS+30 g/L 蔗糖+0.7% 琼脂+1 mg/L 6-BA +1 mg/L 2,4-D,pH 5.8)上,预培养 2～3 d,材料切口处刚开始膨大时即可进行接种侵染。

4) 供体菌株培养

(1) 固体培养基和液体培养基的配制

LB 液体培养基:称取 10 g 胰蛋白胨、5 g 酵母提取物、10 g NaCl,将其溶于

800 mL 去离子水中,用 1 mol/L NaOH 溶液调节 pH 至 7.0,加入去离子水至 1 L。高压蒸汽灭菌 20 min。

LB 固体培养基:在每升 LB 液体培养基中加入 12 g 琼脂粉。高压蒸汽灭菌后,待溶液冷却至 60 ℃左右时,加入 50 mg/L Kan,混匀后(避免产生气泡)从三角瓶中倾出培养基至培养皿内,向 90 mm 直径的培养皿内约注入 20 mL 培养基。完全凝固后,应倒置培养基并贮存于 4 ℃冰箱备用。使用前 1~2 h 取出。

(2)单菌落农杆菌的培养

取出−80 ℃长期保存的菌种管置于冰上。在无菌条件下,用接种针刮取冻结的培养物表面,迅速把黏附在接种针上的农杆菌划线于含 50 mg/L Kan 的 LB 固体培养基表面。菌种管封口后,继续存放于−80 ℃条件下保存。将接种后的琼脂培养基放于 28 ℃恒温培养箱中,暗培养 36~48 h。

(3)农杆菌扩增液体培养

用镊子夹取灭菌的牙签,用牙签从固体培养基上挑取生长良好的单菌落,接种到 LB 液体培养基(加入 50 mg/L Kan)中。28 ℃振荡培养(200 r/min)过夜(16~18 h),使农杆菌培养至对数生长期,OD_{600} 值达 0.5 左右。

(4)制备侵染液

将菌液收集于 50 mL 无菌离心管中,以 6 000 r/min 转速离心 5 min 收集菌体。离心后,用 MS 液体培养基清洗 2 次,再用 MS 液体培养基(添加 100 μmol/L AS,pH 5.8)重悬菌体,将其转入三角瓶中。将侵染液调 OD_{600} 至 0.5 左右,轻微振荡培养 2~3 h 备用。

5)侵染

将菌液转至超净工作台上,将预培养后的子叶受体转至装有农杆菌液的三角瓶中(可根据材料对菌液敏感情况进行不同倍数的稀释),浸泡 4~5 min(不同材料处理时间不同)。侵染后,将多余的菌液倒出,再将受体材料转至无菌的吸水纸上,用无菌滤纸或吸水纸吸干受体材料表面多余的菌液。

6)外植体与农杆菌的共培养

将侵染过的子叶受体材料接种到铺有一层无菌滤纸的共培养基(MS+30 g/L 蔗糖+0.7%琼脂+1 mg/L 6-BA+1 mg/L 2,4-D+100 μmol/L AS,pH 5.8)上,22±1 ℃、黑暗培养 2 d。

7)筛选培养

将经过共培养的外植体转至无菌三角瓶中,再加入无菌水摇匀,冲洗材料表面多余的菌液,清洗 1~2 次。取出后,用无菌滤纸吸干或在超净工作台上吹干多余的水分。然后再将子叶平放于筛选培养基(MS+30 g/L 蔗糖+0.7%琼脂+3~4 mg/L 6-BA+0.05~0.1 mg/L NAA+5 mg/L AgNO₃+500 mg/L Carb,pH 5.8)上进行筛选培养 7~10 d(图 10-2)。

8)筛选分化培养及生根培养

选取无污染的材料转入筛选分化培养基(MS+30 g/L 蔗糖+0.7%琼脂+3~4 mg/L 6-BA+0.05~0.1 mg/L NAA+5 mg/L AgNO₃+10 mg/L Kan+500 mg/L

Carb,pH 5.8)上进行筛选培养。以后每 15 d 左右将其转接到相同的筛选分化培养基中，直到分化的不定芽长到 2～3 cm 时，自芽基部切下转入生根培养基(1/2 MS＋30 g/L 蔗糖＋0.9 %琼脂＋0.2 mg/L NAA＋500 mg/L Cef,pH 5.8)中诱导生根。

9) 移栽

待根长出一周后，取出转化苗，用无菌水洗净根部的培养基并将其移栽到灭菌的营养土(泥炭土∶珍珠岩＝3∶1)中，罩上一个透明的塑料杯保湿 1～2 d，移入室外再炼苗 3～4 d，之后带土移栽入大田进行正常大田管理。

【注意事项】

(1) 由于不同基因型材料再生条件不同，为了获得较高的再生频率和转化频率，需要在品种之间进行选择。对于特定的材料则需要对激素浓度及配比进行调整，以建立受体材料的高效再生体系和转化体系。

(2) 在进行转化之前，需要对受体材料进行筛选剂敏感性试验。根据不同的筛选标记基因选用不同的筛选剂，如新霉素磷转移酶 II(*npt*II)基因使用卡那霉素，潮霉素磷酸转移酶(*hpt*)基因使用潮霉素，PPT 乙酰转移酶基因(*pat*)则使用草丁膦(除草剂 Basta 的活性成分)、草胺膦、双丙胺膦等。

(3) $AgNO_3$、AS、Kan、Carb、Cef 等物质不耐热，因此须在培养基冷却至 60 ℃左右时加入。

(4) 在油菜的遗传转化过程中，转化受体的基因型对转化率有较大的影响，应选择较易转化的油菜品种。

(5) 乙酰丁香酮浓度是影响农杆菌介导遗传转化的关键因素。共培养阶段需要 AS 的诱导，但高浓度的 AS 会对愈伤组织产生毒害作用，抑制愈伤组织的生长。

(6) 共培养时间的长短直接影响外源基因导入宿主细胞的效率。

【结果与分析】

(1) 油菜子叶遗传转化后，统计芽的诱导率、生根率和遗传转化率。

不定芽诱导率＝(生芽外植体数/培养外植体数)×100%。

不定根诱导率＝(生根外植体数/培养外植体数)×100%。

遗传转化率＝(转基因植株数/再生植株数)×100%。

(2) 观察油菜子叶时生长情况，请拍照并标注各个培养阶段。

【作业】

(1) 简述油菜遗传转化的操作过程(图 10-2)。

(2) 影响农杆菌转化效率的主要因素有哪些?

(3) 试论述油菜遗传转化的意义。

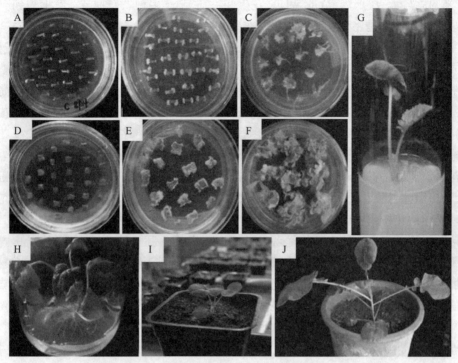

注：A. 侵染后共培养的下胚轴；B. 下胚轴愈伤组织诱导；C. 下胚轴再生芽诱导；
D. 共培养的子叶；E. 子叶诱导愈伤组织；F. 子叶再生芽诱导；G. 芽继代培养；
H. 再生芽诱导生根；I. 转基因植株的驯化；J. 转基因植株的移栽。

图 10-2　油菜的遗传转化过程
(引自石文慧，2017)

实验 3　花粉管通道法在玉米遗传转化中的应用

【实验目的】

(1) 熟悉玉米花粉管通道法的遗传转化原理。
(2) 了解影响花粉管通道法遗传转化的主要因素。
(3) 学会花粉管通道法在植物遗传转化中的操作过程。

【实验原理】

花粉管通道法（Pollen-tube pathway）是一种在分子水平上的转基因育种技术，相比传统育种自然选育的过程，该方法具有显著的优势，可定向导入外源基因，改良植物原本缺乏的抗性基因或优质基因，并通过与常规育种的结合，选育出符合育种目标需求的转基因作物新品种或新材料。花粉管通道法是我国周光宇教授在 1983 年首创的花粉管通道法植物转基因技术，成功将外源 DNA 导入棉花。至今，该方法已在中国的棉花、水稻、小麦、玉米、高粱、大豆、烟草、黄瓜、甜瓜、花生和番茄等 60 多种农作物与蔬菜上得到应用。

花粉管通道法是将外源 DNA 片段在作物授粉后的特定时期注入柱头或花柱,外源 DNA 沿着花粉管通道或传递组织通过珠心进入胚囊,转化不具备正常细胞壁的受精卵、合子或早期胚胎细胞。活跃的 DNA 复制、分离和重组很容易将外源 DNA 的片段整合到受体基因组中,达到遗传转化的目的,所得到的转化体将是有活力的种子。该方法简便有效,易于被常规育种工作者掌握,适合于大规模的农作物遗传转化。其缺点为:受花期限制;田间操作受环境的影响;具有随机性、遗传机制不明确;操作需要经验,对于小花农作物实施难度较大;避免了植物组织培养过程,转化速度较快,但效率较低(约 1‰左右)。

花粉管通道法将外源 DNA 导入玉米自交系中的转化方式有:柱头滴加法、花粉粒携带法、子房微注射法和开苞导入法等。花粉粒携带法是直接用供体 DNA 溶液或花粉匀浆处理受体的花粉或柱头的转化方法。子房微注射法是用微注射器将少量外源 DNA 溶液直接注射到子房。这种方法的优点为:外源 DNA 进入胚囊的距离短、受体子房内具有的外源 DNA 浓度更高、对注射时间要求比较宽泛和对子房较大花朵操作比较容易。柱头滴加法无论是在提升转化效率还是在减小对幼穗的伤害程度方面都有一定的优势。该方法的主要技术手段是选取自交授粉后 18~26 h 的玉米果穗,剪去距穗顶部 1 cm 以上的苞叶和花丝,将 DNA 滴在切口处,外源 DNA 经花粉进入时形成的通道进入幼胚,从而完成外源 DNA 导入过程。花粉管通道法用于改良玉米自交系的研究主要集中在抗虫、抗除草剂以及提高植株抗逆性上。在材料的选取方面,通常认为供体 DNA 片段的大小、DNA 的纯度和浓度、DNA 导入时期等都会成为影响外源基因导入的因素。

【仪器、用具及试剂】

(1) 仪器:摇床、冰箱、天平、离心机、显微镜、电击转化仪、PCR 仪、超净工作台、恒温培养箱、低温冷冻离心机、分光光度计和解剖镜等。

(2) 用具:移液枪、枪头、手术刀、酒精棉球、培养皿、三角瓶、滤纸、牛皮纸、牙签、离心管、硫酸纸袋和 1 mL 一次性无菌注射器等。

(3) 试剂:质粒载体、农杆菌菌株 EHA101、乙酰丁香酮、Silwet L - 77、乙醇、TE 缓冲液、TTC 溶液等。

【实验材料】

田间玉米。

【实验方法】

1) 提取质粒及农杆菌活化

质粒 DNA 的提取采用 SDS 碱裂解法,以 TE 缓冲液溶解提取质粒 DNA(质量浓度为 300~350 μg/mL,即导入液)。农杆菌菌株为 EHA101,筛选标记为 *bar* 基因。

2）选材

选取长势旺盛的玉米自交系,选取晴朗的天气,太阳下山后进行遗传转化。

3）花粉管通道法遗传转化方法

（1）DNA 柱头滴加法

在玉米刚刚要抽出花丝的时候,将雌穗套袋,待花丝抽出 10~15 cm 时,进行人工授粉,记录授粉时间,授粉一段时间（18 h）后剪去雌穗顶端多余的苞叶。从花丝顶端 2~3 cm 处剪齐,并将花丝装入薄膜袋中,用 1 mL 注射器将质粒 DNA 溶液（100 ng/μL）从袋口注入薄膜袋底部,并用手轻轻搓压袋子,赶走袋中的空气,使花丝完全浸润在 DNA 溶液中。操作在晴天的上午进行,操作后挂牌标记。同时以不含 DNA 的等量灭菌水按同样处理做对照。秋后以不同组合单穗为单位收获 T_0 代种子,并统计结实情况。

（2）花粉粒携带法

花粉活性检测:取少数花粉于载玻片上,加 1~2 滴 TTC 溶液,盖上盖玻片。将制片放置于 25~30 ℃恒温箱中 10 min,然后在低倍显微镜下观察,统计一个视野中的红色花粉数量及花粉总量,红色花粉与总花粉比值即为花粉活性比例。凡被染为红色的活力强,淡红的次之,无色者为没有活力的花粉或不育花粉。

取将要授粉的玉米自交系单株花粉,收集在培养皿中,用含质粒 DNA 的溶液喷洒在花粉上,处理不同时间后（10 min）,用混有外源 DNA 的花粉对该植株授粉、标记。秋后以不同组合单穗为单位收获 T_0 代种子,并统计结实情况。

（3）开苞叶导入法

选取自交授粉后一定时间的自交系果穗,在果穗外周均分 3 处,用消毒处理过的小刀纵向切开全部苞叶成 3 瓣,扒开苞叶,从花丝基部用细毛刷去掉全部花丝,在花丝断面处用毛笔尖涂抹供体 DNA 溶液（质粒 DNA 浓度为 100 ng/μL）,然后将苞叶复原,用橡皮筋捆紧,再套纸袋防虫。开苞叶导入法在授粉后 18 h 转化率最高。

（4）子房注射法

选择自交授粉后的自交系果穗,用微量注射器自柱头之间沿花柱道方向刺入子房约 3 mm 深,略微提出针头以留出适当空隙,注射 DNA 溶液。

4）授粉及种子筛选鉴定

以单穗为单位收获 T_0 代种子,对收到的种子进行拍照、记录。统计处理株数、结实株数及总结实数,总结实数与处理株数比值即为结实率。

将种子用蒸馏水浸泡 8~12 h,将 T_0 代种子种植于营养钵中进行萌发。待生长至三叶期,剪取嫩叶片,用荧光显微镜观察叶片细胞是否有绿色荧光。用棉签蘸取筛选剂溶液,避开主叶脉涂抹到叶片上,8~10 d 后统计抗性株数,计算转化率。转化率＝（抗性株/收获粒数）×100%。

5）分子鉴定

利用 CTAB 法提取 T_0 代玉米幼苗 DNA,PCR 扩增目的片段,鉴定是否转化成功。PCR 检测呈阳性的 T_1 代植株严格自交,收获种子。次年种植,对 T_1 代植株进行 PCR 检测,统计 PCR 阳性率。PCR 阳性率＝（PCR 阳性植株数/全部检测植株数）×100%。

【注意事项】

（1）田间授粉时，应提前一天套袋，并抖落雄穗上的花粉，保障花粉质量。取粉时间以上午 10 点到 12 点最佳，此时花粉量充足，花粉活性高。

（2）为了提高当代结实率，在操作时应注意掌握剪去柱头的时期。如果过早，花粉未到达子房，受精作用尚未开始，这时候剪去柱头就破坏了授精，影响结实，得不到种子；过晚则受精作用已经完成，细胞已经形成，花粉管通道已经关闭，外源 DNA 不能进入子房。

（3）不同的处理时间、不同的外源 DNA 浓度对花粉管通道法基因转化有很大的影响，各种植物自授粉到达受精经历的时间不同，处理时间也不一致。

（4）外源基因导入具有很大的随机性且染色体配对完全不同，因而在后代变异率上往往存在很大的差异，对田间选拔有一定的难度。应采取导入植株单株记录及单株扩种检验、繁殖来获得目的性状后代。

（5）在 DNA 纯化过程中，既要保持 DNA 片段的完整性，又要去除杂质 DNA 的干扰。注射时，既要保证子房能够获得足量的转基因溶液，也要充分注意尽量减轻对子房的机械伤害和渗透及膨胀的伤害，尽可能地提高转基因种子的转化效率。

（6）选择天气晴朗时进行转基因导入的操作。开花后 20～24 h 即开花次日，选择果枝和花位较好的子房作为转化对象。精确掌握受体植物的受精过程及时间规律，是花粉管通道法转化技术的关键。

（7）柱头滴加法的关键步骤是确定适宜的导入时间和导入 DNA 的浓度，利于外源 DNA 的进入和整合。

【结果与分析】

（1）统计处理株数、结实株数、总结实数和结实率。

（2）计算转化率，转化率＝（抗性株/收获粒数）×100％，PCR 阳性率＝（PCR 阳性植株数/全部检测植株数）×100％。

【作业】

（1）什么是花粉管通道法？花粉管通道法的机理是什么？

（2）影响花粉管道法转化的主要因素有哪些？

（3）请阐述玉米花粉管通道法遗传转化的主要方法。

实验4 基因枪法在小麦遗传转化中的应用

【实验目的】

(1) 了解基因枪遗传转化的主要因素。

(2) 掌握基因枪遗传转化的原理。

(3) 掌握基因枪法对小麦胚性愈伤组织遗传转化的过程。

【实验原理】

小麦是世界和我国最主要的粮食作物之一,在保障国家粮食安全中具有举足轻重的作用。利用基因工程技术直接将目标性状基因转入受体小麦进行品种改良,逐渐成为常规育种的一种有效补充途径。目前,对小麦进行定向改良的转基因技术主要包括基因枪法、农杆菌介导法和花粉管通道法。利用这些技术已经成功获得抗病、抗虫、抗逆、抗除草剂、品质改良及产量提高等小麦转基因植株,其中应用较多的是抗病和品质改良转基因植株。

基因枪转化法(particle gun),也叫微弹轰击法(mircroprojectile bombardment),其原理是借助高压气体或者高压放电的动力用包裹有外源目的基因载体的金属微粒(钨粒或金粒)对植物组织细胞进行轰击(一般可以穿透2~3层细胞),微粒穿过细胞壁、细胞膜使外源基因进入植物细胞中,并整合到植物染色体组织中,从而实现稳定遗传和表达。基因枪法广泛用于对农杆菌不敏感植物的遗传转化。与农杆菌介导法相比,基因枪法不受宿主限制,能转化任何植物,转化效率相对较高,操作简便,且可控度高;但基因枪法也存在缺点,如轰击的随机性导致转化效率不高、成本较高、易出现嵌合体、拷贝数高、易引起基因沉默等,且转移DNA分子量一般不高于10 kb(片段过大可能造成外源基因的断裂)。

1992年,瓦西尔(Vasil)等利用基因枪法获得了世界上第一株转基因小麦,之后基因枪法成为小麦遗传转化的主导方法,目前占68.8%。尽管小麦转基因研究取得了较好进展,但小麦转化效率还是很低,基因枪介导的小麦遗传转化仍处于优化完善阶段。小麦基因枪法遗传转化受体材料可以采用幼胚、胚性愈伤、悬浮细胞、盾片组织、成熟种子或茎尖组织等,但广泛使用幼胚为受体材料。在小麦遗传转化过程中,受体类型、培养条件、基因枪的轰击参数(如轰击距离、金粉用量、轰击压、微弹结合外源DNA的量、轰击次数与包裹DNA所用的沉淀剂)等均会影响遗传转化效率。

【仪器、用具及试剂】

(1) 仪器:PDS-1 000/He基因枪、超净工作台、高压蒸汽灭菌锅、冰箱、光照培养箱、摇床、蒸馏水器、微波炉、天平、磁力搅拌器、酸度计、空调、显微镜、烘箱和接种器械灭菌器等设备。

（2）用具：移液枪、枪头、烧杯、离心管、量筒、酒精灯、脱脂棉、镊子、手术刀、滤纸、金粉颗粒、可裂圆片、微粒子弹载体、阻挡网和各种培养器皿等。

（3）试剂：MS 培养基、2,4 - D、IAA、蔗糖、乙醇、卡那霉素、$CaCl_2$、亚精胺、水解酪蛋白、植物凝胶或琼脂、ZT、甘露醇等。

【实验材料】

大田小麦开花后 15 d 的麦穗。

【实验方法】

1）培养基配制

诱导培养基配方：MS 基本成分＋2 mg/L 2,4 - D＋30 g/L 蔗糖＋300 mg/L 水解酪蛋白＋植物凝胶 2.5 g/L，pH 5.8）；

高渗培养基配方：MS 基本成分＋2 mg/L 2,4 - D＋30 g/L 蔗糖＋300 mg/L 水解酪蛋白＋甘露醇 0.4 mol/L＋2.5 g/L 植物凝胶，pH 5.8；

筛选培养基配方：MS 基本成分＋2 mg/L 2,4 - D＋30 g/L 蔗糖＋50 mg/L 潮霉素＋300 mg/L 水解酪蛋白＋2.5 g/L 植物凝胶，pH 5.8；

分化培养基配方：MS 基本成分＋1.0 mg/L IAA＋2 mg/L ZT＋50 mg/L 潮霉素＋300 mg/L 水解酪蛋白＋30 g/L 蔗糖＋10 g/L 琼脂，pH 5.8；

生根培养基配方：1/2 MS 基本成分＋0.2 mg/L IAA＋30 g/L 蔗糖＋10 g/L 琼脂＋50 mg/L 潮霉素，pH 5.8。

2）愈伤组织的诱导

取大田小麦开花后 15 d 的麦穗，剥出幼嫩、未成熟的种子。用 70％的酒精溶液消毒 1 min，用灭菌水冲洗 3 次；再用 0.1％的氯化汞消毒 15 min，用灭菌水冲洗 4 次。在超净工作台上用解剖镊子剥取幼胚，幼胚的大小为 1.0～1.5 mm 比较好，盾片朝上接种在诱导培养基上，25 ℃、黑暗条件下培养 2 周。

3）受体材料的预处理

诱导培养 14 d 后将产生淡黄色的新鲜愈伤组织。选取生长状态良好、颗粒状的胚性愈伤组织为转化受体材料，轰击前进行渗透处理，在高渗培养基上培养 6 h。

4）基因枪轰击

（1）金粉-DNA 复合体的制备

称取 50 mg 金粉放入 1.5 mL 灭菌离心管中。加入 1 mL 无水乙醇，涡旋振荡 1～2 min，使金粉充分分散开，以 12 000 r/min 离心 1 min，弃上清。再加 1 mL 无水乙醇，重复此步操作 3 次后，将金粉悬浮于 1 mL 灭菌水中，再按上述步骤清洗金粉 3 次，最后将金粉悬于 1 mL 无菌蒸馏水中，现用或−20 ℃保存。吸取 50 μL 金粉悬浮液，加入 5 μg 质粒 DNA，振荡混匀，再依次加入 50 μL 2.5 mol/L $CaCl_2$ 和 20 μL 0.1 mol/L 亚精胺（现用现配），加每种试剂时都要混匀，振荡 3 min，以 12 000 r/min 离心 20 s，弃上清。以 250 μL 无水乙醇漂洗两次后，加入 120 μL 无水乙醇重悬。

（2）装弹

将基因枪放置在一个较大型的超净工作台上，以利于无菌操作。用 70% 的乙醇擦净真空室，用浸泡消毒法将可裂圆片、微粒子弹载体和阻挡网置于 70% 酒精溶液中消毒 15 min，然后用无菌滤纸吸干或吹干残余乙醇。打开电源开关、真空泵及氦气瓶阀。将可裂圆片装入固定盖，旋紧。取 6 μL 包被 DNA 金属颗粒的无水乙醇悬浮液（约含 0.25 μg 质粒 DNA 和 125 μg 的金粉）均匀地涂布于微粒子弹载体中心，立即在干燥器中干燥，或于工作台上吹干。将载有微粒子弹的载体和阻挡网装入微粒子弹发射装置中，阻挡网与轰击材料之间的距离为 5.5 cm。将欲转化的靶组织受体材料平铺在一个由液体培养基润湿过的 1~2 层滤纸或含固体培养基的 9 cm 的培养皿中心。

（3）轰击

用 Bio-Rad 公司生产的 PDS-1000/He 型基因枪对受体材料进行轰击。轰击材料集中置于培养皿（9 cm）中心不大于 3 cm 的范围内。

①抽真空：按 VAC 键，当真空度达到所需值 87 993~101 325 Pa 时，将 VAC 键转到 HOLD 位置。

②轰击：按 FIRE 键使氦气压力达到 1 100 psi，打一枪耗时约 12 s，再按 VENT 键取出样品，通常每皿轰击两次（6 cm 和 9 cm 各一次，若单次用 6 cm 为好）。

③豫麦 18 的参数：金粉/DNA 为 42/0.21，诱导培养时间 10~15 d，轰击前高渗处理 6 h，轰击后处理 18 h。

轰击后的愈伤组织继续在高渗培养基上 25℃暗培养 18 h。

5）过渡培养

将上述愈伤组织转入愈伤组织诱导培养基上，进行过渡培养 2 周，25℃黑暗或弱光培养。该培养基中添加潮霉素等筛选剂，以利于受轰击细胞的恢复及充分表达外源基因。

6）转化体的筛选和再生

愈伤组织过渡培养 2 周后，转移到附加有潮霉素的筛选培养基中进行筛选培养 14 d。筛选后的愈伤组织再转移到附加潮霉素的分化筛选培养基上进行筛选培养 14 d，光照强度为 3 000 lx，23℃条件下每天光照 16 h。待分化出的芽长至 2~3 cm 高时，再转移到附加有潮霉素的生根培养基中进行生根培养 2~3 周，然后壮苗培养并移栽。

【注意事项】

（1）受体材料的生长状态是影响基因枪转化的关键因子。不管采用什么外植体作为轰击对象，首先受体材料必须生长健壮，且应避免病虫害侵染，否则会影响供体组织的生理状况和转化时的材料的再生能力。

（2）基因枪轰击前后植物受体的生理因素对转化率有一定影响。若轰击前生理活性高，轰击时细胞损伤低，轰击后机械损伤恢复快都有助于提高转化效率。而轰击前后的培养条件也是影响受体生理因素的关键。

（3）轰击前对受体进行预培养可提高受体的生理活性以利于外源基因的接受。预培养结束后可用一定浓度的山梨醇和甘露醇对受体材料进行渗透处理,这种做法可以让细胞发生质壁分离,以减少轰击后细胞质外漏带来的细胞损伤从而提高转化效率。轰击后的继续高渗处理、延迟筛选都可以提高基因枪法的转化频率,因为轰击对材料造成机械损伤轰击后需要一段时间的损伤修复。

（4）金粉和钨粉是基因枪转化中最普遍采用的金属颗粒,钨粉比较便宜,但与DNA结合时间过长会催化性降解DNA,并对某些类型的细胞有毒害作用。而金粉不会引起DNA降解,对细胞也无毒害。金粉比钨粉的形状更均匀,对靶细胞的损伤更小,转化效果也更好。但金粉在水溶液中趋向于不可逆的结块,应现配现用。通常金属颗粒的大小也对转化的效率有影响,其直径一般在 $1~\mu m$ 左右。

（5）金属微粒所包裹的DNA的纯度和浓度对转化效率有很大的影响。通常纯度越高,转化效率越高;浓度越高,转化效果也越好。浓度过高会造成微弹凝结,轰击时不易导入细胞并对细胞造成损伤,即使穿入细胞也有可能导致受体细胞转入基因的拷贝数增加,造成基因沉默现象,从而降低转化效率;浓度过低,导致被轰击的靶细胞获得外源DNA的概率减少,也会影响转化效率。因此,过高或过低的浓度均不利于提高转化效率,选择纯度高、浓度适宜的DNA对提高转化效率至关重要。普遍使用的DNA浓度为 $1~\mu g/\mu L$。

（6）DNA沉淀剂是制备微弹时的必须试剂,其作用是将DNA附着在金属微粒表面,其浓度也影响着转化效率,常用的沉淀剂有 $CaCl_2$、亚精胺等。

（7）在基因枪法的转化参数中,除可裂膜压力、射入密度和轰击次数外,轰击距离对转化效果也具有影响。轰击距离过小,DNA金弹对受体细胞破坏较大,而且强大气流会使愈伤组织飞溅;轰击距离过大,射入强度减少,使DNA金弹不易进入细胞,且中靶概率小。射击参数一般为:微弹载体飞行距离 10 mm;微弹飞行距离 7 cm;压力 1 350 psi;真空度 25 inches Hg。

（8）增加轰击次数并不能提高转化率,可能是由于在其他参数不变的情况下增加轰击次数,增大了幼胚或愈伤组织的损伤,从而降低了愈伤组织的诱导率。

【结果与分析】

（1）得到实验结果后,统计成苗率和遗传转化率。

（2）观察与分析转基因小麦和非转基因小麦之间的形态差异。

【作业】

（1）影响基因枪遗传转化的主要因素有哪些?

（2）简述小麦基因枪法遗传转化的过程。

实验5 转基因植株的 DNA 提取

【实验目的】

通过采用改进的 SDS 法提取植物叶片基因组 DNA,使学生学习和掌握从植物组织中提取 DNA 的方法和原理。

【实验原理】

利用植物组织培养技术获得转基因植株后,鉴定再生植株是否携带外源基因是必不可少的环节,大多采用分子检测手段,而提取一定数量及高质量的 DNA 样品是分子鉴定(如 PCR 扩增或分子杂交)的前提。研究发现并使用的 DNA 提取方法较多,其中最为广泛应用的植物 DNA 提取方法为 CTAB 法和 SDS 法。在 DNA 的提取过程中,有机溶剂的抽提效果及裂解液的裂解效果都是影响有机物质去除的先决条件,不同的有机溶剂和裂解液对不同种类的植物 DNA 提取作用也有所差异。所以有很多植物比较适合使用SDS 提取法。SDS(十二烷基硫酸钠)是一种阴离子去污剂,在较高温度下(55~65℃)能够裂解细胞,破坏蛋白质和 DNA 的结合,使 DNA 释放出来。使用酚和氯仿等有机溶剂抽提蛋白质、脂质和糖类等,使用 RNase A 消化去除 RNA,并且用乙醇或异丙醇来沉淀DNA,达到分离 DNA 的目的。在提取过程中,若操控不当,基因组 DNA 会发生机械断裂,产生大小不同的片段,因此分离基因组 DNA 时应尽量在温和的条件下操作,如尽量减少酚以及氯仿抽提、混匀过程要轻缓等,以保证得到较完整的基因组 DNA。该提取法是一种快速、成本低、简便有效的基因组 DNA 小量提取法。此外,如果将 PVP 添加到裂解液中,可以大大减少实验操作步骤。

提取植物 DNA 后需要做 DNA 浓度测定和纯度分析,其主要方法为:①定磷法,即对样品中核酸(DNA 和 RNA)含量的准确定量。将样品中的核酸用强酸(硫酸或高氯酸)消化成无机磷,然后用定磷试剂对生成的无机磷酸进行滴定。定磷试剂是酸性钼酸铵溶液,钼酸铵能与无机磷酸定量结合成磷钼酸络合物,该络合物能被抗坏血酸等还原剂还原成蓝色的钼蓝,在 660 nm 处有最大光吸收。②紫外光吸收法:核酸及其衍生物的紫外吸收高峰在 260 nm。1 $\mu g/mL$ 的 DNA 溶液 $A_{260} = 0.020$,1 $\mu g/mL$ 的 RNA 溶液或单链DNA 的 $A_{260} = 0.022 \sim 0.024$。1 个 A_{260} 相当于 50 $\mu g/mL$ 的 DNA 或 40 $\mu g/mL$ 的RNA。蛋白质的最大吸收峰在 280 nm,多糖的最大吸收峰在 230 nm。纯的 DNA 的A_{260}/A_{280} 在 1.8 左右,纯的 RNA 的 A_{260}/A_{280} 在 2.0 左右,高于 1.8 则可能有 RNA 污染或降解现象,低于 1.8 可能存在蛋白质污染,便可分析 DNA 的纯度和浓度。

【仪器、用具及试剂】

(1) 仪器:台式高速离心机、恒温水浴锅、紫外分光光度计、天平、液氮罐、电泳仪、电泳槽、凝胶成像系统和制冰机等。

（2）用具：陶瓷研钵、1.5 mL 离心管、移液枪、无菌枪头、无菌牙签和吸水纸等。

（3）试剂：液氮、β-巯基乙醇、酒精溶液、氯化钠、酚、氯仿、异戊醇、异丙醇、EDTA、SDS、TE、PVP、溴化乙啶、琼脂糖、醋酸钾、DNA Marker 和 Tris-HCl 等。

【实验材料】

转基因植株的幼嫩叶片。

【实验方法】

1）实验试剂的准备

DNA 提取洗涤液 100 mmol/L Tris - HCl(pH 8.0)、3％可溶性 PVP、20 mmol/L β-巯基乙醇、20 mmol/L EDTA(pH 8.0)、100 mmol/L DNA 裂解液、Tris-HCl(pH 8.0)、20 mmol/L EDTA(pH 8.0)、500 mmol/L NaCl、1.5％SDS、酚/氯仿/异戊醇（$V_{酚}$：$V_{氯仿}$：$V_{异戊醇}$＝25：24：1）、5 mol/L 酸醋钾、无水乙醇、异丙醇、70％酒精溶液、含 5 g/mL RNase 的 TE 缓冲液。

2）DNA 提取步骤

（1）取 100 mg 的植物叶片，置于研钵中，加入适量液氮，用研棒磨成粉末（越细越好）。

（2）将粉末移入 1.5 mL 离心管，加入 DNA 提取洗涤液 1.5 mL，轻轻颠倒混匀。

（3）8 000 r/min 离心 10 min，弃上清，加入洗涤液 1 mL，混匀，8 000 r/min 离心 10 min，弃上清，共洗涤 2 遍。

（4）加入预热的 DNA 裂解液 500 μL，用牙签轻轻搅拌均匀，置于 65 ℃水浴 30 min。

（5）水浴后立即加入苯酚/氯仿/异戊醇 500 μL，颠倒数次，这时溶液变为乳白色，10 000 r/min 离心 5 min，取上清液至新的 1.5 mL 离心管中。

（6）加入 55 μL 醋酸钾，颠倒混匀，10 000 r/min 离心 10 min，取上层清液转移至新的 1.5 mL 离心管中。

（7）加入异丙醇 300 μL，室温 30 min 或－20 ℃放置 2 h，12 000 r/min 离心 10 min，弃上清，取沉淀，加入 500 μL 70％酒精溶液，室温放置 2 min，12 000 r/min 离心 5 min，弃上清，取沉淀。

（8）加入 30 μL 含 5 g/mL RNase 的 TE 缓冲液，37 ℃水浴放置 1 h，最后放至－4 ℃冰箱备用。

（9）离心 30 s 后，取 10 μL 加入 0.8％琼脂糖凝胶中进行电泳鉴定或通过吸光度检测。

3）紫外分光光度计检测 DNA 纯度和浓度

取 10 μL DNA 样液稀释至 300 μL，用紫外分光光度计分别测定其在 260 nm、280 nm 波长处的吸光值，根据公式计算：

DNA 浓度＝OD_{260}/OD_{280}；

DNA 浓度＝$OD_{260}×50\ \mu g/mL×$稀释倍数（30 倍）；

DNA 产率＝$OD_{260} \times 50\ \mu g/mL \times$ 稀释倍数(30 倍)×样品总体积(μL)/提取材料(g)。

4）琼脂糖凝胶电泳检测 DNA 分子量大小

琼脂糖凝胶电泳是重组 DNA 研究中常用的技术,可用于分离、鉴定和纯化 DNA 片段。不同大小、不同形状和不同构象的 DNA 分子在相同的电泳条件下(如凝胶浓度、电流、电压和缓冲液等)有不同的迁移率,所以可通过电泳使其分离。凝胶中的 DNA 可与荧光染料溴化乙啶(EB)或其他染料结合,在紫外灯下可看到荧光条带,分析实验结果。操作步骤如下:

(1) 水平放置凝胶成形模具,插上梳子。

(2) 称取 0.6 g 琼脂糖放入 250 mL 的三角瓶中,加入 50 mL 0.5×TBE 缓冲液,摇匀后将三角瓶置于微波炉中,加热煮沸,直至琼脂糖完全溶解。

(3) 关闭微波炉,取出三角瓶,将其置于室温下冷却至 70 ℃左右(手握三角瓶可以耐受),再加入 3 μL 荧光染料,混匀后即将凝胶溶液倒入胶版铺板。

(4) 室温下,待凝胶完全凝固(需时 30~60 min),轻轻拔出梳子,将胶版放入电泳槽中。

(5) 向电泳槽中加入 0.5×TBE 缓冲液,以高出凝胶表面 2 mm 为宜。

(6) 吸取经溴酚蓝染色的样品,加入点样孔中。

(7) 接通电源,调节电压至 100 V,待溴酚蓝条带距凝胶前端 2 cm 时关闭电源。将凝胶板取出,在紫外灯下观察结果,记录数据并拍照。

【注意事项】

(1) 注意移液枪的使用规范,以免移液枪被药品溶液污染。

(2) 注意荧光染料的安全使用,不能随意丢弃含有荧光染料的胶块。

(3) 使用液氮时,不要接触到皮肤,以免冻伤。

(4) 叶片应充分研磨,磨得越细越好。

(5) 由于植物细胞中含有大量的 DNA 酶,因此,除在抽提液中加入 EDTA 抑制酶的活性外,操作应迅速,以免组织解冻,导致细胞裂解,释放出 DNA 酶,使 DNA 降解。

(6) 不同植物次生代谢产物如糖类、酚类、酯类的种类和含量差异较大,可采用适宜的 DNA 提取优化方法。

【结果与分析】

(1) 根据计算公式,计算出 DNA 浓度和产率。

(2) 根据电泳条带,判断目的基因片段的大小。

【作业】

(1) 简述 DNA 提取的具体操作过程。

(2) 分析 DNA 提取时需要注意哪些事项?

(3) 简述琼脂糖电泳检测 DNA 片段的具体操作过程。

实验 6　转基因植株的 PCR 分子鉴定

【实验目的】

(1) 了解 PCR 鉴定转基因植株的原理。
(2) 掌握 PCR 技术的具体操作过程。

【实验原理】

近年来,转基因植物检测技术日趋成熟,多方面的检测方法分别从 DNA、RNA、蛋白质对转基因植株进行分子检测,即可从外源基因整合的方面及外源基因表达的方面检测出是否为转基因植株。

针对外源基因整合的检测方法主要是 PCR 检测(聚合酶链式反应)。PCR 由米勒斯(Mulhs)等于 1985 年发明,1988 年耐热 DNA 聚合酶的发现使 PCR 走向实用阶段。

PCR 反应的成分是模板 DNA、引物、4 种脱氧核苷酸(dNTPs)、DNA 聚合酶和适宜的缓冲液等,该反应体系在 PCR 仪中通过变性、复性、延伸多次循环扩增特异 DNA 片段。PCR 的特异性是由人工合成的一对寡核苷酸引物决定的。根据外源基因序列设计出一对引物,通过 PCR 反应便可特异性地扩增出目的基因片段。反应过程包括:第一个阶段是在 93~94 ℃高温条件下将 DNA 模板变性,即模板变性解链;第二个阶段是退火,即人工合成的上、下游引物与模板 DNA 链 3′端经降温至 55 ℃退火;第三个阶段是延伸,即在 4 种脱氧核苷酸(dNTPs)同时存在的情况下,借助 Taq DNA 聚合酶的作用,引物链将沿着 5′—3′方向延伸与模板互补的新链。此次循环过后,合成的新链可将其作为 DNA 模板继续反应,由此循环进行,扩增产物增加。

PCR 反应的原理简单,对技术和设备的要求不高,成本较低,可以保持所检测的目的基因的完整性。但是该方法的反应条件对 PCR 结果具有很大的影响,如退火温度的确定、延伸时间的长短以及循环数等。因此,不同的反应体系应该确定适当的反应条件。此外,PCR 检测易出现假阳性,故只能做初步检测,需进一步做分子杂交验证阳性植株。

【仪器、用具及试剂】

(1) 仪器:台式高速离心机、恒温水浴锅、PCR 仪、凝胶成像系统、电泳仪、电泳槽、制冰机等。
(2) 用具:PCR 管、1.5 mL 离心管、移液枪、无菌枪头、冰盒等。
(3) 试剂:Taq DNA 聚合酶、buffer、dNTPs、引物、ddH$_2$O、DNA 模板等。

【实验材料】

从转基因植株中提取的 DNA。

【实验方法】

1）引物设计与合成

Bar 1 *Bar*：TCTGCACCATCGTCAACCACT；Bar2 *Bar*：CTGCCAGAAACCCACGT-CAT。大小 456 bp，退火温度 58 ℃，由上海生工提供。

2）实验步骤

25 μL 反应体系：取 1 μL（约 100 ng）DNA 作为 PCR 模板，2.5 μL 10×EASy Taq PCR Buffer，2 μL 1.25 mmol/L dNTPs，10 μmol/L 正向和反向引物各 0.5 μL，0.5 μL EASy Taq DNA polymerASe（5 U/μL），加 ddH$_2$O 至体系为 25 μL；20 μL 反应体系：取 1 μL（约 100 ng）DNA 作为 PCR 模板，10 μL Taq PCR Mix，10 μmol/L 正向和反向引物各 0.5 μL，加 ddH$_2$O 至体系为 20 μL。

PCR 反应程序依据扩增基因的不同，其循环温度及时间有所差异。一般程序为：95 ℃，5 min；94 ℃，30 s；58 ℃，30 s；72 ℃，30～50 s 之间，35 个循环；72 ℃延伸，10 min；10 ℃，10 min。

3）琼脂糖凝胶电泳

PCR 反应结束后，取 10 μL PCR 产物，电泳 30～50 min，于凝胶成像系统上观察拍照（图 10-3）。

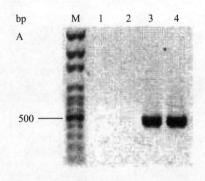

注：M：Marker；1. H$_2$O；2. 未转化植株；3. 转基因植株；4. 阳性对照。

图 10-3　转基因植株 PCR 电泳检测结果

【注意事项】

（1）进行 PCR 操作时，应佩戴一次性手套，若不小心溅上反应液，应立即更换手套，以免样品间的交叉污染。

（2）操作多份样品时，制备反应混合液。先将 dNTP、缓冲液、引物和酶混合好，然后分装，这样既可以减少操作，避免污染，又可以增加反应的精确度。最后加入反应模板，加入后盖紧 PCR 管。

（3）Taq DNA 聚合酶应最后加入反应体系中，酶极易失活，应在冰盒中存放及操作，用完后及时放回冰箱。

（4）引物浓度不宜过高（一般浓度为 10 μmol/L），否则容易形成引物二聚体，同时还可能会导致非特异性产物的扩增。

（5）操作时设立阴阳性对照和空白对照，即可验证 PCR 反应的可靠性，又可以协助判断扩增系统的可信性。

【结果与分析】

实验结束后，请分析转基因植株的目的片段大小，记录 PCR 凝胶电泳图片。

【作业】

（1）简述 PCR 技术的原理。

（2）PCR 反应体系包括哪些成分？

（3）PCR 反应过程包括哪些阶段？每个阶段有什么作用？

（4）用于转基因植株的分子检测方法主要有哪些？

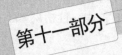

植物组培快繁技术在农业生产中的应用

实验 1　马铃薯脱毒种薯的生产

【实验目的】

（1）了解植物组培快繁技术在农业生产中的实际应用。

（2）学习马铃薯原原种和原种的生产和规范化种植。

（3）掌握马铃薯生产脱毒种薯的程序和方法。

【实验原理】

利用茎尖组织培养技术获得马铃薯脱毒苗,经病毒检测为脱毒苗后,经过大量扩繁可获得大量幼苗,以满足工厂化生产脱毒微型薯的需要。幼苗移栽至防虫温室中种植,在防止蚜虫传播病毒的保护条件下,生产出脱毒微型小薯即原种。按大小对脱毒微型薯进行等级分类,种植于隔离区(周围设置防护网),收获原种。再种植后便可收获到商品薯。为工厂化大规模种植提供马铃薯种薯。其繁殖种薯的主要流程:茎尖剥离→组培苗→原原种→一级原种→二级原种→一级种薯→二级种薯→商品薯。采用该方法可以有效地解决马铃薯种薯退化问题,恢复马铃薯品质和产量。

【仪器、用具及试剂】

（1）仪器:超净工作台、高压蒸汽灭菌锅、冰箱、光照培养箱、摇床、蒸馏水器、微波炉、天平、磁力搅拌器、酸度计、空调、显微镜、烘箱、接种器械灭菌器、水浴锅和微型水泵等。

（2）用具:各种培养器皿、实验器皿、器械用具、防虫网、地膜、喷雾器、细胶管、喷壶、塑料桶、塑料盆等。

（3）试剂:MS、蔗糖、琼脂、NAA、6－BA、1%福尔马林、高锰酸钾和10%吡虫啉可湿性粉剂等。

（4）培养基：MS＋30 g/L 蔗糖＋8.25 g/L 琼脂＋0.1 mg/L NAA＋0.5 g/L 6 - BA，pH 5.8；或 MS＋1.0 mg/L 6 - BA＋0.05 mg/L NAA＋30 g/L 蔗糖＋7 g/L 琼脂，pH 5.8。

【实验场地】

防虫网室或温室、符合要求的田地、贮藏室。

【实验材料】

已培育的脱毒苗。

【实验方法】

1）无毒苗的扩大繁殖

（1）实验准备

脱毒苗选用第八部分实验 2 中获得的脱毒苗。诱导培养基 MS＋30 g/L 蔗糖＋8.25 g/L 琼脂＋0.1 mg/L NAA＋0.5 g/L 6 - BA，pH 5.8；或 MS＋1.0 mg/L 6 - BA＋0.05 mg/L NAA＋30 g/L 蔗糖＋7 g/L 琼脂，pH 5.8。根据无毒苗的扩大量配制培养基的用量，将其分装于培养瓶内，封口后置于高压蒸汽灭菌锅内。灭菌后，备用。

接种前，打开超净工作台的紫外线灯照射 30 min，充分杀菌。实验人员清洗双手，更换实验服，戴口罩和鞋套。用 75％乙醇溶液擦拭接种的超净工作台台面，用 75％乙醇溶液喷壶消毒培养瓶和装脱毒苗的培养瓶后，转入超净工作台台面。双手用酒精棉球消毒后，将镊子、剪刀放于酒精灯火焰上灼烧灭菌，冷却后备用。

（2）接种与扩繁

接种前打开脱毒苗的瓶口，用镊子取出脱毒苗，将其置于无菌接种盘上。用剪刀剪取 1～2 cm 长度的茎段（最好带 1～2 片叶），放在无菌滤纸上备用。用镊子将带叶片的幼嫩茎段插入上述已制备的无菌培养基中。每瓶插 15～20 个茎段。接种完毕后盖上无菌培养瓶的瓶盖，封口，标记日期、名称。

将接种好的茎段置于温度为 18～25℃、光照时间为 14～16 h/d、光照强度为 2 000～3 000 lx 的培养条件下。培养 30 d，待小苗长至 10 cm 左右时进行扩大繁殖。苗龄 20～25 d，苗高 7～10 cm、茎粗 0.6～0.8 mm、叶 5～8 片，生根后，将其移栽入防虫网室或防虫温室内。

2）原原种生产

（1）苗床准备

原原种（微型薯）需要种植于防虫温室中，温室的排风口需要用防虫网覆盖上。在温室内用红砖铺砌苗床（宽度为 2 m，长为 7～8 m，深为 15 cm），覆一层地膜，再铺一层网纱。以混匀的蛭石和蚯蚓粪为基质，将配制好的基质倒入苗床中，用水浇透。用木板将基质刮平、铺平，在基质表层每亩苗床撒施氮、磷、钾复合肥 500 g，浅耙，与基质混合均匀，应保证基质疏松，基质厚度为 10 cm。

（2）苗床消毒

移栽前用 1‰福尔马林和高锰酸钾混合溶液进行苗床消毒,密封熏蒸 2 d。喷施 10％的吡虫啉可湿性粉剂,消灭网室中的传毒媒介害虫。充分消毒 7 d 后,苗床便可用于移栽脱毒苗。

（3）脱毒苗的移栽

将脱毒苗的培养瓶转入防虫温室内,整齐摆放。温室内炼苗温度为 20～25 ℃、湿度保持在 80％～90％,适当遮阳。3 d 后打开瓶盖炼苗,每天喷水 1 次,4 d 后脱毒苗变绿。

将炼苗后的脱毒苗取出,放入装有清水的塑料盆中,冲洗脱毒苗根部的固体培养基,应注意避免损伤脱毒苗根部。将脱毒苗栽植于打孔的苗床。移栽间距为株距 5 cm、行距 12 cm,密度为 167 株/m²。栽植时,注意压实根部附近的基质,浇透定根水。每行移栽后应及时加盖塑料薄膜,注意保湿保温,空气湿度保持在 85％左右,3 d 后略喷点水,以免脱水萎蔫,提高移栽成活率。1 周后,可考虑揭膜。

（4）田间管理

苗期盖膜的苗床 3～4 d 浇水 1 次;不盖膜的苗床每日浇水 1 次,具体应视苗床干湿情况决定是否浇水,即用手伸入基质中掌握干湿程度,应注意避免水分过多引起烂苗。现蕾期、开花至成熟期,保持基质湿润即可。移栽生根后注意通风降温,以 20 ℃左右为宜,最低不低于 15 ℃。夏季气温高时,同时用遮光率为 70％的遮光网遮挡幼苗至成活,15 d 后揭开遮光网,尽量满足马铃薯生长所需要的光照。

脱毒苗达到 3～5 cm 时开始压苗,压苗前刨沟起垄。脱毒苗长到 10 cm 左右时,用基质填满上次所刨的沟,进行培土,培土高度为每次一个茎节。培土可以增加匍匐茎的生成,提高微型薯的结薯率。

用 N、P、K 三元复合肥加减尿素、磷酸钙和硫酸钾配制成一定浓度的营养液,按照不同生育时期的不同营养液配方,适时适量浇施。同时,观察植株的营养生长情况。马铃薯苗生长较差时,可加大营养液的施用量和施用次数,并辅以根外追肥;植株营养生长过剩时,应减少营养液的施用量和施用次数。在前期加施氮肥可以促进营养生长,培育壮苗,减少病害的发生,后期加施钾肥以满足结薯期的生长需要。

应注意病虫害的防治,发现病株应及时拔除。拔除后,及时喷施 58％甲霜·锰锌 500～800 倍液防治,每 7 d 喷 1 次,连续喷 2～3 次。

（5）采收

植株开始褪绿变黄时,停止营养和水分的供应。茎叶全部枯萎后,采收微型种薯。收获前 1 周,清理上部的茎、叶,及时运往温室外。收获时,应避免微型薯机械损伤。收获后,将微型薯置于阴凉处晾干表皮水分,剔除个别病烂薯和不够级别的薯块。根据不同品种进行分级,5 g 以上为特级、3～5 g 为一级、2～3 g 为二级、1～2 g 为三级,将分级后的原原种用通风透气性好的尼龙袋小量包装(5～7.5 kg),按大小分级装袋。贮藏期间室内的温度和湿度应分别控制在 2～4 ℃和 80％～90％,并保持良好的通风换气条件。贮藏期间,适量翻拣 1～2 次,确保原原种品质。在防止蚜虫传播病毒的保护条件下,生产出无病毒和其他病菌的脱毒微型薯(即原原种)。

3) 种薯生产

(1) 选地整地

选择海拔为 2 100 m 以上气候冷凉、通风良好、排灌方便、土层深厚、土壤结构疏松、中性或微酸性的沙壤土地块。前茬收获后,及时耕翻晒垡,耕作深度为 25~30 cm。开沟起垄整地。周边应建立起隔离区或隔离带,以防止病虫害传播。

(2) 种薯准备

选择有产地检疫合格证的表皮光滑、薯型较好、芽眼浅、无病菌、无虫卵的健康适龄整薯(质量应符合 GB 18133 和 GB 4406 标准要求)。长出腋芽后整薯播种。

(3) 种薯播种

降雨少的干旱地区宜平作,降雨较多或有灌溉条件的地区宜垄作。播种季节地温较低或气候干燥时,宜采用地膜覆盖,地温低而含水量高的地块宜浅播,播种深度约为 5 cm;地温高而干燥的地块宜深播,播种深度约 10 cm。温度为 7~22 ℃时适宜播种种薯,采用合理播种模式(人工或机械播种)。一级原种田种植密度为 6 000~8 000 株/亩,二级原种和一级、二级种薯的种植密度为 4 000~5 500 株/亩。肥地宜稀,瘦地宜密。测土配方施肥,一般肥力地块为每亩施腐熟厩肥 2 000~2 500 kg,N、P、K 三元复合肥 80~100 kg,集中施肥。

(4) 田间管理

齐苗后,中耕除草及浅培土。现蕾期,中耕深培土(培成 25 cm 以上高垄)。苗弱时,封垄前,每亩穴施尿素 10~15 kg。整个生育期,土壤水分湿度控制在 60%~80%。块茎形成期,适量浇水。块茎膨大期,保持田间土壤湿润。雨水多时,及时排灌。收获前 7~10 d,停止灌溉。整个生育期,检查并及时清除中心病株,将病株烧毁或远离深埋,做好病虫害防治。

(5) 适时收获

收获前 7 d,割掉地上部分的茎叶,及时运出田间。按种薯要求,适时选择晴天人工收获。收获种薯后,将其晾干并分级。采用编织袋定量包装(标签注明品种名称、数量、种薯级别和产地检疫证编号),及时入库贮藏。贮藏时,保持通风、凉爽、具有散射光,注意防冻。贮藏期间,翻拣 1~2 次烂薯。

【注意事项】

(1) 在选用扩繁的脱毒苗时,尽量挑选健壮的且继代次数较少的脱毒苗。每次继代转接扩大培养时,应做好标记。

(2) 在进行马铃薯原种和种薯的种植时,应注意防病虫害,以免再次被感染。

(3) 无论是原原种还是种薯,应避免机械损伤,收获后均需要妥善干燥处理,及时入库。

(4) 贮藏时,改善通风条件,确保凉爽,注意防潮、防冻。

【作业】

(1) 如何采用马铃薯的脱毒苗生产出种薯? 生产过程中有哪些注意事项?

(2) 请简述马铃薯种薯生产的标准及分级标准。

实验2　猕猴桃实生脱毒砧木苗的繁殖

【实验目的】

（1）了解植物组培快繁技术在猕猴桃砧木繁殖中的实际应用。

（2）熟悉组培苗炼苗、移栽的操作技能。

【实验原理】

猕猴桃俗称阳桃、山洋桃、毛桃等，属猕猴桃科猕猴桃属多年生藤本植物。猕猴桃果实质地柔软、风味独特、味道鲜美，是一种营养丰富的保健型水果，富含维生素 C、膳食纤维和多种矿物质元素。因此，猕猴桃具有较大的经济价值。

猕猴桃实生苗除实生播种方式繁殖及扦插生根繁殖外，其无性繁殖的主要途径是作为嫁接品种的砧木。实生苗可从种子发育而来，其出苗一致，生长比较旺盛，根系比较完整且发达，寿命也相对较长。种子来源比较简单廉价，但实际操作较为繁杂，而且猕猴桃为雌雄异株植物，其花虽然都是完全花，但是雄花的子房和柱头萎缩，雌花的花粉败育，因此其在生理上属于单性花。种子育苗除了周期长、难以分清雌雄株外，还存在难以保持其性状的问题，不利于猕猴桃规模化生产。基于以上原因，实生苗作为砧木进行繁育，仍然是我国育苗的最主要途径。但这一繁殖途径又存在着猕猴桃内生病毒的积累，因此迫切需要组织培养脱毒手段进行优化种质。

【仪器、用具及试剂】

（1）仪器：超净工作台、高压蒸汽灭菌锅、冰箱、光照培养箱、摇床、蒸馏水器、微波炉、天平、水浴锅、磁力搅拌器、酸度计、空调、显微镜、烘箱和接种器械灭菌器等设备。

（2）用具：各种培养器皿、防虫网、实验器皿和器械用具等。

（3）试剂：GA$_3$、2%次氯酸钠溶液、0.1%氯化汞、无菌水、MS、6 - BA、NAA、IBA 和多菌灵等。

【实验材料】

野生中华猕猴桃成熟的果实。

【实验方法】

1）实验材料

采集野生中华猕猴桃成熟的果实并剥离出种子，取其种子为外植体。用自来水冲洗干净果肉后，将其放于培养皿中自然阴干，最后放入纸袋中置 4 ℃冰箱保存，备用。将干燥的野生猕猴桃种子放于－20 ℃冰箱保存 24 h 并做好标记，将冷冻过的种子在室温（0～15 ℃）下处理 24 h。

将处理后的种子转移至烧杯，加蒸馏水 100 mL 在 50 ℃温水浴中浸泡 30 min，然后倒掉蒸馏水及漂浮在水面上的种子。用浓度为 35 mmoL/L 赤霉素（GA$_3$）处理，蒸馏水为对照，室温条件下浸泡 48 h。

2）外植体消毒

倒掉上述溶液，用蒸馏水冲洗 4～5 次，将其转到超净工作台（提前打开紫外灯杀菌 30 min）。加入 2％次氯酸钠溶液消毒 10 min，倒掉消毒液，用无菌蒸馏水清洗 2 次；或加 0.1％氯化汞消毒 8 min，倒掉消毒液，用无菌蒸馏水清洗 5 次。

将种子转接至培养皿中的双层滤纸上（将培养皿洗干净，晾干加双层滤纸后灭菌）。种子转接后，加无菌蒸馏水至没过滤纸即可，用封口膜封口。放入培养室，温度为 25±2 ℃，相对湿度为 50％，暗光条件下培养并观察。期间第 15 d 在超净工作台补加 1 次无菌蒸馏水。

3）初代培养

带芽子叶的野生猕猴桃无菌实生苗，剪取根部以上 1.5 cm 左右的部位，接到 MS＋1.0 mg/L 6 - BA＋0.1 mg/L NAA 培养基上。在温度为 25±2 ℃、相对湿度为 50％、光照强度为 2 000 lx、光照时间 12 h、黑暗时间 12 h 下培养。接种 9 管，每管接种 1 个外植体，观察和记录实生苗的生长情况。

4）继代增殖培养

选取长度为 0.8 cm 左右的再生芽，将其转移至芽增殖培养基（MS＋2.5 mg/L 6 - BA＋0.4 mg/L NAA＋0.2 mg/L GA$_3$）。培养 30 d 后，统计芽增殖率，增殖率＝（增殖后芽数/接种芽数）×100％。

5）生根培养

选取长 2～3 cm 的不定芽，接种至 1/2 MS＋0.4 mg/L IBA 培养基中。待苗高 6 cm 左右，有 4～5 个分支根时，就可以移栽至温室或防虫网室。

6）移栽

在培养室 25±2 ℃温度条件下，控制空气湿度在 80％以上，将培养瓶瓶盖拧松或将棉塞拔开，放置 2 d。直接敞口 1/3，放置 2 d；直接敞口 1/2，放置 2 d；完全敞口，放置 1 d。再将组培苗取出，清洗培养基，使用多菌灵喷洒在移栽基质中，进行移栽，适量浇水。移栽后在温室或防虫网室根部生长，观察苗的生长情况。2 d 后，浇少量的 MS 营养液（去除蔗糖和琼脂），期间做好浇水、除草管理。20 d 后统计成活率。

【注意事项】

（1）猕猴桃等种子发芽或者萌发需要低温刺激。

（2）在种子无菌萌发过程中,时间如果很长,必须要在超净工作台补充加一次无菌蒸馏水。

（3）在实生苗移栽到温室或防虫网室前,土壤或基质需要用多菌灵喷洒几次。

【结果与分析】

（1）观察和记录初代培养物的生长情况。

（2）统计芽苗的增殖率和移栽成活率。

【作业】

（1）猕猴桃种子为外植体材料,获得的苗木为什么病毒含量较低或者无病毒?

（2）阐述猕猴桃实生脱毒砧木苗的繁殖过程。

附录

附录 1　常用化合物分子式及相对分子质量

化合物名称		分子式	相对分子质量
大量元素	硝酸铵	NH_4NO_3	80.04
	硫酸铵	$(NH_4)_2SO_4$	132.15
	二水合氯化钙	$CaCl_2 \cdot 2H_2O$	147.02
	四水合硝酸钙	$Ca(NO_3)_2 \cdot 4H_2O$	236.16
	七水合硫酸镁	$MgSO_4 \cdot 7H_2O$	246.47
	氯化钾	KCl	74.55
	硝酸钾	KNO_3	101.11
	磷酸二氢钾	KH_2PO_4	136.09
	二水合磷酸二氢钠	$NaH_2PO_4 \cdot 2H_2O$	156.01
微量元素	硼酸	H_3BO_3	61.83
	六水合氯化钴	$CoCl_2 \cdot 6H_2O$	237.93
	五水合硫酸铜	$CuSO_4 \cdot 5H_2O$	249.68
	四水合硫酸锰	$MnSO_4 \cdot 4H_2O$	223.01
	碘化钾	KI	166.01
	二水合钼酸钠	$Na_2MoO_4 \cdot 2H_2O$	241.95
	七水合硫酸锌	$ZnSO_4 \cdot 7H_2O$	287.54
	二水合乙二胺四乙酸二钠	$Na_2 - EDTA \cdot 2H_2O$	372.25
	七水合硫酸亚铁	$FeSO_4 \cdot 7H_2O$	278.03
	乙二胺四乙酸铁钠	$FeNa \cdot EDTA$	367.07
糖类	果糖	$C_6H_{12}O_6$	180
	葡萄糖	$C_6H_{12}O_6$	180
	甘露醇	$C_6H_{14}O_6$	182.17
	山梨醇	$C_6H_{14}O_6$	182.17
	蔗糖	$C_{12}H_{22}O_{11}$	342.31

	化合物名称	分子式	相对分子质量
维生素及氨基酸	抗坏血酸(维生素 C)	$C_6H_8O_6$	176.12
	生物素(维生素 H)	$C_{10}H_{16}N_2O_3S$	244.31
	泛酸钙(维生素 B_5 之钙盐)	$(C_9H_{16}NO_5)_2Ca$	476.53
	维生素 B_{12}	$C_{63}H_{90}CoN_{14}O_{14}P$	1 355.37
	L-盐酸半胱氨酸	$C_3H_7NO_2S \cdot HCl$	157.63
	叶酸(维生素 Bc,维生素 M)	$C_{19}H_{19}N_7O_6$	441.4
	肌醇	$C_6H_{12}O_6$	180.16
	烟酸(维生素 B_3)	$C_6H_5NO_2$	123.11
	盐酸吡哆醇(维生素 B_6)	$C_8H_{11}NO_3 \cdot HCl$	205.64
	盐酸硫胺酸(维生素 B_1)	$C_{12}H_{17}ClN_4OS \cdot HCl$	337.29
	甘氨酸	$C_2H_5NO_2$	75.07
	L-谷氨酰胺	$C_5H_{10}N_2O_3$	146.15
生长素	p-PA(p-对氯苯氧乙酸)	$C_8H_7ClO_3$	186.59
	2,4-D(2,4-二氯苯氧乙酸)	$C_8H_6Cl_2O_3$	221.04
	IAA(吲哚-3-乙酸)	$C_{10}H_9NO_2$	175.18
	IBA(吲哚-3-丁酸)	$C_{12}H_{10}O_2$	203.23
	NAA(α-萘乙酸)	$C_{12}H_{10}O_2$	186.2
	NOA(β-萘氧乙酸)	$C_{12}H_{10}O_3$	202.2
细胞分裂素/嘌呤	Ad(腺嘌呤)	$C_5H_5N_5 \cdot 3H_2O$	189.13
	$AdSO_4$(硫酸腺嘌呤)	$(C_5H_5N_5)_2 \cdot H_2SO_4 \cdot 2H_2O$	404.37
	BA,BAP,6-BA (6-苄氨基腺嘌呤)	$C_{12}H_{11}N_5$	225.26
	2-iP(异戊烯基腺嘌呤)	$C_{10}H_{13}N_5$	203.25
	KT(激动素)	$C_{10}H_9N_5O$	215.21
	SD8339[6-(苄氨基)-9- (2-四氢吡喃)-H-嘌呤]	$C_{17}H_{19}N_5O$	309.4
	ZT(玉米素)(异戊烯腺嘌呤)	$C_{10}H_{13}N_5O$	219.25
	GA_3(赤霉素)	$C_{19}H_{22}O_6$	346.37
	其他化合物		
	脱落酸	$C_{15}H_{20}O_4$	264.31
	秋水仙素	$C_{22}H_{25}NO_6$	399.43
	间苯三酚	$C_6H_6O_3$	126.11

附录2　常用英文及词义

编号	缩写	英文名称	中文名称
1	A，Ad，Ade	adenine	腺嘌呤
2	ABA	abscisic acid	脱落酸
3	BA，BAP，6 - BA	6 - benzylaminopurine	6 -苄氨基腺嘌呤
4	p-CPOA	p-chlorophenoxyacetic acid	对 -氯苯氧乙酸
5	CCC	chlorocholine chloride	氯化氯胆碱(矮壮素)
6	CH	casein hydrolysate	水解酪蛋白
7	CM	coconut milk	椰子汁
8	2,4 - D	2,4 - dichlorophenoxyacetic acid	2,4 -二氯苯氧乙酸
9	2,4 - DB	2,4 - dichlorophenoxybutyric acid	2,4 -二氯苯氧丁酸
10	DNA	Deoxyribonucleic acid	脱氧核糖核酸
11	EDTA	ethylene diamine tetraacetic acid	乙二胺四乙酸
12	GA；GA$_3$	gibberellin；gibberellic acid	赤霉素
13	IAA	indole-3-acetic acid	吲哚乙酸
14	IBA	indole-3-butyric acid	吲哚丁酸
15	—in vitro		试管内,离体培养
16	—in vivo		活体内,整体培养
17	2 - ip；IPA	2 - isopentenyladenine 6 -$(\gamma,\gamma$ - dimethylallylamino)	异戊烯腺嘌呤 或二甲基丙烯嘌呤
18	KT；Kt；K	kinetin	激动素;动力精;糠基腺嘌呤
19	LH	lactalbumin hydrolysate	水解乳蛋白
20	lx	lux	勒克斯(照度单位)
21	m	meter(s)	米
22	mg	milligram(s)	毫克
23	min	minute(s)	分(钟)
24	mL	milliliter(s)	毫升
25	mm	millimeter(s)	毫米
26	mmol	millimole(s)	毫摩尔
27	mol. wt.	molecular weight	摩尔质量;相对分子质量

编号	缩写	英文名称	中文名称
28	NAA	α-aphthaleneacetic acid	萘乙酸
29	pH	hydrogen-ion concentration	酸碱度,氢离子浓度
30	ppm	part(s) permillion	百万分之一;毫克/升
31	PVP	polyvinyl pyrrolidone	聚乙烯吡咯烷酮
32	RNA	ribonucleic acid	核糖核酸
33	rpm(＝r/min)	rotation per minute	每分钟转速
34	s	second(s)	秒
35	Thidiazuron	N-phenyl-N'-1,2,3-thia-diazol-5-ylurea	苯基噻二唑基脲
36	2,4,5-T	2,4,5-trichlorophenoxy acetic acid	2,4,5-三氯苯氧乙酸
37	μm	micrometer(s)	微米
38	μmol	micromole(s)	微摩尔
39	YE	yeast extract	酵母提取物
40	ZT;Zt;Z	zeatin	玉米素
41	Ac	activatedcharcol	活性炭
42	As	acetosyringone	乙酰丁香酮
43	BAP	6-benzylaminopurine	6-苄氨基腺嘌呤
44	DMSO	dimethyl sulfoxide	二甲基亚砜
45	ELISA	enzyme linked immunosorbent assay	酶联免疫吸附法
46	FDA	fluorescein diacetate	荧光素双醋酸酯
47	ME	malt extract	麦芽浸出物
48	mol	mole	摩尔
49	PCV	packed cell volume	细胞密实体积
50	PEG	polyethylene glycol	聚乙二醇
51	PP_{333}	paclobutrazol	多效唑
52	TDZ	thidiazuron	噻苯隆
53	UV	Ultraviolet(light)	紫外光
54	TIBA	2,3,5-triiodobenzoic acid	三碘苯甲酸

附录3 常用市售酸碱浓度换算表

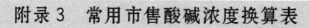

名称	分子式	分子量	比重	浓度/%	质量浓度/(g/L)	物质的量浓度/(mol/L)	配置1 mol/L吸(称)取量	主要性质
盐酸	HCl	36.47	1.18	37	425	12	83.3 mL	无色透明液体,强酸,强腐蚀性
硝酸	HNO_3	63.02	1.42	65~68	1 008	16	62.5 mL	无色透明液体,强酸,有腐蚀性
硫酸	H_2SO_4	98.08	1.84	98	1 766	18	55.5 mL	无色透明的黏稠液体,强酸,有腐蚀性
磷酸	H_3PO_4	98	1.71	85	1 145	14.7	68 mL	无色透明的黏稠液体,中强酸,腐蚀性
高氯酸	$HClO_4$	100.47	1.75	70	1 167	11.6	86.2 mL	无色液体,强酸,有腐蚀性
甲酸	$HCOOH$	46.02	1.22	90	1 080	23.7	42.2 mL	有刺激性气味的无色液体,强酸,强腐性
冰乙酸	CH_3COOH	60.05	1.05	99.5	1 045	17.4	57.5 mL	有刺激性气味的无色液体,有腐蚀性
乙酸	CH_3COOH	60.05	1.04	36	376	6.3	158.7 mL	无色透明液体,有酸味
硼酸	H_3BO_3	61.83	—	—	—	—	61.8 g	无色透明鳞片状结晶或白色粉末,弱酸性
三氯乙酸	CCl_3COOH	116.4	—	—	—	—	116.4 g	无色结晶,强腐蚀性
柠檬酸	$C_6H_8O_7 \cdot H_2O$	210.14	—	—	—	—	210.1 g	无色柱状或白色结晶
草酸	$C_2H_2O_4 \cdot 2H_2O$	126.08	—	—	—	—	126.1 g	无色或白色结晶,易溶于水
氨水	$NH_3 \cdot H_2O$	35.05	0.9	27	251	14.3	69.9 mL	无色液体,强碱性,有腐蚀性
氢氧化钠	$NaOH$	40	2.1	—	—	—	40 g	白色固体,强碱性
氢氧化钾	KOH	56.11	2	—	—	—	56.1 g	白色固体,强碱性
氢氧化钙	$Ca(OH)_2$	74.09	2.3	—	—	—	—	白色固体,微溶于水,碱性
氢氧化钡	$Ba(OH)_2$	171.35	4.5	—	—	—	171.3 g	白色固体,溶于水,碱性,有毒
碳酸钠	Na_2CO_3	105.99	2.5	—	—	—	106 g	白色粉末,溶于水,呈强碱性

附录4　常用基础培养基配方表

附表 4-1　MS 培养基(Murashige 和 Skoog,1962)　　　　pH=5.8

药品名称	浓度/(mg/L)	药品名称	浓度/(mg/L)	药品名称	浓度/(mg/L)
NH_4NO_3	1 650	$MnSO_4 \cdot 4H_2O$	22.3	甘氨酸	2
KNO_3	1 900	$ZnSO_4 \cdot 7H_2O$	8.6	烟酸	0.5
KH_2PO_4	170	H_3BO_3	6.2	盐酸吡哆醇	0.5
$MgSO_4 \cdot 7H_2O$	370	KI	0.83	盐酸硫胺素	0.1
$CaCl_2 \cdot 2H_2O$	440	$Na_2MoO_4 \cdot 2H_2O$	0.25	肌醇	100
$FeSO_4 \cdot 7H_2O$	27.8	$CuSO_4 \cdot 5H_2O$	0.025	蔗糖	30 000
Na_2-EDTA	37.3	$CoCl_2 \cdot 6H_2O$	0.025		

附表 4-2　B_5 培养基(Gamborg 等,1968)　　　　pH=5.5

药品名称	浓度/(mg/L)	药品名称	浓度/(mg/L)	药品名称	浓度/(mg/L)
$NaH_2PO_4 \cdot H_2O$	150	$MnSO_4 \cdot 4H_2O$	10	盐酸硫胺素	10
KNO_3	2 500	H_3BO_3	3	盐酸吡哆醇	1
$(NH_4)_2SO_4$	134	$ZnSO_4 \cdot 7H_2O$	2	烟酸	1
$MgSO_4 \cdot 7H_2O$	250	$Na_2MoO_4 \cdot 2H_2O$	0.25	肌醇	100
$CaCl_2 \cdot 2H_2O$	150	$CuSO_4 \cdot 5H_2O$	0.025	蔗糖	20 000
$FeSO_4 \cdot 7H_2O$	27.8	$CoCl_2 \cdot 6H_2O$	0.025	琼脂	10 000
Na_2-EDTA	37.3	KI	0.75		

附表 4-3　White 培养基(1963)　　　　pH=5.6

药品名称	浓度/(mg/L)	药品名称	浓度/(mg/L)	药品名称	浓度/(mg/L)
KNO_3	80	$NaH_2PO_4 \cdot H_2O$	16.5	甘氨酸	3
$Ca(NO_3)_2 \cdot 4H_2O$	300	$Fe_2(SO_4)_3$	2.5	烟酸	0.3
$MgSO_4 \cdot 7H_2O$	720	$MnSO_4 \cdot 4H_2O$	7	肌醇	100
Na_2SO_4	200	$ZnSO_4 \cdot 7H_2O$	3	蔗糖	20 000
KCl	65	H_3BO_3	1.5	琼脂	8 000
$CuSO_4 \cdot 5H_2O$	0.001	盐酸吡哆醇	0.1		
MoO_3	0.000 1	盐酸硫胺素	0.1		

附表 4-4　　Nitsch 培养基(1951)

pH＝6.0

药品名称	浓度/(mg/L)	药品名称	浓度/(mg/L)	药品名称	浓度/(mg/L)
$Ca(NO_3)_2 \cdot 4H_2O$	500	$ZnSO_4 \cdot 7H_2O$	0.05	蔗糖	20 000
KNO_3	125	H_3BO_3	0.5	琼脂	10 000
$MgSO_4 \cdot 7H_2O$	125	$CuSO_4 \cdot 5H_2O$	0.025		
KH_2PO_4	125	$Na_2MoO_4 \cdot 2H_2O$	0.025		
$MnSO_4 \cdot 4H_2O$	3	柠檬酸铁	10		

附表 4-5　　SH 培养基(Schenk 和 Hildebrandt,1972)

pH＝5.8

药品名称	浓度/(mg/L)	药品名称	浓度/(mg/L)	药品名称	浓度/(mg/L)
KNO_3	2 500	H_2BO_3	5.0	$CoCl_2 \cdot 6H_2O$	0.1
$CaCl_2 \cdot 2H_2O$	200	$MnSO_4 \cdot 4H_2O$	10	Na_2-EDTA	20
$MgSO_4 \cdot 7H_2O$	400	$ZnSO_4 \cdot 7H_2O$	10	$FeSO_4 \cdot 7H_2O$	15
$NH_4H_2PO_4$	300	$Na_2MoO_4 \cdot 2H_2O$	0.1	蔗糖	30 000
KI	1.0	$CuSO_4 \cdot 5H_2O$	0.2		

附表 4-6　　N_6 培养基(朱至清等,1975)

pH＝5.8

药品名称	浓度/(mg/L)	药品名称	浓度/(mg/L)	药品名称	浓度/(mg/L)
KNO_3	2 830	$ZnSO_4 \cdot 7H_2O$	1.5	盐酸硫胺素	1.0
$(NH_4)_2SO_4$	460	H_3BO_3	1.6	盐酸吡哆醇	0.5
$MgSO_4 \cdot 7H_2O$	185	Na_2-EDTA	37.3	烟酸	0.5
KH_2PO_4	400	$FeSO_4 \cdot 7H_2O$	27.8	蔗糖	50 000
$CaCl_2 \cdot 2H_2O$	166	KI	0.8	琼脂	8 000
$MnSO_4 \cdot 4H_2O$	4.4	甘氨酸	2.0		

附表 4-7　　Miller 培养基(1963)

pH＝5.8

药品名称	浓度/(mg/L)	药品名称	浓度/(mg/L)	药品名称	浓度/(mg/L)
KNO_3	1 000	$ZnSO_4 \cdot 7H_2O$	1.5	甘氨酸	2.0
NH_4NO_3	1 000	$NaFe \cdot EDTA$	32	盐酸硫胺素	0.1
KH_2PO_4	300	$MnSO_4 \cdot 4H_2O$	4.4	盐酸吡哆醇	0.1
KCl	65	KI	0.8	蔗糖	30 000
$Ca(NO_3)_2 \cdot 4H_2O$	347	H_3BO_3	1.6	琼脂	8 000
$MgSO_4 \cdot 7H_2O$	35	烟酸	0.5		

附表 4-8　Nitsch 培养基(1972)

药品名称	浓度/(mg/L)	药品名称	浓度/(mg/L)	药品名称	浓度/(mg/L)
KNO_3	950	H_3BO_3	10	甘氨酸	2
NH_4NO_3	720	$Na_2MoO_4 \cdot 2H_2O$	0.25	盐酸硫胺素	0.5
$CaCl_2 \cdot 2H_2O$	166	$CuSO_4 \cdot 5H_2O$	0.025	盐酸吡哆醇	0.5
$MgSO_4 \cdot 7H_2O$	185	Na_2-EDTA	37.75	叶酸	0.5
KH_2PO_4	68	$FeSO_4 \cdot 7H_2O$	27.85	生物素	0.05
$MnSO_4 \cdot 4H_2O$	25	肌醇	100	蔗糖	20 000
$ZnSO_4 \cdot 7H_2O$	10	烟酸	5	琼脂	8 000

附表 4-9　Heller 培养基(1953)

药品名称	浓度/(mg/L)	药品名称	浓度/(mg/L)	药品名称	浓度/(mg/L)
$CaCl_2 \cdot 2H_2O$	75	$NaH_2PO_4 \cdot H_2O$	125	$CoCl_2 \cdot 6H_2O$	0.03
$MgSO_4 \cdot 7H_2O$	250	KCl	750	$NiCl_2 \cdot 6H_2O$	0.03
$ZnSO_4 \cdot 7H_2O$	1.0	KI	0.01	$FeCl_3 \cdot 6H_2O$	1.0
$CuSO_4 \cdot 5H_2O$	0.03	H_3BO_3	1.0	蔗糖	20 000
$NaNO_3$	600	$MnSO_4 \cdot 4H_2O$	0.1		

附表 4-10　MT 培养基(Murashige 和 Tucher,1969)

药品名称	浓度/(mg/L)	药品名称	浓度/(mg/L)	药品名称	浓度/(mg/L)
KNO_3	1 650	H_3BO_3	6.2	烟酸	5
NH_4NO_3	1 900	KI	0.83	甘氨酸	2
$MgSO_4 \cdot 7H_2O$	370	Na_2-EDTA	37.3	盐酸硫胺素	10
KH_2PO_4	170	$FeSO_4 \cdot 7H_2O$	27.8	盐酸吡哆醇	10
$CaCl_2 \cdot 2H_2O$	440	$CuSO_4 \cdot 5H_2O$	0.025	蔗糖	30 000
$MnSO_4 \cdot 4H_2O$	22.3	$CoCl_2 \cdot 6H_2O$	0.025		
$ZnSO_4 \cdot 7H_2O$	8.6	肌醇	100		

附表 4-11　NT 培养基

药品名称	浓度/(mg/L)	药品名称	浓度/(mg/L)	药品名称	浓度/(mg/L)
NH_4NO_3	825	$MnSO_4 \cdot 4H_2O$	22.3	肌醇	100
KNO_3	950	$ZnSO_4 \cdot 7H_2O$	8.6	盐酸硫胺素	1

续表

药品名称	浓度/(mg/L)	药品名称	浓度/(mg/L)	药品名称	浓度/(mg/L)
$CaCl_2 \cdot 2H_2O$	220	KI	0.83	NAA	3
$MgSO_4 \cdot 7H_2O$	1 233	H_3BO_3	6.2	甘露醇	0.7 mol/L
KH_2PO_4	680	$Na_2MoO_4 \cdot 2H_2O$	0.25	蔗糖	10 000
Na_2-EDTA	37.3	$CuSO_4 \cdot 5H_2O$	0.025		
$FeSO_4 \cdot 7H_2O$	27.8	$CoSO_4 \cdot 7H_2O$	0.03		

附表 4-12　LS 培养基(Linsmaier 和 Skoog,1965)

药品名称	浓度/(mg/L)	药品名称	浓度/(mg/L)	药品名称	浓度/(mg/L)
NH_4NO_3	1 650	$FeSO_4 \cdot 7H_2O$	27.8	$CuSO_4 \cdot 5H_2O$	0.025
$Na_2MoO_4 \cdot 2H_2O$	0.25	$MnSO_4 \cdot 4H_2O$	22.8	$CoCl_2 \cdot 6H_2O$	0.025
KH_2PO_4	170	$ZnSO_4 \cdot 7H_2O$	8.6	盐酸硫胺素	0.4
$MgSO_4 \cdot 7H_2O$	370	H_3BO_3	6.2	肌醇	100
$CaCl_2 \cdot 2H_2O$	440	KI	0.83	蔗糖	30 000
Na_2-EDTA	37.3	KNO_3	1 900	琼脂	8 000

附表 4-13　KM8P 培养基　　　　　　　　　　pH＝5.6

药品名称	浓度/(mg/L)	药品名称	浓度/(mg/L)	药品名称	浓度/(mg/L)
KNO_3	1 900	葡萄糖	68 400	对氨基苯甲酸	0.02
NH_4NO_3	600	蔗糖	250	维生素 A	0.01
$CaCl_2 \cdot 2H_2O$	600	果糖	250	维生素 D_3	0.01
$MgSO_4 \cdot 7H_2O$	300	核糖	250	维生素 B_{12}	0.02
KH_2PO_4	170	木糖	250	柠檬酸	40
KCl	300	甘露醇	250	苹果酸	40
$MnSO_4 \cdot H_2O$	10.0	鼠李糖	250	廷胡索酸	40
KI	0.75	纤维二糖	250	丙酮酸钠	20
$CoCl_2 \cdot 6H_2O$	0.025	山梨醇	250	椰子乳	20
$ZnSO_4 \cdot 7H_2O$	2.0	抗坏血酸	2	酪蛋白氨基酸	250
$CuSO_4 \cdot 5H_2O$	0.025	氧化胆碱	1	肌醇	100
H_3BO_3	3.0	泛酸钙	1	烟酸	1
$Na_2MoO_4 \cdot 2H_2O$	0.25	叶酸	0.4	盐酸吡哆醇	1

药品名称	浓度/(mg/L)	药品名称	浓度/(mg/L)	药品名称	浓度/(mg/L)
Na$_2$-EDTA	37.3	核黄素	0.2	盐酸硫胺素	1.0
FeSO$_4$ · 7H$_2$O	27.8	生物素	0.01		

附表 4-14 H(Bourgig 和 Nitsch,1967) pH=5.5

药品名称	浓度/(mg/L)	药品名称	浓度/(mg/L)	药品名称	浓度/(mg/L)
KNO$_3$	950	H$_3$BO$_3$	10	甘氨酸	2
NH$_4$NO$_3$	720	Na$_2$MoO$_4$ · 2H$_2$O	0.25	盐酸硫胺素	0.5
MgSO$_4$ · 7H$_2$O	185	CuSO$_4$ · 5H$_2$O	0.025	盐酸吡哆醇	0.5
CaCl$_2$ · 2H$_2$O	166	FeSO$_4$ · 7H$_2$O	27.8	叶酸	0.5
KH$_2$PO$_4$	68	Na$_2$-EDTA	37.3	生物素	0.05
MnSO$_4$ · 4H$_2$O	25	肌醇	100	蔗糖	20 000
ZnSO$_4$ · 7H$_2$O	10	烟酸	5		

附表 4-15 T(Bourgin 和 Nitsch,1967) pH=6.0

药品名称	浓度/(mg/L)	药品名称	浓度/(mg/L)	药品名称(mg/L)	浓度
KNO$_3$	1 900	MnSO$_4$ · 4H$_2$O	25	CuSO$_4$ · 5H$_2$O	0.025
NH$_4$NO$_3$	1 650	FeSO$_4$ · 7H$_2$O	27.8	蔗糖	10 000
MgSO$_4$ · 7H$_2$O	370	Na$_2$-EDTA	37.3	琼脂	8 000
CaCl$_2$ · 2H$_2$O	440	H$_3$BO$_3$	10		
KH$_2$PO$_4$	170	Na$_2$MoO$_4$ · 2H$_2$O	0.25		

附表 4-16 WPM(Schenk 等,1922) pH=6.0

药品名称	浓度/(mg/L)	药品名称	浓度/(mg/L)	药品名称(mg/L)	浓度
KNO$_3$	400	MnSO$_4$ · 4H$_2$O	22.3	肌醇	100
KCl	900	FeSO$_4$ · 7H$_2$O	27.8	盐酸硫胺素	1.0
MgSO$_4$ · 7H$_2$O	187	Na$_2$-EDTA · 2H$_2$O	37.3	盐酸吡哆醇	0.5
Ca$_3$(PO$_4$)$_2$	187.5	ZnSO$_4$ · 7H$_2$O	8.6	烟酸	0.5
Fe$_3$(PO$_4$)$_3$	187.5	CaSO$_4$	187.5	甘氨酸	2.0
CaCl$_2$ · 2H$_2$O	900	H$_3$BO$_3$	6.2	琼脂	7 000
KH$_2$ · PO$_4$	170	Na$_2$MoO$_4$ · 2H$_2$O	0.25		

附表 4-17　DKW　　　　　　　　　　　　　　　　pH=6.0

药品名称	浓度/(mg/L)	药品名称	浓度/(mg/L)	药品名称(mg/L)	浓度
$MgSO_4$	3.0	$MnSO_4 \cdot H_2O$	0.2	$C_2H_5NO_2$	0.026 6
NH_4NO_3	17.6	$Na_2\text{-EDTA} \cdot 2H_2O$	37.3	$CaCl_2$	1.01
H_3BO_3	0.078	$Na_2MoO_4 \cdot 2H_2O$	0.002		

附录5　常用的热不稳定物质

组分	热不稳定性
脱落酸(ABA)	部分分解
泛酸钙(Ca-pantothenate)	高度分解
果糖(Fructose)	拮抗物质
赤霉素(Gibberellic acid)	少量分解
L-谷氨酸(L-Glutamine)	高度分解
吲哚乙酸(IAA)	20 min 高压灭菌损耗 40%
N-(3-吲哚乙酰基)-L-丙氨酸(IAA-L-alanine)	少量分解
N-(3-吲哚乙酰基)-L-天冬氨酸(IAA-L-aspartic acid)	显著分解
N-(3-吲哚乙酰基)-甘氨酸(IAA-glycine)	少量分解
N-(3-吲哚乙酰基)-苯丙氨酸(IAA-L-phenylalanine)	少量分解
3-吲哚丁酸(IBA)	20 min 高压蒸汽灭菌损耗 20%
激动素(Kinetin)	部分分解
麦芽浸出物(Malt extract)	inhibitory substances 拮抗物质
1,3-二苯基脲(N,N'-diphenylurea)	高压蒸汽灭菌丧失活性
吡哆醇(Pyridoxine)	少量分解
二甲基丙烯嘌呤(2-iP)	部分分解
维生素 B_1(Thiamine-HCl)	pH>5.5 时高度分解
玉米素(Zeatin)	部分分解

附录6　常用植物生长调节物质的用途

编号	植物生长调节物质配方	用途
1	无植物生长调节物质	诱导生根、无性胚、愈伤组织形成

编号	植物生长调节物质配方	用途
2	单加生长素	诱导生根、无性胚、愈伤组织、不定芽形成
3	单加细胞分裂素	诱导不定芽、侧芽、愈伤组织形成
4	高生长素低细胞分裂素	诱导芽、原球茎增殖、愈伤组织形成
5	低生长素高细胞分裂素	诱导丛芽、愈伤组织形成
6	低生长素低细胞分裂素	诱导不定芽、侧芽增殖
7	等量生长素与细胞分裂素	诱导侧芽增殖
8	加生长抑制剂(多效唑、矮壮素)	壮苗、延缓生长、利于组织苗保存
9	加赤霉素	打破种子、芽休眠,促进伸长生长

附录7 常见植物生长调节物质及主要性质

名称	化学式	相对分子质量	溶解性质
吲哚乙酸(IAA)	$C_{10}H_9O_2N$	175.19	溶于醇、醚、丙酮,在碱性溶液中较稳定,遇热酸后失去活性
吲哚丁酸(IBA)	$C_{12}H_{13}NO_3$	203.24	溶于醇、丙酮、醚,不溶于水、氯仿
α-萘乙酸(NAA)	$C_{12}H_{10}O_2$	186.20	易溶于热水,微溶于冷水,溶于丙酮、醚、乙酸、苯
2,4-二氯苯氧乙酸(2,4-D)	$C_8H_6Cl_2O_3$	221.04	难溶于水,溶于醇、丙酮、乙醚等有机溶剂
赤霉素(GA₃)	$C_{19}H_{22}O_6$	346.40	难溶于水,不溶于石油醚、苯、氯仿而溶于醇类、丙酮、冰醋酸
4-碘苯氧乙酸(PIPA)	$C_8H_7O_3I$	278.00	微溶于冷水,易溶于热水、乙醇、氯仿、乙醚、苯
对氯苯氧乙酸(PCPA)	$C_8H_7O_3Cl$	186.50	溶于乙醇、丙酮和醋酸等有机溶剂和热水
激动素(KT)	$C_{10}H_9N_5O$	215.21	易溶于稀盐酸、稀氢氧化钠,微溶于冷水、乙醇、甲醇
6-苄氨基腺嘌呤(6-BA)	$C_{12}H_{11}N_5$	225.25	溶于稀碱、稀酸,不溶于乙醇
脱落酸(ABA)	$C_{15}H_{20}O_4$	264.30	溶于碱性溶液如 $NaHCO_3$、三氯甲烷、丙酮、乙醇
2-氯乙基磷酸(乙烯利)(CEPA)	$ClCH_2PO(OH_2)$	144.50	易溶于水、乙醇、乙醚
2,3,5-三碘苯甲酸(TIBA)	$C_7H_3O_2I_3$	500.92	微溶于水,可溶于热苯、乙醇、丙酮、乙醚
青鲜素(MH)	$C_4H_4O_2N_2$	112.09	难溶于水,微溶于乙醇,易溶于冰醋酸、二乙醇胺

续表

名称	化学式	相对分子质量	溶解性质
缩节胺(助壮素)(Pix)	$C_7H_{16}NCl$	149.50	可溶于水
矮壮素(CCC)	$C_5H_{13}NCl_{12}$	158.09	易溶于水,溶于乙醇、丙酮,不溶于苯、甲苯、乙醚
比久(B_9)	$C_6H_{12}CN_2O_3$	160.00	易溶于水、甲醇、丙酮,不溶于二甲苯
多效唑(PP_{333})	$C_{15}H_{20}ClN_3O$	293.50	易溶于水、甲醇、丙酮
三十烷醇(TAL)	$CH_3(CH_2)_{28}CH_2OH$	438.38	不溶于水,难溶于冷甲醇、乙醇,可溶于热苯、丙酮、乙醇和氯仿

附录8 常见植物生长调节物质的配制和贮存

中文名称	简写	溶剂	贮存条件/℃	稳定性
2,4-二氯苯氧乙酸	2,4-D	0.1 mol/L NaOH	0～4	稳定
萘乙酸	NAA	0.1 mol/L NaOH	0～4	稳定
吲哚乙酸	IAA	0.1 mol/L NaOH	0～4	遮光,过滤除菌
吲哚丁酸	IBA	0.1 mol/L NaOH	0～4	稳定
6-苄氨基腺嘌呤	6-BA	0.1 mol/L HCl	0～4	稳定
激动素	KT	0.1 mol/L HCl	0～4	稳定
玉米素	ZT	0.1 mol/L HCl	0～4	过滤除菌
2-异戊烯腺嘌呤	2-iP	0.1 mol/L HCl	0～4	稳定
脱落酸	ABA	95%乙醇	0～4	遮光,过滤除菌
赤霉素	GA	95%乙醇	0～4	过滤除菌
矮壮素	CCC	水	0～4	稳定
油菜素内酯	BR	95%乙醇	0～4	稳定
表油菜素内酯	epiBR	95%乙醇	0～4	稳定
茉莉酸	JA	95%乙醇	0～4	稳定
多胺	PA	水	0～4	稳定
多效唑	PP_{333}	甲醇,丙酮	0～4	稳定
苯基噻二唑基脲	TDZ	0.1 mol/L NaOH	0～4	稳定

附录9 常见植物生长调节剂浓度换算表

附表 9-1 mg/L 换算为 μmol/L(陈绍煌,2014)

mol/L	μmol/L								
	NAA	2,4-D	IAA	IBA	6-BA	KT	ZT	2-ip	GA₃
1	5.371	4.524	5.708	4.921	4.439	4.647	4.547	4.933	2.887
2	10.741	9.048	11.417	9.841	8.879	9.293	9.094	9.866	5.774
3	16.112	13.572	17.125	14.762	13.318	13.940	13.641	14.799	8.661
4	21.483	18.096	22.834	19.682	17.757	18.586	18.188	19.732	11.548
5	26.853	22.620	28.542	24.603	22.197	23.231	22.735	24.665	14.435
6	32.223	27.144	34.250	29.523	26.636	27.880	27.282	29.598	17.323
7	37.594	31.668	39.959	34.444	31.075	32.526	31.829	34.531	20.210
8	42.965	36.193	45.667	39.364	35.515	37.173	36.376	39.464	23.097
9	48.339	40.717	51.376	44.285	39.954	41.820	40.923	44.397	25.984
相对分子质量	186.20	221.04	175.18	203.18	225.26	215.21	219.00	202.70	346.37

附表 9-2 μmol/L 换算为 mg/L(陈绍煌,2014)

μmol/L	mol/L								
	NAA	2,4-D	IAA	IBA	6-BA	KT	ZT	2-ip	GA₃
1	0.186 2	0.221 0	0.175 2	0.203 2	0.225 3	0.215 2	0.219 2	0.203 2	0.346 4
2	0.372 4	0.442 1	0.350 4	0.406 4	0.450 5	0.430 4	0.438 4	0.406 4	0.692 7
3	0.558 6	0.663 1	0.525 5	0.609 4	0.675 8	0.645 6	0.656 7	0.699 6	1.039 1
4	0.744 8	0.884 2	0.700 7	0.812 8	0.901 0	0.860 8	0.878 8	0.812 3	1.385 5
5	0.931 0	1.105 2	0.875 9	1.016 0	1.126 3	1.076 1	1.096 0	1.016 0	1.731 9
6	1.117 2	1.326 2	1.051 1	1.219 2	1.351 6	1.291 3	1.315 2	1.219 0	2.078 2
7	1.303 4	1.547 3	1.226 3	1.422 4	1.576 8	1.506 5	1.573 4	1.412 4	2.424 6
8	1.489 6	1.768 3	1.401 4	1.625 6	1.802 1	1.721 7	1.753 6	1.625 6	2.771 0
9	1.675 8	1.989 4	1.576 6	1.828 8	2.027 3	1.936 9	1.972 8	1.828 8	3.1173
相对分子质量	186.20	221.04	175.18	203.18	225.26	215.21	219.00	202.70	346.37

附表 9-3 ppm 换算成 mol/L(郭仰东,2009)

ppm	×10⁻⁶ mol/L										
	NAA	2,4-D	IAA	6-BA	KT	GA₃	IBA	NOA	2iP	ZEA	ABA
1	5.371	4.524	5.708	4.439	4.647	2.887	4.921	4.646	4.921	4.562	3.783
2	10.741	9.048	11.417	8.879	9.293	5.774	9.841	9.891	9.843	9.124	7.567

ppm	×10⁻⁶mol/L										
	NAA	2,4-D	IAA	6-BA	KT	GA₃	IBA	NOA	2iP	ZEA	ABA
3	16.112	13.572	17.125	13.318	13.940	8.661	14.762	14.837	14.764	13.686	11.350
4	21.483	18.096	22.834	17.757	18.586	11.548	19.682	19.782	19.685	18.248	15.134
5	26.855	22.620	28.542	22.197	21.231	14.435	24.603	24.728	24.606	22.810	18.917
6	32.223	27.144	34.250	26.636	27.880	17.323	29.523	29.674	29.528	27.372	22.701
7	37.594	31.668	39.959	31.075	32.526	20.210	34.444	34.619	34.449	31.934	26.484
8	42.965	36.193	45.667	35.515	37.173	23.097	39.364	39.565	39.370	36.496	30.267
9	48.339	40.717	51.376	39.954	41.820	25.984	44.285	44.510	44.921	41.058	34.051
相对分子质量	186.20	221.04	175.18	225.26	251.21	346.37	203.23	202.60	203.20	219.20	264.31

附表 9-4　mol/L 换算成 ppm(郭仰东,2009)

×10⁻⁶ mol/L	ppm										
	NAA	2,4-D	IAA	6-BA	KT	GA₃	IBA	NOA	2iP	ZEA	ABA
1	0.186 2	0.221 0	0.175 2	0.225 3	0.215 2	0.346 4	0.203 2	0.202 2	0.203 2	0.219 2	0.264 3
2	0.372 4	0.442 1	0.350 4	0.450 5	0.430 4	0.292 7	0.406 5	0.404 4	0.406 4	0.438 4	0.528 6
3	0.558 6	0.663 1	0.525 5	0.675 8	0.645 6	1.039 1	0.609 7	0.606 6	0.699 6	0.656 7	0.792 9
4	0.744 8	0.884 2	0.700 7	0.901 0	0.860 8	1.385 5	0.812 9	0.808 8	0.812 8	0.878 8	1.057 2
5	0.931 0	1.105 2	0.875 9	1.126 3	1.076 1	1.731 9	1.016 2	1.011 0	1.016 0	1.096 0	1.321 6
6	1.117 2	1.326 2	1.051 1	1.351 6	1.291 3	2.078 2	1.219 4	1.213 2	1.219 0	1.315 2	1.585 9
7	1.303 4	1.547 3	1.226 3	1.576 8	1.506 5	2.424 6	1.422 6	1.415 4	1.422 4	1.534 4	1.850 2
8	1.489 6	1.768 3	1.401 4	1.802 4	1.721 7	2.771 0	1.625 8	1.617 6	1.625 6	1.753 6	2.114 5
9	1.675 8	1.989 4	1.576 6	2.027 3	1.936 9	3.117 3	1.829 1	1.819 8	1.828 8	1.972 6	2.378 8

附录 10　常见抗生素的配制表

中文名称	简写	溶剂	贮存条件/℃	贮存浓度/(mg/mL)	细菌培养浓度/(mg/L)	植物脱菌浓度/(mg/L)
氨苄西林	Amp	水	−20	100	100	250~500
羧苄西林	Cb	水	−20	100	50	250~500
头孢霉素	Cef	水	−20	250	50	250~500
卡拉霉素	Km	水	−20	100	50~100	10~100
氯霉素	Cm	乙醇	−20	17	25~170	10~100
四环素	Tc	乙醇	−20	5	10~50	—
链霉素	Sp	水	−20	10	10~50	—

中文名称	简写	溶剂	贮存条件/℃	贮存浓度/ (mg/mL)	细菌培养浓度/ (mg/L)	植物脱菌浓度/ (mg/L)
利福平	Rif	水	−20	20	50～100	—
新霉素	Nm	水	−20	50	25～50	10～100

附录 11　植物组织培养中常用的消毒剂

消毒剂名称	使用浓度	消毒难易	消毒时间/min	消毒效果
乙醇溶液	70%～75%	易	0.1～3	好
氯化汞	0.1%～0.2%	较难	2～15	最好
源白粉	饱和溶液	易	5～30	很好
次氯酸钙	5%～10%	易	5～30	很好
次氯酸钠	2%	易	5～30	很好
过氧化氢	10%～12%	最易	5～15	好
溴水	1%～2%	易	2～10	很好
硝酸银	1%	易	5～30	好
抗生素	4～50 mg/L	最易	30～60	相当好

注:如果培养材料大部分发生污染,说明消毒剂浸泡的时间较短;若接种材料虽然没有污染,但材料已发黄,组织变软,表明消毒时间过长,材料被破坏死亡;接种材料若没有出现污染,且生长正常,即认为消毒时间适宜。

附录 12　蒸汽压力与蒸汽温度对应表

蒸汽压力/atm[①]	高压表读数		蒸汽温度	
	大气压/atm	磅力每平方英寸/psi[②]	摄氏度/℃	华氏度/℉
1.00	0.00	0.00	100.0	212
1.25	0.25	3.75	107.0	224
1.50	0.50	7.52	112.0	234
1.75	0.75	11.25	115.0	240
2.00	1.00	15.00	121.0	250
2.50	1.50	22.50	128.0	262
3.00	2.00	30.00	134.0	274

注:①1 atm=1 标准大气压=101 325 Pa。②1 psi=11 bf/in^2=1 磅力/英寸^2=6 894.76 Pa。

附录 13　培养物的不良表现和改进措施

培养阶段	培养物不良表现	症状产生的可能原因	可供选择的改进措施
初代培养阶段：启动与脱分化	培养物水浸状、变色、坏死、径段面附近干枯	表面灭菌剂过烈，时间过长；外植体选用部位不当	试用适温和灭菌剂，降低浓度，减少时间；试用其他部位；改在生长初、中期采样
	培养物长期培养没有多少反应	生长素种类不当，用量不足；温度不适宜	增加生长素用量，试用 2,4 - D；调整培养温度
	愈伤组织生长过于紧密、疏松、后期水浸状	生长素及细胞分裂素用量过多；培养温度过高；培养基渗透势低	减少生长素、细胞分裂素用量；适当降低培养温度
	愈伤组织生长过紧密，平滑或突起，粗厚，生长慢	细胞分裂素用量过多，糖浓度过高；生长素过量亦可引起	适当减少细胞分裂素和糖的用量
	侧芽不萌发，皮层过于膨大，皮孔长出愈伤组织	采样枝条过嫩；生长素、细胞分裂素用量过多	减少生长素、细胞分裂素用量，采用较老化枝条
继代培养阶段：再分化与丛生芽苗增殖	苗分化数量少、速度慢，分枝少，个别苗生长细高	细胞分裂素用量不足；温度偏高；光照不足	增加细胞分裂素用量，适当降低温度
	苗分化较多，生长慢，部分苗畸形，节间极度短缩，苗丛密集，过渡微型化	细胞分裂素用量过多；温度不适宜	减少细胞分裂素或停用一段时间，调节适当温度
	分化出苗较少，苗畸形，培养较久的苗可能再次愈伤组织化	生长素用量偏高，温度偏高	减少生长素用量，适当降温
	叶粗厚变脆	生长素用量偏高，或兼有细胞分裂素用量偏高	适当减少激素用量，避免叶接触培养基
	再生苗的叶缘、叶面等处偶有不定芽分化出来	细胞分裂素用量过多，或该种植物适宜于这种再生方式	适当减少细胞分裂素用量，或分阶段利用这一再生方式
	丛生苗过于细弱，不适于生根操作和后期移栽	细胞分裂素过多，温度过高，光照短，光照不足，久不转接，生长空间窄	减少细胞分裂素用量，延长光照时间，增加光强，及时继代培养，降低接种密度，改善瓶口遮蔽物
	常有黄叶死苗夹于丛生苗中，部分苗逐渐衰弱，生长停止，草本植物有时出现水浸状、烫伤状	瓶内气体状况恶化，pH 变化过大；久不转接，糖已耗尽，光合作用不足以维持自身；瓶内乙烯含量升高；培养物可能已经污染，温度不适	部分措施同上，去除污染，控制温度
	幼苗生长无力，陆续发黄落叶，组织呈水浸状、煮熟状	部分原因同上；植物激素配比不适，无机盐浓度不适等	部分措施同上；及时继代培养，适当调节激素配比
	幼苗淡绿，部分失绿	忘加铁盐或量不足；pH 不适，铁、锰、镁元素配比失调，光过强，温度不适	仔细配制培养基，注意配方成分，调好 pH，控制光温条件

培养阶段	培养物不良表现	症状产生的可能原因	可供选择的改进措施
诱导生根阶段	培养物久不生根,基部切口没有适宜的愈伤组织生长	生长素种类不适宜;用量不足;生根部位通气不良;基因型影响,生根程序不当,pH不适;无机盐浓度及配合不当等	改进培养程序,选用或增加生长素用量,改用滤纸桥液培养生根
	愈伤组织生长过大、过快,根部肿胀或畸形,几条根并联或愈合;苗发黄,受抑制或死亡	生长素种类不适,用量过高或伴有细胞分裂素用量过高、程序不适等	减少生长素或细胞分裂素用量,改进培养程序等

参考文献

敖毅,黄吉美,王朝武,等,2009.低纬度高海拔地区马铃薯脱毒种薯标准化生产技术[J].中国马铃薯,23(4):240-242.

蔡梅玲,李志良,蔡煜熙,等,2021.石仙桃组织培养快速繁殖技术研究[J].智慧农业导刊,1(6):38-40.

蔡宣梅,郭文杰,2016.香茅草离体快速繁殖[J].中国花卉园艺(22):32.

蔡建荣,曾军,黄萍萍,2022.百香果组培苗不同部位茎段继代培养效果研究[J].现代农业科技(2):51-53,56.

曹彩红,曹玲玲,赵立群,等,2020.不同基质配比对草莓脱毒苗驯化移栽的影响[J].蔬菜(6):57-62.

曹天旭,宿肇辉,韩超慧,2014.铁皮石斛组培快繁技术的研究[J].黑龙江农业科学(5):30-34.

曹冰东,付文苑,唐兵,等,2022.黄瓜未授粉子房离体培养条件的优化及植株再生[J].中国瓜菜,35(5):8-16.

曹雪,戴忠良,秦文斌,等,2016.植物原生质体融合技术的研究进展[J].中国农学通报,32(25):84-90.

查仁明,2001.苹果属植物组织培养研究进展[J].重庆师专学报(2):105-107.

程俊跃,梁芳芳,胡建斌,等,2008.通过未授粉子房培育黄瓜单倍体研究进展[J].长江蔬菜(7):35-37.

程雨飞,朱向涛,季雯,等,2019.牡丹愈伤组织增殖及褐化研究[J].广东农业科学,46(6):30-36.

岑忠用,苏江,邓晰朝,等,2016.总酚含量及多酚氧化酶活性与岩黄连愈伤组织褐化的相关性研究[J].作物杂志(1):149-153.

常立国,范惠玲,刘建超,等,2016.马铃薯试管苗壮苗和生根培养影响因素的研究[J].作物杂志(2):129-132.

陈强,田凤鸣,王永斌,等,2021.陇南野生中华猕猴桃实生苗初代培养体系的建立[J].现代农村科技(7):63-64.

陈劲枫,张俊莲,2019.植物组织培养[M].北京:中国农业出版社.

陈绍煌,2014.药用植物组培快繁实务[M].北京:中国林业出版社.

陈耀锋,2007.植物组织与细胞培养[M].北京:中国农业出版社.

陈贵华,石岭,吴玉峰,2009.卷丹百合鳞片组织培养研究[J].内蒙古农业大学学报(自然科学版),30(4):61-64.

陈丽萍,张丽华,程智慧,2007.加工番茄离体再生体系的建立[J].西北农业学报(1):162-167.

陈强,田凤鸣,何九军,等,2021.陇南野生中华猕猴桃组培快繁体系的建立[J].甘肃农业科技,52(10):35-38.

陈汉鑫,林艺辉,张朝坤,等,2022.百香果组培苗快繁体系建立研究[J].中国南方果树,51(3):74-78.

陈云风,黎世龄,2011.生姜离体脱毒快繁培养研究[J].江苏农业科学,39(6):91-92.

陈薇,陈思,庞基良,2016.植物花粉培养研究进展[J].氨基酸和生物资源,38(1):6-12.

陈彦,2010.花粉管通道导入外源DNA方法的研究[J].北方园艺(13):226-228.

邓少华,刘娟娟,陈丹凤,等,2023.黄精组织培养与快速繁殖技术研究[J].绿色科技,25(1):132-138.

董连红,2015.林烟草CBL基因家族成员NsylCBL10的功能分析[D].北京:中国农业科学院.

董越,张丹,靖凯,2012.浅谈马铃薯脱毒苗组培快繁技术[J].园艺与种苗(2):17-18.

董艳辉,赵兴华,李亚莉,等,2018.小麦花药培养各种影响因子的研究进展[J].山西农业科学,46(1):135-137.

邓英,2019.基于子房培养的黄瓜双单倍体诱导技术及胚发生机理研究[D].南京:南京农业大学.

刁卫平,陈劲枫,雷春,等,2008.影响黄瓜未授粉子房培养胚发生因素的研究[J].南京农业大学学报(1):137-140.

邸宏,周羽,梁广东,等,2012.玉米三种不同花粉管通道法转化BcBCP1基因的初报[J].作物杂志(2):51-54.

丁兰,郭艳,董刚,等,2012.国产蝴蝶兰种苗携带建兰花叶病毒(CymMV)和齿兰环斑病毒(ORSV)的调查及脱毒的初步研究[J].北方园艺(2):137-140.

段艳欣,郭文武,2009.多酚含量及多酚氧化酶活性与柑橘胚性愈伤组织褐化的关系[J].中国农学通报,25(15):117-120.

杜媚,冯莎莎,范翠丽,等,2019.不同预处理方式对金莲花花药愈伤组织诱导的影响[J].分子植物育种,17(21):7156-7160.

杜媚,2019.金莲花单倍体诱导培养[D].张家口:河北北方学院.

付晓佳,2016.二倍体半枝莲愈伤组织诱导与继代培养研究[D].南京:南京师范大学.

付为国,韦晨,王醒,2019.苹果属植物组织培养的研究进展[J].分子植物育种,17(4):1320-1325.

冯莎莎,范翠丽,郑志新,等.金莲花愈伤组织诱导与分化[J].北方园艺 2021(4):107-112.

高先富,徐朝晖,刘佳健,等,2006.三七不定根的离体诱导与培养[J].中国中药杂志,

(18):1485-1488.

高利云,2015.西藏主要春青稞品种成熟胚离体培养与植株再生技术研究[J].西藏农业科技,37(2):26-30.

高思丹,2020.枸杞原生质体分离与培养研究[D].西宁:青海大学.

葛军,刘振虎,卢欣石,2004.紫花苜蓿再生体系研究进展[J].中国草地,26(2):63-67.

葛明然,张艳芳,邢丽南,等,2021.万寿菊离体快繁体系的建立[J].内蒙古农业大学学报(自然科学版),42(5):1-6.

郭仰东,2009.植物细胞组织培养实验教程[M].北京:中国农业大学出版社.

郭新红,姜孝成,陈良碧,2001.基因枪技术在植物基因转化中的作用[J].世界农业(9):45.

郭艳茹,詹亚光,2008.植物离体快繁中的常见问题及防止措施[J].黑龙江农业科学,(1):19-21.

龚一富,2011.植物组织培养实验指导[M].北京:科学出版社.

海燕,康明辉,何宁,等,2006.大蒜茎尖脱毒及组织培养研究[J].河南农业科学,(11):97-98.

韩金龙,张雪峰,单成钢,等,2019.金线莲组培技术现状及发展趋势[J].现代农业科技,(22):90-91.

韩玉杰,贾炜珑,王自霞,等,2008.几种提取植物 DNA 方法的比较[J].山西农业科学,(7):17-19.

洪聪慧,阿米乃,刘同,等,2023.苦木组织培养与快速繁殖技术研究[J].湖北民族大学学报(自然科学版),41(3):281-285.

何香杉,2018.百合离体保存最适蔗糖浓度与组培苗驯化移栽技术探讨[D].沈阳:沈阳农业大学.

何旭东,隋德宗,王红玲,等,2022.中国柳树遗传育种研究进展[J].南京林业大学学报(自然科学版),46(6):51-63.

华温馨,2021.悬浮体系下三七不定根生长特点的研究[D].大连:大连工业大学.

胡颂平,刘选明,2014.植物细胞组织培养技术[M].北京:中国农业大学出版社.

胡凯,张立军,白雪梅,等,2007.植物组织培养污染原因分析及外植体的消毒[J].安徽农业科学,(3):680-681.

黄玉兰,殷奎德,岳才军,2014.黄瓜愈伤组织继代培养中激素浓度组合的优化[J].激光生物学报,23(1):83-89.

黄勇,张铁,张文生,等,2012.三七组织培养研究综述[J].文山学院学报,25(6):13-15.

黄吉美,2016.马铃薯脱毒种薯标准化生产技术[J].农业开发与装备(3):126-127.

黄晶,叶庆生,2019.金钗石斛原球茎及幼苗快速繁殖体系的构建[J].贵州农业科学,47(5):105-109.

黄东梅,吴斌,马伏宁,等,2019.不同消毒剂及激素对黄果西番莲茎段组织培养的影响[J].热带农业科学,39(12):16-20.

黄明,2016.贵州小黄姜的脱毒快繁技术的研究[D].贵阳:贵州大学.

黄科,刘奕清,陈泽雄,等,2011.茎尖脱毒生姜组培苗病原检测研究[J].北方园艺(8):148-150.

黄学熹,2021.樱桃李离体再生体系与染色体加倍体系建立[D].南京:南京农业大学.

黄吉美,敖毅,钟文翠,等,2009.滇东高原马铃薯脱毒种薯标准化生产技术[J].中国种业,8:71-72.

惠学娟,高亦珂,2014.植物单倍体加倍技术研究与应用进展[J].中国农学通报,30(15):251-255.

贾景明,张树玉,赵晓睿,等,2001.玉米单细胞培养的研究[J].沈阳师范学院学报(自然科学版)(2):47-51.

景维杰,黄容清,蒋明殿,等,2013.蝴蝶兰茎尖培养脱病毒技术初步研究[J].中国园艺文摘,29(4):13-16.

简纯平,李开绵,欧文军,2012.花粉管通道法转基因育种研究进展[J].热带作物学报,33(5):956-961.

姜柳,2017.紫花苜蓿植株再生体系的建立[D].哈尔滨:东北农业大学.

介元芬,2013.影响小麦花药愈伤组织诱导和植株再生的主要因素[J].河南农业(7):46-47.

邝瑞彬,魏岳荣,邓贵明,等,2016.香蕉高效组培快繁技术的研究[J].果树学报,33(10):1315-1320.

兰小中,袁芳,2022.藏药药用植物组织培养[M].重庆:西南大学出版社.

刘丽娟,李红梅,刘雪莲,2009.不同处理方法对外植体消毒效果比较研究[J].北方园艺,(10):86-87.

刘会超,贾文庆,2009.牡丹愈伤组织诱导和继代培养体系的建立[J].福建林业科技,36(2):73-78.

刘改秀,李敏,赵国栋,等,2014.牡丹组织培养中不同因素对组培苗生根的影响[J].河南农业(3):48-49.

刘彦珍,郜新强,张元臣,等,2021.植物激素和光暗培养条件对卷丹百合再生体系的影响[J].南方农业学报,52(5):1300-1309.

刘炜炜,秦荣,张伟,等,2012.加工番茄离体再生体系的建立[J].中国农学通报,28(16):155-160.

刘单,2016.峨眉大黄姜茎尖脱毒与植株再生关键技术的研究[D].雅安:四川农业大学.

刘晓雪,2019.大蒜种质超低温保存体系建立及其脱毒效应分析[D].咸阳:西北农林科技大学.

刘俊秀,2015.马铃薯组织培养及试管苗保存的研究[D].呼和浩特:内蒙古农业大学.

刘海英,陈建保,康俊,等,2013.马铃薯茎尖脱毒培养关键因素研究[J].农业科技通讯(8):153-155.

刘卫平,2014.马铃薯脱毒苗的主要病毒检测[J].中国西部科技,13(5):70-71.

刘露颖,赵喜亭,李明军,2014.秋水仙碱诱导药用植物多倍体的研究进展[J].江苏农业科学,42(4):178-181.

刘振盼,孙阳,张悦,等,2020.猕猴桃属植物倍性育种技术研究进展[J].辽宁林业科技,(1):52-54.

刘永巍,田红刚,李春光,等,2014.花粉管通道法转化外源DNA的转基因技术[J].北方水稻,44(1):74-77.

刘保财,黄颖桢,赵云青,等,2014.细叶石仙桃无菌播种与快速繁殖技术研究初报[J].福建农业学报,29(5):461-464.

刘丹,刘霞,余马,等,2020.附子茎段组培快繁体系的建立[J].分子植物育种,18(15):5081-5089.

刘洁云,张英俊,牟海飞,等,2023.黄百香果茎段组培快繁技术研究[J].中国南方果树,1:1-8.

刘伟光,2020.香蕉组培苗快繁技术浅析[J].南方农业,14(24):150-151.

刘婧琳,范世航,华玮,等,2023.潮霉素抗性油菜遗传转化体系优化[J].中国油料作物学报,45(3):518-523.

罗聪,2017.白芨组培苗驯化移栽技术研究[J].河南农业(12):51-56.

罗青,张波,罗家红,等,2021.枸杞花培苗根尖染色体倍性鉴定技术研究[J].宁夏农林科技,62(11):6-9.

罗天宽,王晓玲,2016.植物组织培养[M].北京:中国农业大学出版社.

罗倩,曾露桂,吴宇瑶,等,2020.烟草NtMYB4a基因的过表达载体构建、遗传转化与表达分析[J].分子植物育种,18(24):8131-8137.

廖志强,王小武,孙亮,等,2017.甘蓝型油菜带节子叶再生体系的建立及遗传转化应用[J].中国农学通报,33(34):40-45.

廖晓丽,2008.山苍子无性繁殖技术的研究[D].福州:福建农林大学.

梁杰,李功义,2018.马铃薯试管苗病毒检测技术研究[J].现代农业科技(19):81-83.

梁明骓,曾雯雯,陆耀,2020.植物组织培养污染成因分析及防控措施[J].农业与技术,40(16):46-47.

李浚明,朱登云,2005.植物组织培养教程[M].2版.北京:中国农业大学出版社.

李张,徐志荣,娄佳兰,等,2018.防褐化剂对南方红豆杉愈伤组织褐化及相关物质含量的影响[J].生物灾害科学,41(1):69-73.

李云,2021.植物组织培养实验教程[M].北京:中国林业出版社.

李胜,赵露,2019.植物组织培养实验指导[M].北京:中国林业出版社.

李胜,杨德龙,2015.植物组织培养[M].2版.北京:中国林业出版社.

李涛,李小清,张智慧,等,2016.文山三七块根的植物组织培养研究[J].西北民族大学学报(自然科学版),37(3):62-66.

李得萍,何远秦,许丁帆,等,2023.铁皮石斛组培快繁技术[J].浙江农业科学,64(1):128-131.

李琦,2018.植物原生质体PEG-高Ca^{2+}-高pH融合法的研究[J].种子科技,36(7):82-85.

李琦,2018.植物原生质体融合方法的研究进展[J].种子科技,36(6):38-40.

李婧瑶,刘龙飚,丁兵,等,2023.植物原生质体分离及培养研究进展[J].分子植物育种,
　　21(2):620-632.

李戍彦,2021.木质素形成在无核葡萄胚珠自然败育及离体培养中的作用初探[D].晋中:
　　山西农业大学.

李璟琦,2007.小麦幼胚离体培养研究进展[J].陕西农业科学(2):72-74.

李倩,王滨,李培环,等,2015.番茄子叶和下胚轴离体再生体系的建立[J].北方园艺(1):
　　106-110.

李桂珍,黄定球,1982.苹果胚乳培养成完整植株的研究[J].黑龙江园艺(1):15-20.

李娟,2021.山西省马铃薯病毒的鉴定与变异研究[D].晋中:山西农业大学.

李晓君,潘继军,曹琦,等,2019.天然有机物添加对金钗石斛快繁的影响[J].江苏农业科
　　学,47(18):79-82.

李正民,2013.蝴蝶兰无毒苗组培快繁技术研究[D].海南:海南大学.

李慧,赵林姝,古佳玉,等,2022.小麦花药培养体系优化及高再生力基因型的筛选[J].植
　　物遗传资源学报,23(3):738-745.

李贞霞,王玲玲,张兴国,2002.影响基因枪法遗传转化的因素[J].生物学杂志,(2):
　　31-32.

李艳,许为钢,齐学礼,等,2015.提高小麦基因枪法转化效率的研究[J].麦类作物学报,
　　35(4):443-448.

李向龙,张力全,张晓东,2010.花粉管通道法在玉米转基因育种中的应用[J].种子科技,
　　28(3):23-24.

李志亮,吴忠义,杨清,等,2010.花粉管通道法在玉米基因工程改良中的应用[J].玉米科
　　学,18(4):71-76.

李闯,张海燕,谭化,等,2019.马铃薯新品种'吉薯1号'茎尖脱毒及组培快繁研究[J].东
　　北农业科学,44(6):62-64.

李颖,张悦婧,王馨,等,2021.农杆菌菌株及其侵染浓度和时间对基于菜豆黄矮病毒表达
　　载体瞬时表达外源基因的影响[J].植物科学学报,39(3):297-305.

李保山,2008.基因枪法在植物转基因中的应用[J].科技信息(科学教研)(17):648-649.

栗现芳,马守才,张改生,等,2007.胚龄、NAA浓度、基因型对杂交小麦及其亲本幼胚培养
　　的影响[J].河南农业科学(6):31-34.

林志强,张桂兴,王育城,2010.钻喙兰不同成熟度的胚培养研究[J].热带农业工程,34
　　(5):43-45.

杜帅,2020.甘蓝型油菜抗草甘膦基因遗传转化及抗性鉴定[D].武汉:华中农业大学.

林馥芬,侯红利,刘晋,等,2016.转基因植物DNA成分检测技术研究进展[J].中国种业
　　(11):19-22.

林馥芬,侯红利,刘晋,等,2016.转基因植物DNA成分检测技术研究进展[J].中国种业
　　(11):19-22.

林秀莲,杨自轩,严旭超,等,2016.金线莲组培快繁及移栽技术研究[J].园艺与种苗(5):
　　6-9.

林江波,戴艺民,邹晖,等,2010.铁皮石斛组培快繁技术研究进展[J].福建农业科技(1):25-27.

陆晓媚,林强,唐燕梅,等,2022.植物染色体倍性鉴定方法及其在桑树研究中的应用[J].蚕学通讯,42(1):30-36.

马素娴,田志强,亢秀萍,2012.山西野生卷丹百合鳞茎组织培养[J].山西农业科学,40(4):319-321.

马雯,2011.大蒜茎尖脱毒体系的建立与病毒电镜检测分析[D].兰州:甘肃农业大学.

马宝山,周丽红,2016.原生质体培养及其在果树育种上的应用[J].农业与技术,36(15):102.

马燕,马艺荞,滕巍,等,2019.黄瓜未授粉子房离体培养的研究进展[J].北方园艺(9):148-152.

马宏,李正红,张艳丽,等,2012.大花黄牡丹种子休眠的解除[J].林业科学,48(9):62-67.

毛静静,2017.林烟草 NsylCBL10 和 NsylCBL5 的功能研究[D].北京:中国农业科学院.

苗玉青,李冠,吴松林,等,2010.薄皮核桃组织培养与快速繁殖[J].新疆农业科学,47(3):503-507.

穆艳娥,柴生武,王明江,等,2022.山西马铃薯茎尖脱毒与快速繁殖技术[J].农业工程技术,42(14):39-40.

牛俊乐,黄斌政,潘彩娟,等,2018.百香果茎段培养技术探究[J].安徽农学通报,24(15):24-28.

牛佳佳,2009.牡丹愈伤组织继代培养的研究[D].郑州:河南农业大学.

尼珍,扎西穷达,曹叶伟,等,2021.黑青稞的功效成分和功能作用研究进展[J].大麦与谷类科学,38(5):6-9.

宁晓春,高思丹,杨莉娜,等,2021.黑果枸杞原生质体培养及植株再生[J].西北植物学报,41(11):1825-1833.

彭思佳,丁力,刘清波,等,2015.抗褐化剂对获外植体褐化和愈伤组织生长的影响[J].草原与草坪,35(5):7-11.

彭静,魏岳荣,熊兴华,2010.植物多倍体育种研究进展[J].中国农学通报,26(11):45-49.

钱子刚,2007.药用植物组织培养[M].北京:中国中医药出版社.

强宝宝,梁莹,候小利,等,2022.三七的组织培养研究进展[J].中国现代中药,24(8):1582-1587.

秦楚,李昱,张喜斌,等,2016.苜蓿高频再生组织培养体系的优化[J].广东农业科学,43(11):22-26.

秦晓萍,2015.马铃薯脱毒苗组培快繁技术[J].中国种业(4):81-83.

覃玉凤,2018.香茅草组织培养技术研究[D].南宁:广西大学.

饶慧云,邵祖超,柳海宁,等,2015.抗褐化剂对葡萄愈伤组织继代培养过程中酚类物质、相关酶及其基因表达的影响[J].植物生理学报,51(8):1322-1330.

任洁,2015.铁皮石斛组培苗培养及丛生芽增殖体系的建立[D].南京:南京师范大学.

任江萍,王新国,尹钧,等,2004.利用基因枪法进行小麦遗传转化影响因素研究[J].河北农业大学学报(3):1-6.

施和平,黄群声,2003.烟草叶片组织培养及植株再生[J].亚热带植物科学(4):63.

沈海龙,2005.植物组织培养[M].北京:中国林业出版社.

苏彩霞,霍秀文,庆海,等,2006.番茄子叶、下胚轴植株再生体系的建立[J].内蒙古农业大学学报(自然科学版)(4):91-95.

苏龙,仆田秀南,杨竞,等,2022.烟草BBLc基因CRISPR/Cas9载体构建与遗传转化[J].种子,41(7):21-26.

石文慧,2017.油菜高效再生体系的建立及草甘膦抗性基因EPSPs和BnGRF2的遗传转化[D].兰州:甘肃农业大学.

石晓华,孙凯,2007.马铃薯茎尖组织培养脱毒的研究[J].吉林农业科学(1):55-56.

石玉波,刘和平,2018.植物组织培养[M].杭州:浙江大学出版社.

孙海宏,周云,贺苗苗,等,2018.二倍体野生种马铃薯Solanumpinnatisectmum原生质体分离纯化与培养的研究[J].分子植物育种,16(1):140-146.

孙岩,王广金,黄景华,等,2006.小麦基因枪法转化体系的初步研究[J].麦类作物学报(1):31-34.

唐亚萍,王柏柯,杨生保,等,2016.加工番茄下胚轴再生体系的建立[J].新疆农业科学,53(5):785-790.

谭洁敏,黄胜琴,许德成,2016."胡萝卜的组织培养"消毒方法的优化[J].生物学通报,51(7):50-52.

陶柔,张小红,2021.提高小麦花药和小孢子培养效率的研究[D].杨凌:西北农林科技大学.

汤敏,官春云,刘忠松,2012.油菜遗传转化体系研究进展[J].作物研究,26(3):295-298.

田怀,侯娜,2020.黄精组织培养快繁技术体系建立的研究[J].南京师大学报(自然科学版),43(3):129-135.

卢艳丽,周洪友,张笑宇,2017.马铃薯茎尖脱毒方法优化及病毒检测[J].作物杂志(1):161-167.

卢娟,2017.马铃薯脱毒快繁技术[J].河南农业(14):23-24.

卢萍,王宝兰,2006.基因枪法转基因技术的研究综述[J].内蒙古师范大学学报(自然科学汉文版)(1):106-109.

王友生,王瑛,李阳春,2009.三叶草愈伤组织诱导及分化的研究[J].草业学报,18(2):212-215.

王鹏,纪瑞瑞,孔祥远,等,2015.高效甘薯脱毒苗生产及驯化移栽[J].植物生理学报,51(4):455-458.

王善娥,2007.观赏用柳树无性系再生体系的建立及其遗传转化的研究[D].济南:山东师范大学.

王婷婷,2014.番茄再生体系和转化体系的优化研究[D].晋中:山西农业大学.

王烨,顾兴芳,张圣平,2008.预处理和外源激素对黄瓜未授粉子房的胚状体诱导的影响[J].华北农学报(S1):50-53.

王海波,张艳贞,晏月明,2007. 基因枪法转化小麦谷蛋白基因研究进展[J]. 生物技术通报,(3):101-104.

王军,付爱根,徐敏,等,2018. 基因枪法在遗传转化中的研究进展[J]. 基因组学与应用生物学,37(1):459-468.

王焕丽,刘大军,冯国军,等,2019. 菜豆再生体系及遗传转化体系研究进展[J]. 中国农学通报,35(16):69-76.

王蕊,2018. 农杆菌介导的大豆不同外植体转化效率研究[D]. 沈阳农业大学.

王阳,张付豪,窦敏,等,2022. 山苍子植株再生体系的优化[J]. 林业科学,58(8):126-135.

王跃华,吴佳琪,王习著,等,2022. 金线莲组培苗快速培养研究[J]. 成都大学学报(自然科学版),41(2):128-132.

王炜,陈琛,欧巧明,等,2016. 小麦花药培养的研究和应用[J]. 核农学报,30(12):2343-2354.

王葆生,刘湘萍,廉勇,等,2018. 单倍体育种技术研究进展[J]. 北方农业学报,46(5):44-49.

汪文晶,2020. 野生黑果枸杞再生体系建立与染色体加倍[D]. 呼和浩特:内蒙古农业大学.

汪洪,夏鸿亮,李校堃,等,2012. 胡萝卜愈伤组织诱导培养的研究[J]. 北方园艺(6):103-105.

汪梓彤,陶伟,顾洋,等,2021. 大花黄牡丹居群及其种子萌发的相关特性研究[J]. 西藏科技,(2):12-14.

魏秋兰,肖玉菲,张晓宁,等,2022. 香茅草离体快繁体系的建立[J]. 农业研究与应用,35(1):30-36.

魏俊杰,2010. 浅谈花粉管通道法在植物育种中的应用[J]. 安徽农学通报,16(12):41-53.

魏爱民,杜胜利,韩毅科,等,2014. 农杆菌介导的黄瓜未受精子房培养遗传转化体系的建立[J]. 中国瓜菜,27(5):5-9.

危文波,蒋礼玲,吴昆仑,等,2015. 青稞品种肚里黄成熟胚愈伤组织诱导与植株再生[J]. 江苏农业科学,43(10):44-46.

伍亚平,唐道城,2013. 万寿菊雄性不育系离体保存及快繁体系的建立[J]. 北方园艺(1):116-118.

吴翠云,2011. 植物组织培养实验指导[M]. 大连:大连理工大学出版社.

吴林森,2005. 植物组织培养污染问题的研究及其控制措施[J]. 江苏林业科技(1):28-31.

吴登宇,韦体,高丹丹,等,2021. 植物原生质体培养技术在药用植物中的应用[J]. 生命科学研究,25(2):176-182.

吴丽芳,赵艳,廖春方,等,2019. 万寿菊雄性不育系离体快繁体系的建立[J]. 南方农业学报,50(9):2029-2035.

吴霞,凡莉莉,王小妹,等,2022. 银丝竹组培快繁体系建立[J]. 分子植物育种:1-19.

吴贵英,祝飞,沈访,等,2016. 聚乙二醇诱导金钗石斛原生质体融合条件的初步探索[J]. 遵义医学院学报,39(4):362-365.

吴慧中,2010.脱毒微型马铃薯生产技术研究[J].天津农林科技(5):5-7.

武冲,唐树梅,张勇,等,2008.植物花粉培养研究进展[J].中国农学通报,(11):146-149.

夏宝莲,2007.西藏卷丹地下鳞茎的组织培养和悬浮体系的建立[D].北京:北京林业大学.

肖军,张云霄,刘伯峰,2009.烟草的组织培养技术研究[J].泰山学院学报,31(6):94-98.

肖雅,雷艳,杨建国,等,2017.生姜脱毒快繁与病毒检测技术研究[J].现代农业科技,(22):49-51.

谢敏,李伟,李佳欣,等,2019.多花黄精组织培养快速繁殖技术组培研究[J].安徽农学通报,25(5):20-21.

谢寅峰,张志敏,张颖颖,等,2015.3种抗氧化剂对青钱柳愈伤组织褐化的影响[J].安徽农业大学学报,42(4):493-498.

谢明娟,2013.铁皮石斛组培快繁技术[J].北京农业(30):115-116.

许明子,具红光,刘宪虎,等,2000.水稻愈伤组织生长量和植株再分化率的品种间差异[J].吉林农业科学(2):29-32.

徐志荣,2018.南方红豆杉细胞悬浮培养体系建立及培养条件优化[D].南昌:江西农业大学.

徐慧,佟珂珂,孙凯歌,等,2022.濒危植物大花黄牡丹的研究进展[J].黑龙江农业科学,(1):94-99.

杨丽莉,贾炜珑,张彦芹,2003.影响白三叶草高频率植株再生因素的研究[J].华北农学报(4):66-68.

杨珍,2008.高加索三叶草与白三叶草及其杂交胚离体培养技术的研究[D].呼和浩特:内蒙古农业大学.

杨奇志,赵琦,2003.基因枪技术在农作物基因转化中的应用和进展[J].生物技术通报,(6):36.

杨雪芹,向本春,施磊,2007.马铃薯脱毒及脱毒苗检测技术的研究进展[J].安徽农学通报,(8):98-100.

杨松宸,赵德刚,赵懿琛,2017.六盘水小黄姜脱毒快繁技术及遗传变异研究[J].分子植物育种,15(12):5070-5078.

闫爱玲,王慧玲,孙磊,等,2021.父本对无核葡萄'Afrodita'胚培养的影响研究[J].中国果树(11):15-19.

尹秀,张二豪,李芳,等,2021.濒危植物大花黄牡丹种胚快速成苗技术研究[J].生物学杂志,38(2):75-78.

于相丽,孟军,2009.小麦幼胚培养研究进展[J].贵州农业科学,37(7):13-16.

袁芳,蔡熙彤,宋凯杰,等,2019.西藏野生金钗石斛高效植株再生体系的建立[J].高原农业,3(3):288-295.

袁学军,2016.植物组织培养技术[M].北京:中国农业科学技术出版社.

于德才,李学湛,吕典秋,等,2005.大蒜茎尖脱毒及快繁研究[J].北方园艺(6):84-85.

詹虹,康永利,李洁,等,2012.烟草叶片再生芽器官组织培养研究[J].宁夏农林科技,53

(12):81-83.

赵松峰,2008.激素配比对白三叶草叶片愈伤组织诱导的影响[J].河北农业科学(11):36-37.

张永福,2013.植物组织培养[M].重庆:重庆大学出版社.

张艳丽,刘秀贤,王雁,等,2011.滇牡丹愈伤组织继代培养中的褐化防治[J].中南林业科技大学学报,31(2):77-81.

张月玲,肖尊安,熊红,2002.红豆杉愈伤组织生长与PPO、POD比活性和多酚质量分数变化的研究[J].北京师范大学学报(自然科学版)(6):800-804.

张智慧,文国松,萧凤回,等,2004.三七组织与细胞培养研究进展[J].云南农业大学学报(4):369-372.

张唯,王伟,续晨,等,2012.胡萝卜幼苗根、茎、叶组织培养再生植株[J].安徽农业科学,40(12):7013-7014.

张天宇,燕丽萍,夏阳,等,2007.柳树愈伤组织的诱导研究[J].山东林业科技(2):17-19.

张凌云,孙娟,刘艳秋,2019.NAA、6-BA和KT对烟草叶片不定芽和不定根分化的影响[J].生物学通报,54(3):53-55.

张凤银,张萍,张静,等,2009.金钗石斛兰组培苗的生根培养和移栽[J].江汉大学学报(自然科学版),37(2):98-101.

张金国,2014.金线莲组培快繁技术研究进展[J].现代农业科技(14):68-69.

张寒霜,赵俊丽,李伟明,等,2006.大蒜茎尖脱毒培养及快繁技术研究[J].华北农学报,(S2):117-119.

张婧颖,2016.马铃薯脱毒方法与多重RT-PCR病毒检测技术的研究[D].长春:吉林农业大学.

张天翔,林宗铿,蔡坤秀,等,2010.植物多倍体诱导技术的研究进展[J].福建热作科技,35(2):29-31.

张蕾,2008.大花黄牡丹居群特征及种子生物学研究[D].北京:北京林业大学.

张娟,2012.基因枪法介导的OsNAC1、GAFP和ThpI基因转化小麦的研究[D].扬州:扬州大学.

张姗姗,耿思宇,徐培林,等,2019.油菜农杆菌介导转化体系的优化[J].山西农业科学,47(8):1295-1299.

张悦圆,胡梦璇,邸葆,等,2021.双腺藤组培快繁体系的建立[J].分子植物育种,19(17):5825-5832.

张树河,林加耕,吴维坚,等,2005.香茅草组织培养快速繁殖技术[J].广西热带农业(5):10-11.

张媛媛,2019.榆林地区马铃薯主栽品种的茎尖脱毒研究[D].咸阳:西北农林科技大学.

张海霞,曲瑞芳,2013.马铃薯茎尖脱毒培养技术研究[J].吉林农业(5):23-24.

赵育卉,2009.浅谈花药组织培养的研究概括[J].黑龙江科技信息(30):148.

赵军,傅体华,2021.山苍子组织培养快繁试验[J].农村经济与科技,32(20):31-33.

赵家桔,高玲,李莉萍,等,2020.百香果茎尖组织培养体系的建立[J].热带农业科学,40

(11):75-80.

赵建军,2012.马铃薯脱毒苗扩繁及微型薯生产技术[J].农业科技与信息(21):16-17.

赵延鹏,姜伯乐,梁和,2008.农杆菌介导的油菜遗传转化研究进展[J].广西农业生物科学(3):294-298.

赵燕,刘清波,杜元正,等,2010.番茄植株再生体系的建立[J].北方园艺(23):129-132.

赵希雷,张智勇,解树珍,等,2022.黑青稞的营养价值与产品开发分析与展望[J].粮食加工,47(4):29-32.

赵爱菊,尤帅,李亚军,等,2013.小麦花药诱导产生单倍体植株的染色体加倍技术研究[J].河北农业科学,17(2):57-60.

赵小强,鹿金颖,陈瑜,等,2020.马铃薯原生质体培养与体细胞杂交研究进展[J].江苏农业科学,48(22):6-14.

郑理乔,熊翠林,傅松玲,等,2011.活性炭与 Vc 液对兔眼蓝莓外植体及愈伤组织褐化的影响[J].中国园艺文摘,27(10):36-39.

郑子首,孙晨瑜,吕晓倩,等.,2017 铁皮石斛组培体系的建立[J].山东农业大学学报(自然科学版),48(4):537-539.

郑荔丹,张宏宇,江赜如,等,2018.蝴蝶兰脱毒技术研究进展与展望[J].分子植物育种,16(2):541-545.

郑栋华,崔晓娜,高凯莉,等,2019.玉米花粉转化方法的优化及其在玉米转化中的应用[J].河南农业大学学报,53(4):525-530.

郑秋桦,郑翼泽,刘博婷,等,2022.钻喙兰快速繁殖技术体系优化[J].山东农业大学学报(自然科学版),53(4):548-552.

郑云峰,阎淑滑,陈小丽,等,2017.金线莲组培快繁技术研究[J].农业科技通讯(11):105-106.

周忠良,2016.小麦抗赤霉病基因的遗传转化和转乙醇酸基因材料的鉴定[D].武汉:华中农业大学.

周鹏,池青,吕金洋,等,2014.基因枪法介导的转 KN2 基因小麦的获得及鉴定[J].西北农林科技大学学报(自然科学版),42(1):83-88.

周庆红,曾勇军,龚伙平,等,2010.生姜茎尖脱毒培养研究[J].江西农业学报,22(3):97-98.

周霞,2020.黄瓜未授粉子房离体培养诱导单倍体的研究[D].南京:南京农业大学.

朱娇,马蕾,刘芳,等,2017.蝴蝶兰茎尖脱毒再生体系建立与优化[J].山东农业科学,49(6):60-63.

朱强,岑旺,余信,等,2020.黄精组培技术研究[J].种子科技,38(5):8-9.

朱飞舟,陈立云,何强,2004.转基因植株的分子检测方法概述[J].杂交水稻(3):4-7.

左静静,刘少翔,闫贵云,等,2010.小麦幼胚组织培养研究进展[J].中国农学通报,26(19):81-87.

Danon A, Miersch O, Felix G, et al, 2005. Concurrent activation of cell death-regulating signaling pathways by singlet oxygen in Arabidopsis thaliana[J]. Plant J,

41(1):68-80.

Yang S W，Kim S K，Kim W T，2004. Perturbation of NgTRF1 expression induces apoptosis-like cell death in tobacco BY-2 cells and implicates NgTRF1 in the control of telomere length and stability[J]. Plant Cell,16(12):3370-3385.